普通高等教育"十三五"规划教材

现代充填理论与技术

（第 2 版）

蔡嗣经　　王洪江　　编著

北　京

冶　金　工　业　出　版　社

2022

内 容 提 要

本书系统阐述充填采矿法所涉及的基本理论和技术问题,介绍了近十几年来国内外充填采矿领域的主要研究成就和技术进展,其重点是全尾砂膏体胶结充填材料的制备及其管道输送。本书内容包括:充填材料的散体力学特性,充填材料管道输送所涉及的流体力学问题,特别是高浓度条件下的流变力学问题,充填体支撑采场围岩及矿柱所涉及的力学机理问题,全尾砂膏体胶结充填材料的制备以及全尾砂膏体胶结充填系统和管道输送问题等。

本书为采矿工程专业本科教材,也可供从事矿山设计、研究以及矿山现场生产的工程技术人员参考。

图书在版编目(CIP)数据

现代充填理论与技术/蔡嗣经,王洪江编著. —2 版. —北京:冶金工业出版社,2018.1 (2022.6 重印)
普通高等教育"十三五"规划教材
ISBN 978-7-5024-7692-2

Ⅰ.①现… Ⅱ.①蔡… ②王… Ⅲ.①金属矿开采—充填法—高等学校—教材 Ⅳ.①TD853.34

中国版本图书馆 CIP 数据核字 (2017) 第 320235 号

现代充填理论与技术 (第2版)

出版发行	冶金工业出版社	电 话	(010)64027926
地 址	北京市东城区嵩祝院北巷 39 号	邮 编	100009
网 址	www.mip1953.com	电子信箱	service@ mip1953.com

责任编辑 宋 良 高 娜 美术编辑 吕欣童 版式设计 孙跃红
责任校对 石 静 责任印制 李玉山
北京虎彩文化传播有限公司印刷
2012 年 5 月第 1 版,2018 年 1 月第 2 版,2022 年 6 月第 2 次印刷
787mm×1092mm 1/16;13.5 印张;323 千字;204 页
定价 **28.00 元**

投稿电话 (010)64027932 投稿信箱 tougao@cnmip.com.cn
营销中心电话 (010)64044283
冶金工业出版社天猫旗舰店 yjgycbs.tmall.com
(本书如有印装质量问题,本社营销中心负责退换)

第 2 版前言

《现代充填理论与技术》一书自 2012 年 5 月出版以来，被多所高等学校选做采矿工程专业矿山充填类课程的教材，得到了较为广泛的使用。近年来，充填采矿技术的现场实践和理论研究持续取得重要进展，如充填料浆的管道输送主要向膏体充填料泵送和似膏体充填料自流输送等两方面发展，研制成本低廉的充填料胶结剂以取代或大部分取代胶结充填时使用的水泥，广泛采用矿山固体废弃物作为充填材料等。由于建设绿色矿山、深部矿床开采、保护矿产资源以及矿产资源综合回收利用的需要，充填采矿法的使用范围还将进一步扩大。

本次修订，主要是增加了充分反映近几年来矿山充填技术研究与实践的新成果、新进展等内容。书中引用了许多专家、学者和矿山现场工程技术人员的最新研究成果，在此深表感谢。

本书的出版得到了教育部本科教学工程—专业综合改革试点项目经费和北京科技大学教材建设基金的资助！

由于编者水平有限，书中的不足之处，诚望读者批评指正。

编　者

2017 年 9 月

第1版前言

我国经济、文化、科技建设和社会发展，需要数量巨大的矿产资源，同时对环境保护提出了更高的要求。因此，近年来，采矿科学与技术迎来了难得的发展机遇和挑战。在高效开采矿产资源、有效保护自然环境、提高资源综合回收利用率等方面，充填采矿法具有独特的优势，使用范围正在进一步扩大。

《现代充填理论与技术》作为采矿工程本科高年级学生的专业课教材，在编写时除了注意系统阐述充填采矿法所涉及的基本理论和技术外，还考虑了两个重点部分：一是充分反映近十几年来矿山充填采矿理论研究与技术实践的新进展，二是主要突出近年来迅速发展的全尾砂膏体胶结充填的理论、技术和装备。本书的基本内容是：充填材料的散体力学特性，充填材料管道输送所涉及的流体力学问题特别是高浓度条件下的流变力学问题，充填体支撑采场围岩及矿柱的力学机理，全尾砂膏体胶结充填材料的制备以及全尾砂膏体胶结充填系统和管道输送等。

本书第1~4章以及6.5节由蔡嗣经负责编写，第5~6章（除6.5节外）由王洪江负责编写，全书由蔡嗣经统稿。在编写过程中，引用了许多专家、学者和矿山现场工程技术人员的重要研究成果，在此深表感谢。编者的同事吴爱祥、胡乃联、李长洪、吕文生、尹升华等，以及编者的多位博士生和硕士生如陈海燕、吴迪、陈一洲、杨威、吴慧、王勇、缪秀秀等提供了各种帮助。本书的编写和出版，得到了北京科技大学教材出版基金的资助。

由于编者水平有限，书中的不足或错误，敬请读者批评指正。

北京科技大学土木与资源工程学院资源工程系

蔡嗣经　王洪江

2012年2月

目　　录

1 充填采矿技术进展

本章学习重点：(1) 国内外充填采矿法的使用现状、研究进展和发展趋向；(2) 充填采矿法对矿山无废开采的重要意义；(3) 矿山充填力学研究的主要问题；(4) 全尾砂膏体胶结充填技术需要研究的主要问题。

本章关键词：充填采矿法研究进展，充填采矿法发展趋向，矿山无废开采，充填力学，全尾砂膏体充填

1.1 充填采矿法的使用现状和研究进展

近年来，充填采矿法在世界范围内得到越来越广泛的使用。这一方面是由于地下开采深度加大后维护矿山和采场稳定的需要，另一方面是提高自然资源回收率和环境保护的需要。如澳大利亚的环境保护法要求采矿作业不得破坏地表风貌，因此，露天采矿坑必须进行复垦，地下开采只好使用充填法或空场法嗣后充填，几乎不使用崩落采矿法。在加拿大，充填采矿法的使用比重达 40% 以上，如果加上空场法嗣后充填，则占采矿方法的 70%~80%。南非的黄金深井开采，差不多全部使用充填采矿法或壁式空场法嗣后充填。在我国，地下开采的有色金属矿山中，充填采矿法的使用比重达到 23% 左右（不包括空场法嗣后充填）[1]；而在地下开采的黄金矿山，充填采矿法的使用比重更高，达到 40% 以上[2]。据山东省 37 个黄金矿山的统计，使用充填采矿法的矿山有 11 个，使用留矿法和充填法的矿山有 9 个；充填采矿法采出的矿石量占这 37 个矿山矿石总量的 45% 以上[3]。

随着充填采矿法的广泛使用，其工艺技术水平和相应的理论研究也得到了快速的发展。在国际上召开了多次充填采矿法学术研讨会。第一次会议于 1973 年在澳大利亚的芒特·艾萨（Mt. Isa）矿业公司召开，会议主题为"矿山充填"[4]；第二次会议于 1980 年在瑞典律瑞欧（Lulea）大学举行，会议主题为"岩石力学在分层充填采法中的应用"[5]；第三次会议于 1983 年也在瑞典律瑞欧大学举行，会议主题为"充填采矿法"[6]；第四次会议于 1989 年在加拿大蒙特利尔（Montreal）大学举行，会议主题为"充填采矿技术革新"[7]，在本次会议上还成立了国际充填采矿学术委员会；第五次会议于 1993 年 9 月在南非约翰内斯堡（Johannesburg）举行；第六次会议于 1998 年 4 月在澳大利亚布里斯班市（Brisbane）举行[8]；第七次会议于 2001 年 9 月原定在美国西雅图市（Seattle）举行，但由于"9·11"事件的发生而被迫取消，只出版了会议论文集[9]；第八次会议于 2004 年 9 月在中国北京举行[10]；第九次会议于 2007 年 4 月在加拿大蒙特利尔大学举行[11]；第十次会议于 2011 年 3 月在南非开普敦（Cape Town）举行[12]；第十一次会议 2014 年 5 月在澳大利亚珀斯（Perth）举行[13]；第十二次会议 2017 年 2 月在美国丹佛（Denver）

举行[14]。

　　在国内也召开了数次充填采矿法学术研讨会：第一次会议于 1982 年在甘肃金川有色金属公司召开；第二次会议于 1989 年在山东省招远市举行；第三次会议于 1994 年在浙江省建德市举行，第四次会议于 1999 年在云南省昆明市举行；第五次中国充填采矿技术与装备大会于 2011 年 5 月在安徽省合肥市召开；第六届中国充填采矿技术与装备大会于 2013 年 5 月在山东省济南市举行；第七届中国充填采矿技术与装备大会于 2015 年 5 月在湖北省武汉市举行；第八届中国充填采矿技术与装备大会于 2017 年 4 月在河南省郑州市举行。这八届会议均出版了学术论文集，特别是最近几届会议，每届均有来自全国的矿山企业、高校、科研设计单位、设备制造商以及有关政府部门的数百名代表出席，对宣传和展示中国充填采矿技术的发展成就、了解我国充填采矿技术的现状与发展趋势、促进充填采矿领域的技术交流、加强我国充填采矿同行间的合作、推动充填采矿技术发展创新和采矿工业的可持续发展，产生了深远影响。

　　从我国充填采矿法的使用现状来看，其主体依然是上向水平分层充填采矿法，使用胶结或非胶结的脱泥尾砂或全尾砂作为充填材料。我国应用上向水平分层充填法的部分矿山列于表 1-1 中。此外，还有下向进路胶结充填法、削壁充填法、分段充填法等等，使用的充填材料除脱泥尾砂和全尾砂外，还有块石、粗粒级碎石、磨砂、天然砂等。

表 1-1　我国应用上向水平分层充填法的部分矿山[15]

矿山名称	采矿方法	使用充填法的主要原因
凡口铅锌矿	上向水平分层充填法 机械化盘区充填法	矿石品位高，要求限制围岩移动，防止岩溶水灌入井内
金川龙首矿	上向水平分层充填法 下向六角形进路充填法	矿岩不稳定，矿石品位高，尽量减少损失贫化
金川二矿区	上向水平分层充填法 下向机械化进路充填法	矿岩不稳固，矿石品位高，保护上部贫矿
黄沙坪铅锌矿	上向尾砂胶结充填采矿法	矿石品位高，矿体形态复杂
凤凰山铜矿	点柱式尾砂充填采矿法	保护地表河流
柏坊铜矿	上向分层胶结充填法	矿石品位高，矿体形态复杂
红透山铜矿	上向机械化分层充填采矿法	控制地压，回采厚矿体
大冶丰山铜矿	上向尾砂充填采矿法	保护地表河流
三山岛金矿	点柱式机械化分层充填采矿法	防止海水渗入坑内
焦家金矿	上向分层胶结尾砂充填采矿法	矿岩不稳固，保护地表高产农田
新城金矿	上向分层胶结尾砂充填采矿法	保护地表，矿体上盘不稳固
白银小铁山铅锌矿	上向进路充填采矿法	矿岩破碎，矿石品位高
托里铬矿	上向分层胶结充填法	尽量减少损失和贫化
铜绿山铜矿	点柱水砂充填法	矿石品位高，矿体厚度大
哈拉通克铜镍矿	上向分层胶结充填法	回采特富矿，保护贫矿
青山铜矿	上向分层充填采矿法（带隔离墙）	矿体上盘不稳固，地表不允许崩落
铜山铜矿	上向分层充填采矿法	露天和地下同时开采，保护露天出入沟

机械化上向水平分层充填采矿法的典型布置方式如图 1-1 所示。为提高生产效率和设备利用率，国内外研究并试验了多种采场布置形式，如盘区式开采、长壁式回采、圆环式采场布置、多中段组合开采等，如图 1-2~图 1-5 所示[16,17]。

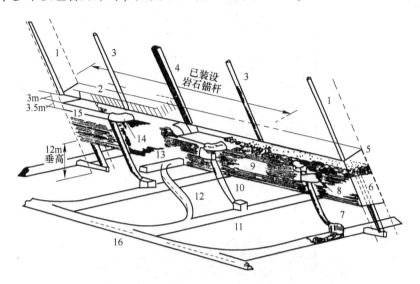

图 1-1　机械化上向水平分层充填采矿法典型布置方式

1—通风井；2—上向炮孔；3—人行井；4—措施井；5—采场顶板；6—泄水井；
7—漏斗；8—挡墙；9—充填料；10—溜井；11—穿脉巷道；12—采场斜坡道；
13—切割平巷；14—充填料挡墙；15—湿充填料；16—中段主运输巷道

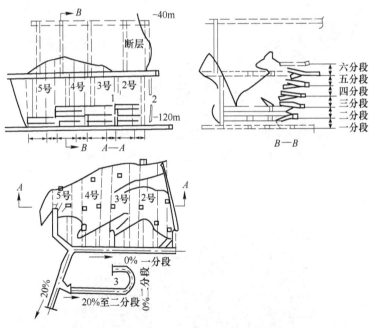

图 1-2　凡口铅锌矿机械化盘区式充填采矿法

1—顺路天井；2—顺路人行井；3—斜坡道

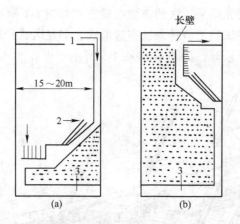

图 1-3　加拿大 Macassa 金矿长壁式充填采矿法

（a）20％已回采；（b）80％已回采

1—充填上山；2—炮孔；3—中段平巷

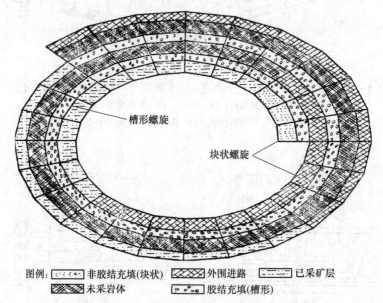

图例：非胶结充填（块状）　外围进路　已采矿层　未采岩体　胶结充填（槽形）

图 1-4　美国矿山局研究人员设计的圆环式充填采矿法

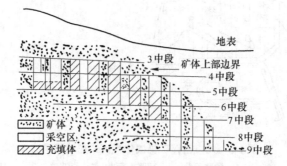

图 1-5　德国梅根（Meggen）矿的多中段组合充填采矿法

在充填工艺方面，主要的研究进展有：寻找新的充填材料，如挪威 Niruna 矿所报道的使用冰作充填料[4]，以及加拿大 Denison-Potacan 钾盐公司所报道的使用盐尾矿作充填料[5]；为降低充填成本，研究用不加水泥的粗粒级碎石充填料取代胶结脱泥尾砂充填料，这在我国锡矿山矿和会泽铅锌矿麒麟厂矿区得到了成功的应用。据麒麟厂矿区的试验资料，充填成本降低 42.7%[18]。北京科技大学高谦等与金川有色金属公司、司家营铁矿等企业合作，成功研制出了以冶炼炉渣、粉煤灰、生石灰、石膏等原材料为基础的矿山充填专用 "固结粉"，经过矿山实际应用可以替代水泥，使充填成本大为降低[19~21]。

中国矿业大学（北京）孙恒虎等研制成功不脱水全尾砂速凝固化充填材料。这种充填材料是在不脱水的全尾砂中加入特种吸水胶凝混合料，使之快速凝固硬化。经测试，当这种混合料占全尾砂的 10%、料浆重量浓度（即质量分数）40% 时，速凝后的早期强度为 0.1MPa；料浆重量浓度 60% 时，则早期强度可达到 0.5MPa。由于这种充填料进入采场后无重力水渗透排出，解决了坑内充填水污染及排水问题。焦家金矿与中国矿业大学（北京）合作，对高水固结充填采矿法的部分工艺进行了合理的改进，现已趋于成熟。高水固结充填采矿法已经在焦家金矿得到了成功应用与推广。高水固化充填系统如图 1-6 所示[22]。

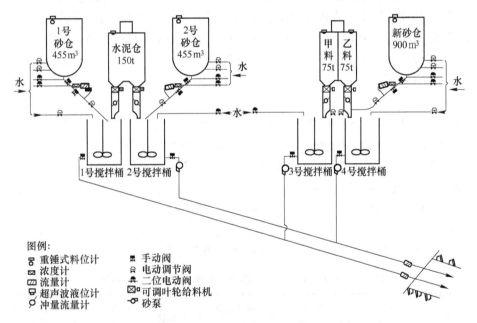

图 1-6　高水速凝尾砂胶结充填料制备工艺示意图

在充填料输送方面，最引人注目的研究成果是似膏体充填料自流输送以及全尾砂膏体充填料泵压输送或自流输送技术。关于这一点，在随后的有关章节中作进一步的介绍和讨论。

在充填法采场生产方面，针对矿体和围岩的不稳固程度，广泛研究使用了长锚索预支护、注浆预加固、锚杆护顶以及光面爆破等施工技术。当采场用非胶结尾砂充填时，为方便矿柱的回收，一些矿山试验成功了挂柔性挡料帘、用块石砌隔离墙等工艺，国外一些矿山还进行了非胶结充填料的冻结和注浆固结等试验，以形成一定宽度的整体性隔离墙。

关于充填采矿法一些理论方面的研究课题及其进展，将在本章随后的段落中提及。

1.2　充填采矿法的发展趋向

在将来可以预见的一个时期内，地下采矿方法变革的总趋向是：把矿房、矿柱回采和采空区处理作为一个整体予以考虑，有步骤地全面回采，既减少矿石的损失贫化，又消除采空区隐患；同时，改革采矿方法结构，实现机械化、自动化的高强度开采，降低开采成本并提高劳动生产率。因此，充填采矿法成为 21 世纪的最主要的采矿方法之一。

可以认为，对于我国大中型地下矿山来说，充填采矿法的发展趋向在目前主要集中在以下几个方面。

1.2.1　无间柱连续采矿方案

在中段上实现无间柱连续采矿，被认为是金属矿床地下开采技术的一个重大进展[23]，主要表现在：（1）可解决长期以来因矿柱回采滞后给生产带来的被动，致使国家资源大量损失、矿山效益受到严重影响的问题；（2）回采时工作面的连续推进，有利于实现井下采矿作业的集中，为提高采矿强度和井下工人劳动生产率创造条件；（3）连续回采时，强采、强出、强充，围岩暴露时间较短，有利于采场地压控制，对于围岩稳固性差特别是地压较大的深部矿床开采，将是一种有效的开采方式；（4）连续回采将推动地下金属矿山作业机械化、工艺连续化、生产集中化和管理科学化的进程，促进矿山现代化。

例如，凤凰山铜矿 Ⅱ 号主矿体赋存于石灰岩（已变质为大理岩）与花岗闪长岩体的接触带上，沿走向矿体为弯曲的透镜状到似板状。矿体长 500～650m，平均厚度为 20～25m，倾角 75°～85°。矿石主要是浸染状含铜磁铁矿，其次为石榴子石矽卡岩含铜，$f=16～26$。矿石坚硬稳固，局部地段因节理发育稳固性有所降低。上盘为花岗闪长岩，近接触带为蚀变花岗闪长岩，呈灰色，块状构造，$f=6～8$，含有绿泥石和高岭土，吸湿变软，极易成土，稳固性差。下盘为二叠纪中、下统灰岩（已变质为大理岩），呈灰白色，$f=8～12$，矿物成分为方解石，不易风化，较稳固。矿石、围岩和充填体的物理力学性质见表 1-2。

表 1-2　凤凰山铜矿矿石、围岩和充填体的物理力学性质

名　称	抗压强度 /MPa	抗拉强度 /MPa	弹性模量 /MPa	泊松比	内聚力 /MPa	摩擦角 /(°)	密度 /kg·m⁻³
花岗闪长石	38.00	1.20	8000	0.16	0.6	53	2800
大理岩	28.50	2.30	21000	0.26	2.16	50	2800
磁赤铁矿含铜	60.00	5.60	65000	0.31	4.3	51	4040
石榴子石含铜	53.00	5.20	63000	0.23	3.2	50	3280
充填体	3.50	0.50	1000	0.3	0.65	35	2210

凤凰山铜矿无间柱连续采矿工业试验方案见图 1-7。对于任一矿段，在回采作业时将其进一步划分为 1、2 两个分区，并在 2 分区回采过程中，在紧邻 1 分区的一端留临时矿壁。

在凿岩硐室设临时点柱，以支撑硐室顶板。在矿段回采过程中，2 分区回采后期，矿壁和点柱将被回收。矿段回采顺序为：首先，崩落 1 分区内的矿石，出矿后随即用尾砂胶结充填 1 分区的空区；然后，崩落并放出 2 分区内的矿石，待大量出矿工作快要结束时，最后一次性崩落临时矿壁，放出 2 分区的矿石，用尾砂充填空区，结束该矿段的回采作业。

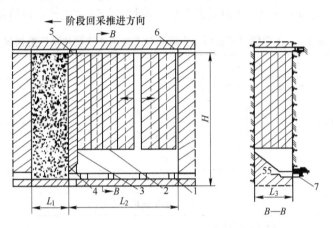

图 1-7　凤凰山铜矿无间柱连续回采试验方案剖面图[18]

1—无二次破碎水平振动出矿底部结构；2—ϕ165 垂直深孔；3—临时矿壁；4—分区充填体；

5—临时点柱；6—凿岩硐室；7—振动出矿机与分节式振动运输列车；

L_1—1 分区长度；L_2—2 分区长度；L_3—矿体厚度；H—阶段高度

1.2.2　大规模的机械化盘区开采

传统的上向水平分层充填采矿法的主要缺点之一是采场生产能力低，以及工人劳动生产率低。凡口铅锌矿在 1992 年底试验成功了大型机械化盘区式上向中深孔水平分层充填采矿法。中深孔孔深 4.0m，由凿岩台车上向钻进。4~6 个采场组成一个盘区，其布置形式如图 1-8 所示[24]。采矿作业全部使用大型自行设备：凿岩作业设备为芬兰生产的 MonoMATICHS105X 型上向自动接杆凿岩台车，装药作业设备为芬兰生产的 NT30/NBB150 型

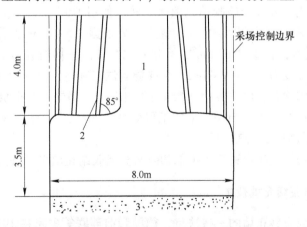

图 1-8　凡口铅锌矿中深孔上向水平分层充填采矿法

1—采场通风天井；2—炮孔；3—充填体

井下装药车，采场装运设备为美国生产的 ST-31/2 型 3m³ 铲运机和德国的 LF-4.1 型 2m³ 铲运机，采场顶板处理设备为瑞典 Brokk300 型撬毛车，井下破碎大块设备为长沙矿山研究院制造的 SYG-2.5 型井下自行式碎石机，坑内材料运送及采场顶板和帮壁的安全检查设备为南昌通用机械厂生产的井下服务车等。由 6 名工人组成采矿作业队，操作所有种类的机械设备，经 7 个采场 16 个分层共生产约 15 万吨矿石的工业试验，其主要技术经济指标见表 1-3。

表 1-3　凡口铅锌矿机械化中深孔分层充填法主要技术经济指标

项　目		指　标
凿岩爆破平均效率/t·班⁻¹		523.0
铲运机出矿效率/t·d⁻¹	2m³铲运机	560.0
	3m³铲运机	1160.7
掌子面工效/t·(工·班)⁻¹		80
单个采场生产能力/t·d⁻¹	2m³铲运机	190.0
	3m³铲运机	252.0
采矿贫化率/%		7.26
采矿损失率/%		0.39

由表 1-3 可见，这种大型机械化盘区分层充填采矿法的生产能力和生产工效甚至优于一般的空场采矿法或崩落采矿法，接近国际上采矿先进国家的水平。

1.2.3　充填采矿法与空场采矿法或崩落采矿法联合开采

为充分发挥充填采矿法和空场法或崩落法各自的优点，国内外很多矿山都设计使用了这种联合开采方案。如澳大利亚的芒特·艾萨矿 1100 号巨型矿体的开采，在平面上划分成 40m×40m 的棋盘式采场，在垂直方向上不划分中段，矿体全高 90～260m 为采场高度，使用分段空场法开采，然后用胶结块石充填。加拿大萨德伯里（Sudbury）国际镍公司的所属矿山，一般用水平分层胶结充填法回采矿房，再用 VCR 法回采矿柱。我国小铁山铅锌矿成功地试验应用了分段分条胶结充填采矿法，如图 1-9 所示[25]，该法结合了充填法进路回采和分段崩落回采两种回采方式的优点，分条宽 3.5～4.5m，分段高 6～8m；充填料为地表采集的风沙，容重 2.65t/m³，孔隙率 47.17，平均粒径 0.2044mm，灰砂比为 1:8，设计充填体强度为 0.5～0.8MPa，经现场测试实际达到 0.6～1.0MPa。使用 YG-80 凿岩机打上向扇形中深孔，用斗容为 0.75m³ 的 EHST-1A 型电动铲运机出矿。主要技术经济指标为：采场生产能力 170.5t/d，采矿工班效率 7.8t/（工·班），矿石损失率 6%，矿石贫化率 3.5%，采准比 12.23m/kt。

此外，山东省河西金矿也进行了类似的垂直分条胶结充填采矿法试验。

1.2.4　全尾砂膏体胶结充填技术

鉴于传统的分级尾砂充填的一些缺点，德国和前苏联等国家在 1970 年代末开展了全尾砂膏体充填泵送技术研究。所谓"膏体"，是指料浆浓度很高，在管道排料口以牙膏状被挤出；定量地说，据北京科技大学吴爱祥等人的研究成果，"膏体是 −20μm 含量大于

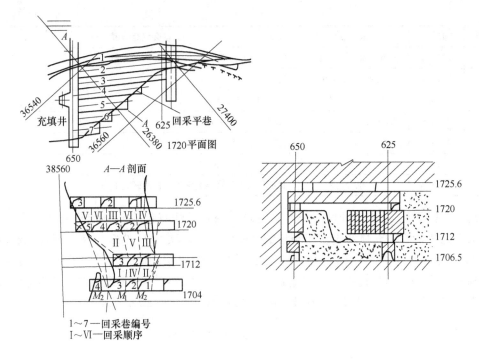

图 1-9　小铁山矿的分段分条充填采矿法

15%，坍落度为 18~25cm，屈服应力在 200Pa 以下，泌水率为 5%的结构流浆体"[26]。德国 Preussage 金属公司于 1978 年首先在格隆德（Grund）铅锌矿进行该项研究，历时 6 年，形成了"Preussage Pumped Fill"泵压充填新工艺，并申请了专利。其后，南非、加拿大、美国、澳大利亚和我国也开展了试验研究。从 1999 年开始，国际上每年举行一届膏体充填与尾砂浓密学术研讨会，如表 1-4 所示。

表 1-4　"膏体与浓密尾砂"（Paste and Thickened Tailings）国际学术会议

序号	时间	地点	会议组织者
1	1999.11	加拿大，Edmonton	（加）Alberta 大学
2	2000.4	澳大利亚，Perth	（澳）岩土力学中心
3	2000.10	加拿大，Edmonton	（加）Alberta 大学
4	2001.5	南非，Pilanesberg	（南非）Witwatersrand 大学
5	2002.4	智利，Santiago	智利矿山公司研究所和 Gecamin 公司
6	2003.5	澳大利亚，Melbourne	（澳）Melbourne 大学和（澳）岩土力学中心
7	2004.3	南非，Cape Town	（南非）Witwatersrand 大学和 Paterson & Cooke 公司
8	2005.4	智利，Santiago	智利大学以及 Arcadis 公司和 Gecamin 公司
9	2006.4	爱尔兰，Limerick	（英）Leeds 大学以及 Dorr-Oliver Emico 公司和 Golder Associates 公司
10	2007.5	澳大利亚，Perth	（澳）岩土力学中心
11	2008.5	博茨瓦纳，Kasane	（南非）Cape Peninsula 科技大学和 Debswana 公司
12	2009.4	智利，Vina Del Mar	（智利）Gecamin 公司
13	2010.5	加拿大，Toronto	Golder Associates 公司

序号	时间	地 点	会议组织者
14	2011.4	澳大利亚, Perth	(澳) 岩土力学中心
15	2012.4	南非, Sun City	南非矿冶学会
16	2013.6	巴西, Belo Horizonte	(加) InfoMine Inc. 公司
17	2014.6	加拿大, Vancouwer	(加) InfoMine Inc. 公司
18	2015.5	澳大利亚, Cairns	(澳) 岩土力学中心
19	2016.7	智利, Santiago	(智利) Gecamin 公司
20	2017.6	中国, 北京	北京科技大学膏体充填采矿技术研究中心

凡口铅锌矿从 1982 年开始与长沙矿山研究院和长沙有色冶金设计研究院合作，进行了高浓度全尾砂胶结充填新工艺和装备的试验研究。该项目于 1987 年转入现场工业试验，并于 1991 年 5 月通过了中国有色金属总公司组织的鉴定。高浓度全尾砂充填系统如图 1-10 所示，采用了活化搅拌、自动输送等新工艺，尾砂利用率超过 90%。充填料浆重量浓度为 70%~76%，水泥耗量为 $210kg/m^3$，充填能力为 $48~55m^3/h$。

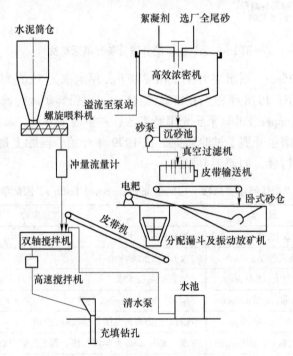

图 1-10 凡口铅锌矿高浓度全尾砂充填系统

金川有色金属公司与北京有色冶金设计研究总院合作进行的"全尾砂膏体充填新工艺及装备研究"，从 1987 年开始工作，于 1991 年 8 月通过了鉴定。经过几年的建设，在 1999 年投入了生产试运行，有关该充填系统的设备配置及系统可靠性方面的情况见本书第 7 章。

铜绿山铜矿膏体充填系统的工艺流程如图 1-11 所示[27]。来自选厂的尾砂浆经过高效浓密机一段脱水，泵入不脱泥尾砂仓贮存。充填时，不脱泥尾砂仓内的尾砂进入带式压滤机脱水，制成含水 15% 左右的滤饼，经皮带输送机送至双轴叶片式（第一段）和双螺旋

（第二段）搅拌机中；炉渣通过圆盘给料机和皮带输送机送至双轴叶式搅拌机，水泥经双管螺旋输送机送入同一搅拌机。尾砂、炉渣、水泥经一段搅拌后制成浓度为84%~87%的膏体充填料，由膏体充填泵输送至采场，采用德国Schwing公司生产的KSP-80双缸活塞砂浆泵作为膏体充填泵。

会泽铅锌矿的"废石+膏体"充填技术独具特色[28]。该矿麒麟坑8号矿体倾角53°~61°，走向长210~245m（平均约227m），水平厚度1.5~18m。矿床充水主要为岩溶裂隙水，水文地质条件复杂，矿石多呈碎块状和碎屑状，稳定性相对较差，较易发生崩塌和冒落。采矿方法为大进路机械化联合充填，垂直走向布置矿房，宽度9m，长度为矿体厚度。阶段高度60m，分段高度12m，分层高度

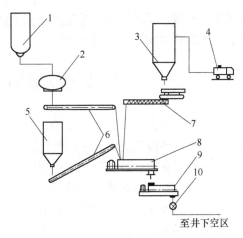

图1-11　铜绿山矿不脱泥尾砂充填工艺流程
1—不脱泥尾砂仓；2—带式过滤机；3—水泥仓；
4—水泥罐车；5—炉渣仓；6—皮带机；
7—螺旋输送机；8—双轴叶片搅拌机；
9—双螺旋搅拌机；10—双缸活塞泵

4m；不留顶（底）柱和间柱，采用钢筋混凝土假顶（底）形成多中段同时作业；分段平巷位于下盘脉外5~15m处；采场联络道与分段平巷相通，第一分层的脉外采场联络道为水平坡度，分段平巷只服务于1个分层；以后脉外采场联络道随回采压顶而形成，分段平巷服务于3个分层；通风天井布置在上盘脉外。采矿方案如图1-12所示。利用国内轻型合

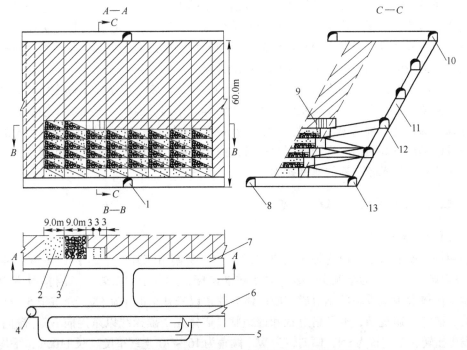

图1-12　会泽铅锌矿大进路机械化联合充填采矿法方案
1—出矿道；2—膏体充填料；3—废石充填料；4—溜矿井；5，12—分段巷道；6—分层联络道；7—沿脉巷道；
8—通风平巷；9—单体水压支柱；10—上中段平巷；11—充填天井；13—中段平巷

金高支柱护顶，同时以此为骨架架设充填体隔墙，采用膏体胶结与废石联合充填方式，实现了灵活高效的大进路机械化充填。

1.3　矿山无废开采对充填技术的要求

无废开采是世界采矿业发展的一种趋势[29]。近年来，随着环境保护力度的加大，各国对改善矿山环境和无废开采越来越重视。无废开采是一项综合技术，是一项跨行业、跨部门的系统工程，往往须和矿山资源综合利用与矿山可持续发展统筹考虑。一般而言，某一生产过程中产出的废物，通常是另一生产过程的原料。我国矿产资源共生、伴生的较多，有些共生或伴生矿物和有价元素，分别进入尾矿或废渣之中，不仅浪费了大量资源，还增加了废料的产出。因此，积极开展矿山废弃物的综合利用，变废为宝，实行无废开采，对合理利用矿产资源，提高矿山开采经济效益，保护自然环境与确保矿山的可持续发展，有着重要的意义。

矿山无废开采主要包括废料的处理和资源的综合评价设计、综合开采利用等内容。我国矿山企业目前主要从综合利用与综合开发等方面开展研究。在矿山开采中，尾砂和废石占整个废料的 70%~90%。因此，处置好矿山生产的废石和尾砂是无废开采的重点环节，将其用于矿山充填，则是最直接、最有效的途径之一。

周爱民、古德生提出了基于工业生态学的矿山充填模式[30]。他们将矿山工业生态系统定义为：以采矿活动为中心，将矿山人文环境、生态环境、资源环境和经济环境相互联系起来，构成有机的工业系统；在采矿过程中，以最少的废料排放量获取最大资源量和最高的企业经济效益；在采矿活动结束后，通过最少的末端治理使矿山工程与生态环境融为一个整体。因此，基于工业生态学的矿山充填模式可描述为：将矿山充填作为矿山固体废料资源化的有效手段，通过矿山充填将矿山废料转化为矿山内部资源，从根源上解决矿山环境问题，提高资源利用率，实现矿山效益最大化。

从目前的充填技术水平来看，要实现尾砂的零排放、将全部尾砂用作充填料，使用全尾砂胶结充填是最佳方案，在全尾砂中添加水泥等胶结剂。因此，充填成本控制是关键因素。寻找冶炼炉渣、粉煤灰、赤泥[31]等水泥的代用品，是降低充填成本的有效措施之一，同时也是炉渣等固体废弃物资源化的最佳途径之一。济南张马屯铁矿和南京铅锌银矿是两个无废开采技术较成熟的典型矿山。

1.3.1　张马屯铁矿无废开采综合技术

1.3.1.1　概况

济南钢城矿业有限公司（原张马屯铁矿）位于济南市东郊，始建于 1966 年，年生产能力 50 万吨。该铁矿为接触交代矽卡岩型磁铁矿床，赋存于闪长岩与灰岩接触带内，由东西两个矿体及少量零星矿体组成。西矿体为建矿以来开采的主矿体，分布于 5~11 勘探线之间，矿体形态复杂，多呈扁豆状和透镜状。矿体在 7 勘探线以东走向 NE，倾向 NW；以西发生扭转，走向转为 SN，倾向转为 W，倾角 16°~70°上缓下陡，长 1100m，平均厚度为 21.57m，埋深 -200~-434m。磁铁矿致密，中等硬度 $f = 6~8$，地质品位 $w(\text{TFe}) = 54\%$；下盘闪长岩致密稳固，$f = 8~10$，上盘为中厚层结晶灰岩、大理岩 $f \approx 6$，较为稳固。地表为良田和村庄，不允许塌陷，属"三下"开采[32,33]。

矿区岩溶裂隙发育，地下水补给充沛。通过专门水文地质勘探，揭露了矿区水文地质条件，确认属于水文地质条件极复杂的大水矿床，预测最低开采水平（-360m）涌水量达414000m³/d，是国内外罕见的大水矿床，不治水无法开采。矿山采用"以堵为主，排、堵结合"的方法防治地下水。将井筒预注浆封堵技术应用于矿床大范围、深层基岩，对矿床实施全封闭接地式整体帷幕注浆堵水，同水平完全疏干，实现安全开采。

根据矿体的赋存条件，将矿体划分为-240m、-300m、-360m三个阶段水平，采用分段矿房法开采。进行了分段空场嗣后全尾砂胶结充填采矿工艺优化研究，将矿体按合理的回采顺序，划分为一期和二期矿房，不留间柱；先回采一期矿房，采空区全尾胶结充填后，利用两侧的胶结充填体支撑围岩地压，再回采二期矿房，提高了矿石回采率。

1.3.1.2 全尾砂胶结充填技术

由于矿山地处市郊，占地狭小，在选矿厂投产后，找不到建尾矿库的场地；另一方面又面临充填料短缺的问题，必须利用尾矿充填采空区。但尾矿极细，泥化严重（-0.37mm的占40%），全部用于充填难度大，全尾砂胶结充填技术的研究成功解决了这些难题。如图1-13所示，全尾砂胶结充填技术将选矿尾砂用板框式压滤机压滤成含水25%左右的滤饼，堆存在尾砂池内，通过抓斗、胶带输送机输送至双轴搅拌机，与水泥、水初步混合搅拌后再经高速搅拌机高效活化搅拌，制成浓度60%左右的胶结充填料浆，通过管道输送到充填采空区。

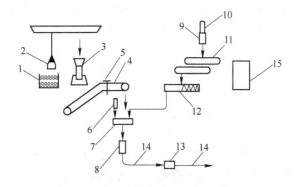

图1-13 张马屯铁矿胶结充填工艺流程

1—尾砂池；2—抓斗吊；3—振动放矿机；4—皮带机；5—电子皮带秤；6—除尘器；
7—双轴搅拌机；8—高速搅拌机；9—200t水泥仓；10—30m³水仓；11—螺旋秤；
12—螺旋输送机；13—混凝土泵；14—充填管路；15—集控室

全尾砂胶结充填体具有支护岩层，改善矿柱受力条件的作用，直立高度接近60m，直立性和稳定性良好，抗爆破冲击力强，能够满足安全有效回采矿柱的要求。全尾砂胶结充填技术的成功应用不仅实现了地表不设尾矿库，采矿、选矿、充填生产良性闭路循环、综合平衡，而且可有效回采矿柱，大幅度提高矿石回采率。为降低充填水泥消耗，成功地开展了应用高炉水淬渣替代50%水泥的全尾砂胶结充填研究。

1.3.1.3 废石的开发利用

建矿以来采矿产生了约300000m³的废石，全部堆存放在地表，且每年还要产生

10000m³的废石。由于受周围空间的限制，排废困难，制约生产。

废石成分主要是闪长岩和灰岩，不含放射性和有毒有害物质，经试验破碎成石子能达到建材标准。为此，公司建设了建筑用石子生产线，以废石为原料经过破碎筛分，加工成石子、石粉等建筑材料，并回收废石中残留的磁铁矿。不仅解决了排废问题，而且使这些废石变成了资源，并减少了土地占用问题。

1.3.1.4　废水的开发利用

在帷幕注浆堵水后，矿坑疏干水量仍达 $6.5×10^4 m^3/d$，如果白白排掉，既是对日益紧缺水资源的巨大浪费，也影响着矿山的经济效益。

该矿地下水化学类型为 HCO_3-Ca-Mg 型，水质符合钢铁冶炼用水标准。经充分论证，利用距离济钢集团总公司主要钢铁生产区域较近的优势，铺设了 $\phi700mm$ 管道近 5km，把排出的矿坑水全部调入总公司作钢铁生产用水。每年可节省抽取地下新水 $2372×10^4 m^3$，按内部供水价格 1 元/m³ 计算，年创经济效益 2372 万元。不仅提高了矿业公司的经济效益，而且对水资源十分短缺的济南地区也有深远的意义。

济南钢城矿业有限公司多年来在矿床地下水防治、全尾砂胶结充填、采矿工艺优化、废石废水等废弃物的综合利用方面作了大量的研究和实践，实现了无废开采，既综合开发利用了资源，又保护了环境，对其他类似矿山具有很好的借鉴意义。

1.3.2　南京铅锌银矿无废开采

南京铅锌银矿地处南京市东北郊栖霞山，栖霞山是国内著名的风景区和佛教圣地，区内有明镜湖、千佛岩等国家重点文物保护单位。该矿为地下开采矿山，矿床类型属大型铅锌多金属矿床。主矿体为 1 号矿体，走向长 850m，沿倾向延伸 250～400m，平均厚度 23m，矿体走向 NE45°～55°，倾向北西，倾角 60°～80°，浅部较缓，深部转向直立。矿体赋存于栖霞街与九乡河下，北距长江仅 1.8km，南靠近沪宁铁路与沪宁高速公路，交通方便。矿区经济发达，居民密集，地表无尾砂堆放场地，且不允许地表有任何塌陷，属于典型的"三下"矿山。目前矿山生产能力约为 $30×10^4 t/a$[34,35]。

(1) 全尾砂胶结充填技术。矿山现采用上向水平分层充填采矿法，原利用分级粗尾砂充填工艺和水砂充填工艺两套充填系统充填采场。选矿尾砂分级后细粒级部分加水泥胶结充填矿山 20 世纪 70～80 年代采用空场法开采留下的采空区，用来进行采空区治理。随着采空区治理的即将结束，由于细粒级尾砂的粒级细、沉降性能差、原有充填系统充填浓度低、胶结充填强度低等因素影响，细粒级尾砂无法进入采场。这将造成每年有 6～7 万吨细粒级尾砂无处可充。如果外排势必对周围环境造成污染。为解决上述问题，矿山进行全尾砂胶结充填技术研究，将选矿尾砂直接充入采场，确保满足采场生产要求。同时，避免因尾砂外排而对地表环境造成污染。根据现场充填经验以及南京铅锌银矿充填工艺要求，尾砂浓度控制在 65%～70% 之间时，都能满足现场充填所要求的流动性。考虑到充填成本和充填效果，最终尾砂浓度确定在 68%；水泥添加量控制在吨砂 0.1～0.15t 之间，充入采场后，1 天即可行人，3 天即可开始回采作业，基本满足了上向分层充填采矿工艺需要（图 1-14）。

(2) 废水循环利用技术。南京铅锌银矿选矿厂总用水量约 $4500m^3/d$，铅、锌、硫 3 种精矿及尾矿充填带走约 $800m^3/d$ 的水，最终产生约 $3700m^3/d$ 的选矿废水；此外还有井

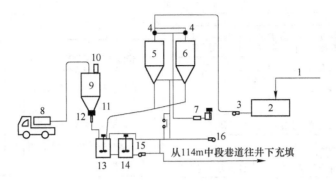

图 1-14　南京铅锌银矿全尾砂胶结充填系统流程图

1—来自选厂的全尾砂；2—尾砂中转池；3—4PNJ 衬胶泵；4—絮凝剂与全尾砂混合池；
5—尾砂仓（800m³）；6—尾砂仓（880m³）；7—絮凝剂搅拌添加装置；8—水泥罐车；
9—水泥仓（145m³）；10—收尘器；11—双管螺旋给料机；12—电子螺旋秤；
13——级搅拌桶；14—二级搅拌桶；15—渣浆泵；16—高压水泵

下采矿排出地表的废水约 800m³/d。为了不给长江和周围环境造成影响，并使企业能长远生存和发展，必须解决这些废水的处理问题。但由于选矿废水中含较复杂的各种药剂成分，要将其全部处理到达标后再排放，不仅处理难度较大、效果不好，而且处理成本特别高。随着我国环境保护政策的日益完善和矿山对环保的越来越重视，南京铅锌银矿业有限责任公司通过与科研院所的密切合作研究，投入相当多的改造资金，采取部分废水优先直接回用，其余废水适度净化处理后再回用的方案，实现了矿山废水 100%回用于选矿生产，彻底解决了矿山废水的处理问题，取得了良好的环境效益和经济效益。

（3）废气处理技术。工业废气经水膜除尘器除尘后，废气排放达标率 100%，取得了烟气排放许可证。

1.4　充填力学问题

随着充填采矿法的广泛使用，充填力学作为矿山工程力学的一个分支得到迅速发展[36,37]。充填力学研究的对象是由地下采矿场及充填体所组成的地下开采体系的力学性质及特征。因此，充填力学的研究范围相当广泛，涉及充填材料的力学性质及散体介质力学问题，涉及充填材料水力输送的两相流流体力学或流变力学问题，还涉及关于充填体与采场围岩间的相互作用，以及充填体控制采场地压、维护采场稳定等方面的岩土力学问题。这些研究领域及其相互间的关系可用图 1-15 表示。可见矿山充填力学与采矿工程、岩石力学、土力学、流体力学、弹塑性力学、计算力学及其他学科的关系十分密切。

1.4.1　充填材料物理力学特性研究

干式块石充填料、非胶结的粗粒级碎石或脱泥尾砂充填料以及含水泥量很少（少于6%或灰砂比为 1：20 左右）的胶结脱泥尾砂充填料，若用来支护采场围岩，其最重要的力学特性是体积压缩率[38]，而体积压缩率与充填材料的孔隙率、含水量、密度、硬度以及颗粒形状等因素有关。一般地说，这些充填材料可归类于散体介质材料，可用散体介质

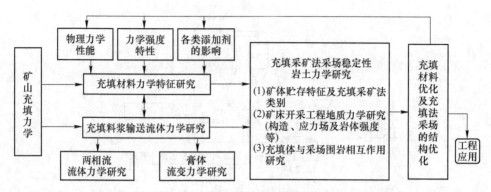

图 1-15　矿山充填力学研究框图

力学方法来分析研究其力学特性。对于水泥含量低的胶结脱泥尾砂充填料来说，因其强度特性类似于固结土，也可用土力学方法来分析研究其力学特性。

对于胶结块石、胶结碎石和水泥含量高的胶结脱泥尾砂等强度较高的充填材料来说，在支护采场围岩时，其最重要的力学性质是刚度和体积压缩率[38]。这些充填材料的力学性质与胶结剂的性质及其养护特性有关，还与充填材料的输送方式有关。由于这些充填材料的强度与混凝土相比仍然低得多，故可视作黏结性散体介质材料，仍使用散体介质力学去加以研究。

此外，还需要研究各种添加剂对充填材料物理、化学及力学特性的影响。添加剂可分为两大类：一类为胶结剂，除了常用的硅酸盐水泥外，还有粉煤灰、磨碎的炉渣[39]或黄铁矿、生石灰等，它们可使散体颗粒状的充填材料具有真实的黏结力；还有一类添加剂是用来改善充填材料的水力输送特性的，如降低充填料浆输送阻力或防止水泥流失和离析的减阻剂、絮凝剂等。一般地说，这些添加剂对胶结充填料的强度有一定程度的影响，在使用前应进行实验加以确定[40]。

研究各类充填材料力学特性和力学强度的文献很多，因此，我们有理由认为，各类充填材料的力学性质我们都定性地掌握了。然而，针对某种具体的充填材料，某些实验室测试仍是必要的，以获得确切的力学参数。在本书第 2 章中，论述了充填材料的物理力学特性，充填材料优化，以及散体介质力学基础等问题。

1.4.2　充填料浆管道水力输送流体力学研究

（1）两相流流体力学问题。当充填料浆固体重量浓度低于 70% 时，固体颗粒在料浆中将发生相对沉降，因此，这种料浆可认为是两相流体或者是复合流体，其流体力学问题主要是研究固体颗粒在液体中的沉降、料浆流动阻力及临界流速的计算等。应当说，在两相流流体力学研究中，近年来较引人注目的研究进展是复合浆体理论[41]和计算流体力学[42]。

（2）膏体流变力学问题。当料浆呈膏体状态时，已具有黏塑性固体的某些特点，固体颗粒在膏体中不再有相对沉降。因此，膏体的管道输送应使用流变力学模型来加以研究。

由于膏体流变力学的特点，现在的膏体流变力学是以实验为基础的，缺乏系统的理论性。有人认为，目前尚没有一个膏体充填管道输送系统可以不经过试验，只作理论解算来确定。

本书第 3 章将讨论两相流流体力学问题和膏体流变力学问题。

1.4.3 充填体支撑采场围岩和矿柱的力学作用机理研究

由图 1-15 可见，充填法采场稳定的岩土力学研究除了地质因素外，主要是研究充填体与采场结构（包括采场围岩，矿柱等）间的相互作用，即充填体支撑采场围岩和矿柱的力学作用机理研究。一般地说，充填体在采空区的主要作用是用来支持不稳定的采场围岩，例如表 1-1 中所列的 17 个矿山，有 13 个矿山使用充填料是为了支持采场围岩或控制岩层移动。

本书第 4 章讨论了地下采场包括充填法采场稳定性的评估方法，充填体支撑采场围岩和矿柱的力学作用机理及其研究方法，胶结充填体的所需强度设计，以及深部矿床充填法开采的相关安全问题等。

对于矿山来说，充填力学理论研究的成果可用于充填材料的优化和充填法采场结构及支护的优化，进而达到指导矿山设计和生产、降低生产成本、提高矿山开采的经济效益和社会效益的目的。

矿山充填力学与一般的岩土工程力学一样，其研究方法也是从实验出发，通过实验数据、实测资料和实践结果而提出有关的力学模型，并得到相应的解答，然后上升到较为成熟和系统的理论。随着现代科学技术的迅速发展，以及充填采矿法工艺技术和机械设备的不断进步，矿山充填力学研究将会取得更为丰硕的成果。

1.5 全尾砂膏体胶结充填料的制备与输送

全尾砂膏体充填技术的主要优点有：

（1）尾砂利用率高。膏体胶结充填可以使用全尾砂；膏体非胶结充填尾砂利用率一般为 90%~95%，个别情况下可达到 99%，取决于脱水设备和脱水技术；而水力充填分级尾砂的利用率一般只有 50%~60%，致使充填材料数量不足，许多矿山只好采集地表天然砂或将块石磨碎成砂用作充填料。

（2）减少尾砂库经营和维护费用。全尾砂膏体充填的溢流水在满足环保要求的排放标准时，矿山可不建尾矿库或只建小型的尾矿库。

（3）充填料浆浓度高，大大减少了水泥用量，降低充填成本。据德国格隆德矿的统计资料，当设计的充填体强度相同时，全尾砂膏体胶结充填料的充填成本比分级尾砂胶结充填料的充填成本降低 23.6%。

（4）全尾砂膏体充填料在采场一般无渗流水排出，改善了井下作业环境，节省了井下排水及清理污泥等方面的费用。

全尾砂膏体充填技术的主要缺点是一次性投资较大；充填系统设备多、系统复杂，系统的可靠性较低。

全尾砂膏体充填的技术关键，主要有下列几点[37]：

（1）尾砂脱水浓缩技术。按照全尾砂膏体充填的技术要求，尾砂脱水后的重量浓度应达到 75%~80% 以上。因此，需采用大型脱水设备，有的还需进行二级浓缩脱水；选厂送来的尾砂先经浓缩机脱水后,再送至过滤机脱水。表 1-5 列出了几个矿山所使用的脱水设备及性能。

表 1-5 脱水设备及其性能

矿山名称	脱水设备	进料浓度 /%	排料浓度 /%	溢流浓度 /%	处理能力 /m³·h⁻¹	回收率 /%
加拿大多姆(DOM)金矿	离心式脱水机	58.0	76.5	32.0	8.86	77.0
南非西德里方廷金矿(WESTDRIEFONTIEN)	脱水机	66.0	78.0	28.0	9.72	90.0
前苏联列宁山多金属公司	薄片式浓密机	11.0	82.0	1.75	4.5	
中国凡口矿	高效浓密机过滤机	13.02	79.7	0.444	8.38	>90
中国金川矿	15m²带式过滤机	35.0	73~30		9t/h	

(2)膏体的泵压输送技术。全尾砂膏体充填料需用高浓度砂浆泵或混凝土泵输送,目前国内使用的输送泵主要有德国生产的 PM 双缸活塞泵以及沈阳工程机械厂生产的混凝土泵。PM 泵为普茨迈斯特机械有限公司(简称 PM 公司)的产品,金川二矿在试验中引进的是 KOS-2170 型,由 KOS 泵和电动液压装置两部分组成。电动液压装置为 HA132 型,电动机功率 132kW,转速 1500r/min,380V,50Hz。设备只需平放在平整的混凝土地面上即可,由电动机带动液压油泵,油压随泵的出口压力而自动升降,达到 25MPa 后流量会自动降低。当油压升到 30MPa 时不再升高。

KOS-2170 泵的结构简单,主要环节的安全保护系统完善,采用了严密密封的 S 转向管来分配双缸的给排料,能适应大流量长时间连续工作的膏体充填作业,其有关技术性能见表 1-6。

表 1-6 PM 泵主要技术性能

项 目	单 位	KOS-2170 泵		
		S	B	P
理论最大流量	m³/h	80		
理论最大排出压力	MPa	4.5	7.5	8.5
外形尺寸(长×宽×高)	mm	6210 × 920 × 800		
质 量	kg	3900	3900	4100
排料缸直径	mm	230		
排料冲程	mm	2100		
最快冲程时间	s/次	3.6		
油缸直径	mm	140		
安装功率	kW	132		
最大工作油压	MPa	30		

(3)膏体管道输送系统的监控技术。全尾砂膏体充填的浓度要求高,因此,需准确

控制充填料各组分的给料量并监测管道输送过程中的有关参数。整个充填系统应组成闭路循环控制系统，自动协调和处理作业过程中某个环节出现的问题，如压力过高或过低以及管道堵塞等，并应装备遥控和遥测仪表。

在本书的第5~6章中，将详细地阐述和讨论全尾砂膏体胶结充填料的制备以及输送等问题。

为了将低浓度脱泥尾砂充填的料浆易流动性和全尾砂膏体胶结充填的优点相结合，近年来，许多科研人员和矿山工程技术人员试验研究了一些充填新技术新工艺，如长沙矿山研究院为安徽草楼铁矿和吴集铁矿等矿山设计并投入应用的结构流自流输送充填工艺技术[44]，金川二矿和凡口铅锌矿等矿山试验成功的泡沫膏体充填工艺技术[45]，新村煤矿试验成功的煤矸石似膏体充填工艺技术[46]等。

近十多年来，充填采矿理论与技术研究方面的专著出版了多部，如彭续承主编的《充填理论及应用》[47]，孙恒虎、刘永文编著的《高水固结充填采矿》[48]，刘同友等编著的《充填采矿技术与应用》[1]，孙恒虎、黄玉诚、杨宝贵编著的《当代胶结充填技术》[49]，王新民、肖卫国、张钦礼等编著的《深井矿山充填理论与技术》[50]，王新民、古德生、张钦礼等编著的《深井矿山充填理论与管道输送技术》[51]，周爱民编著的《矿山废料胶结充填（第2版）》[44]，吴爱祥、王洪江著的《金属矿膏体充填理论与技术》[26]等。这些著作中涉及了大量的矿山充填力学问题以及全尾砂膏体胶结充填材料的制备和输送问题。

本章学习小结：通过本章的学习，使我们认识到为提高矿产资源回收率、保护环境以及保证采矿生产安全，国内外充填采矿法的使用范围正在进一步扩大；近年来充填采矿法的研究进展主要是提高采场生产能力以及全尾砂膏体充填技术的应用；充填采矿法对矿山无废开采具有决定性的重要意义；矿山充填力学所研究的主要问题包括充填材料力学特性、充填料浆输送的流体力学特性、充填体支撑采场围岩的力学作用机理等；全尾砂膏体胶结充填技术所研究的主要问题包括全尾砂膏体的制备、膏体的力学性质测试、膏体的输送系统布置及设备、膏体充填系统的监测及安全等。

复习思考题

1-1 近年来充填采矿法为什么会得到更广泛的应用？

1-2 简述充填采矿法的发展趋势。

1-3 充填采矿法对矿山无废开采有什么重要意义？

参 考 文 献

[1] 刘同友，等. 充填采矿技术与应用 [M]. 北京：冶金工业出版社，2001.

[2] 姚香，刘成平. 我国岩金充填采矿技术现状与发展方向 [C]. 第八届国际充填采矿会议论文集，北京，2004.

[3] 李旭. 山东黄金矿山采矿方法概况及今后的设想 [C]. 首届黄金采矿学术会议论文集，山东省招远市，1988.

[4] Jubilee Symposium on Mine Filling [M]. Australian Inst. Min. & Met., Mt. Isa, 1973.

[5] Application of Rock Mechanics to Cut-and-Fill Mining [M]. Inst. Min. & Met., London, 1981.

[6] Mining with Backfill [M]. Proc. of Interna. Symp., Lulea, Sweden, June, 1983.

[7] Innovations in Mining Backfill Technology [M]. Proc. of 4th Interna. Symp., Montreal, Canada, October, 1989.

[8] Mine Fill' 98 [M]. Brisbane, Queensland, Australia, April, 1998.

[9] 何哲祥，周爱民. 矿山充填技术研究与应用新进展——第七届国际充填采矿大会论文述评 [C]. 中国有色金属学会第五届学术年会论文集，2003.

[10] Proceedings of the 8th International Symposium on Mining with Backfill [M]. Beijing, China, September, 2004.

[11] Innovations and Practice of Mine Backfill Design [M]. Montreal University, Canada, April, 2007.

[12] Mine Fill 2011 [M]. Proceedings of the 10th International Symposium on Mining with Backfill, Cape Town, South Africa, March, 2011.

[13] Mine Fill 2014 [M]. Proceedings of the 11th International Symposium on Mining with Backfill, Perth, Australia, May, 2014.

[14] Mine Fill 2017 [M]. Proceedings of the 12th International Symposium on Mining with Backfill, Denver, USA, February, 2017.

[15] 燕洪波. 尾砂分层充填采矿法几项技术问题 [C]. 首届黄金采矿学术会议论文集，山东省招远市，1988.

[16] 解世俊. 矿床地下开采理论与实践 [M]. 北京：冶金工业出版社，1991.

[17] 蔡嗣经，童光煦. 充填采矿法的新理论、新工艺和新方案 [C]. 第二届冶金矿山采矿技术进展报告会论文集，1991.

[18] 徐祖麟. 粗粒级水砂充填法的实践应用 [J]. 有色矿山，1991 (5).

[19] 王有团，杨志强，李茂辉，等. 全尾砂-棒磨砂新型胶凝充填材料的制备 [J]. 材料研究学报，2015，29 (4)：291-298.

[20] 李立涛，杨志强，高谦. 脱硫灰渣-矿渣复合新型胶凝充填材料试验研究 [J]. 化工矿物与加工，2016 (4)：60-64.

[21] 杨志强，高谦，王永前，等. 不同骨料固结粉胶结充填体强度试验与对比分析 [J]. 大连理工大学学报，2016，56 (5)：466-473.

[22] 赵传卿，王红岩. 高水充填采矿法在焦家金矿的应用 [J]. 采矿技术，2002，2 (1)：8-11.

[23] 古德生，邓建，李夕兵. 地下金属矿山无间柱连续采矿可靠性分析与设计 [J]. 中国工程科学，2001，3 (1)：51-57.

[24] 凡口铅锌矿，长沙有色冶金设计研究院. 凡口铅锌矿盘区上向中深孔配套机械化采矿新工艺研究（鉴定会资料），1992.

[25] 何儒，等. 分段分条胶结充填采矿法在小铁山铅锌矿的试验研究 [J]. 有色矿山，1988 (10).

[26] 吴爱祥，王洪江. 金属矿膏体充填理论与技术 [M]. 北京：科学出版社，2015.

[27] 何哲祥，鲍侠杰，董泽振. 铜绿山铜矿不脱泥尾矿充填试验研究 [J]. 金属矿山，2005 (1) (Series No. 343)：15-17.

[28] 阳雨平，周旭，王贻明，任建平. 大进路无轨机械化联合充填连续开采新技术 [J]. 金属矿山，2008 (12) (Series No. 390)：12-15.

[29] 黄志伟，古德生. 我国矿山无废开采的现状 [J]. 矿业研究与开发，2002，22 (4)：9-10.

[30] 周爱民，古德生. 基于工业生态学的矿山充填模式 [J]. 中南大学学报（自然科学版），2004，35 (3)：468-472.

[31] 周爱民．基于工业生态学的矿山充填模式与技术［D］．中南大学学位论文，2004.

[32] 张省军．张马屯铁矿床无废开采综合技术研究［J］．采矿技术，2006，6（3）：161-166.

[33] 韩克峰，高林．全尾砂胶结充填技术在张马屯铁矿的应用与探讨［J］．山东冶金，1995，17（6）：9-11.

[34] 汪顺才，曹维勤，康瑞海．南京铅锌银矿全尾砂胶结充填［J］．有色金属，2008，60（2）：107-109.

[35] 缪建成，王方汉，胡继华．南京铅锌银矿废水零排放的研究与实践［J］．金属矿山，2003（8）（Series No. 326）：56-58.

[36] 廖国华．矿山岩体力学［M］．北京钢铁学院，1983.

[37] M. L. Jeremic（杰里米克）．岩体力学在硬岩开采中的应用［M］．赵玉学等译．北京：冶金工业出版社，1990.

[38] 蔡嗣经．新城金矿分层充填法采场围岩力学响应特性研究［D］．北京科技大学学位论文，1991.

[39] E. G. Thomas, et al. Fill Technology in Underground Metalliferous Mines［M］. Interna. Acad. Serv. Ltd., Ontario, Canada, 1979.

[40] 何哲祥．絮凝剂对胶结充填体强度的影响［J］．长沙矿山研究院季刊，1990，10（1）.

[41] 王可钦．管道两相流［M］．北京：清华大学出版社，1986.

[42] 吴江航，韩庆书．计算流体力学的理论、方法及应用［M］．北京：科学出版社，1988.

[43] 陈顺良，等．全尾砂充填技术研究的现状与发展对策．铁尾砂综合利用现状与对策，冶金部科技司、冶金部科技信息研究所编，1991.

[44] 周爱民．矿山废料胶结充填（第2版）［M］．北京：冶金工业出版社，2010.

[45] 陈忠平，翟淑花，高谦，董璐．泡沫砂浆充填体在金川镍矿F17以东采场的应用研究［C］．第五届中国充填采矿技术与装备大会论文集，安徽省合肥市，2011.

[46] 许家林，轩大洋，朱卫兵．充填采煤技术现状与展望［J］．采矿技术，2011，11（3）：24-30.

[47] 彭续承．充填理论及应用［M］．长沙：中南工业大学出版社，1998.

[48] 孙恒虎，刘永文．高水固结充填采矿［M］．北京：机械工业出版社，1998.

[49] 孙恒虎，黄玉诚，杨宝贵．当代胶结充填技术［M］．北京：冶金工业出版社，2002.

[50] 王新民，肖卫国，张钦礼．深井矿山充填理论与技术［M］．长沙：中南大学出版社，2005.

[51] 王新民，古德生，张钦礼．深井矿山充填理论与管道输送技术［M］．长沙：中南大学出版社，2010.

2 充填材料散体力学特性

本章学习重点：（1）充填材料的分类；（2）充填材料的物理力学性质及其优化方法；（3）充填材料散体介质力学基本方程；（4）有限差分法数值模拟。

本章关键词：充填材料分类，充填材料物理力学性质，充填材料优化，散体介质力学，有限差分法数值模拟

采出矿石后，充入采场或采空区的砂石等物料统称为充填材料。充填材料的质量或物理力学性质对充填材料的输送、充填体的形成以及采场的生产安全和经济效益等均有重大影响。

2.1 充填材料的分类

国内矿山广泛使用的充填材料，可按不同的标准进行分类。

2.1.1 按充填材料粒级分类

根据充填材料颗粒的大小，可将充填材料分为块石（废石）、碎石（粗骨料）、磨砂（以及戈壁集料）、天然砂（河砂及海砂）、脱泥尾砂和全尾砂等几类。

（1）块石（废石）充填料。主要用于处理空场法或留矿法开采所遗留下来的采空区，如赣南各钨矿等；有时也用于中小型矿山和地方黄金矿山的水平分层充填采矿法，如东坪金矿、红花沟金矿等。对于削壁充填采矿法如撰山子金矿，其充填料也是块石。

块石充填料的粒级组成因矿山和岩性而异，难以进行统计分析。充填料是借助重力或用矿车和皮带输送机卸入采场的，在这过程中，由于碰撞、滚磨等原因，块石的颗粒级配将明显变小。

（2）碎石（粗骨料）充填料。主要用于机械化水平分层充填法，以及分段充填采矿法，用水力输送；也可加入胶结剂制备成类似混凝土的充填料。例如，锡矿山矿利用选厂手选废石（硅化灰岩）破碎成碎石，再加入20%的矿渣混合成充填料，其最大粒径 d_{max} = 45mm，平均粒径 d_{av} = 14.94mm，密度 ρ = 2.52t/m³，堆密度（容重）$\rho_堆$ = 1.41t/m³，孔隙率 ω = 44%，渗透系数 k = 960cm/h[1]。

会泽铅锌矿麒麟厂矿区利用地表剥离废石和井下掘进废石（白云岩和白云化灰岩）经破碎后用作碎石充填料，平均粒径 d_{av} = 7.37mm。其粒级组成如表2-1所示。

（3）磨砂（以及戈壁集料）充填料。当尾砂不适合用做充填材料或尾砂分级后数量不足时，可采用一部分磨砂或戈壁集料补充。凡口铅锌矿的磨砂是井下掘进废石经破碎和

棒磨而成。这类充填料与脱泥尾砂相同，用水力输送，主要用于分层或进路充填法采场。

表 2-1　会泽铅锌矿碎石充填料粒级组成[2]

粒级/mm	产率/%	累计/%	粒级/mm	产率/%	累计/%
+40	0.14	0.14	5~3.2	5.33	57.57
40~25	5.36	5.50	3.2~1.6	10.88	68.45
25~18	3.13	8.63	1.6~1.0	3.66	72.11
18~15	5.41	14.04	1.0~0.1	21.47	93.58
15~10	15.76	29.80	−0.1	6.42	100.00
10~5	22.44	52.24			

金川镍矿砂石厂专门为充填而生产的棒磨砂，其最大粒径 $d_{max} = 5.5mm$，比表面积 $81.9m^2/cm^3$，密度 $2.67t/m^3$，孔隙率 37.7%。金川镍矿棒磨砂的粒级组成见表 2-2。

表 2-2　金川镍矿棒磨砂粒级组成[3]

粒级/mm	产率/%	累计/%	粒级/mm	产率/%	累计/%
+5.0	2.59	2.59	+0.197	9.08	78.37
+3.0	9.83	12.42	+0.15	6.90	85.27
+1.6	3.32	15.74	+0.10	8.63	93.90
+0.84	21.86	37.60	+0.071	1.84	95.74
+0.545	13.88	51.48	−0.071	4.26	100.00
+0.287	17.81	69.29			

（4）天然砂（河砂和海砂）充填料。这类充填材料与磨砂一样，也是用于补充脱泥尾砂的数量不足或选厂尾砂不适合用作充填料。其输送方式及适应的充填采矿法均与磨砂相同。山东省金城金矿海砂的粒级组成如表 2-3 所示。

表 2-3　金城金矿海砂粒级组成[4]

粒级/mm	产率/%	累计/%	粒级/mm	产率/%	累计/%
+2.0	22.00	22.00	+0.18	2.53	99.02
+0.90	42.50	64.50	+0.154	0.54	99.56
+0.45	23.46	87.96	−0.154	0.44	100.00
+0.28	8.71	96.67			

（5）脱泥尾砂充填料。这是使用最广泛的一种充填材料，来源方便，成本低廉，只需将选厂排出的尾砂用旋流器脱泥。这种充填料全部用水力输送，既适合于各种分层或进路充填法，也适用于处理采空区。国内部分矿山脱泥尾砂的粒级组成列于表 2-4 中。

表 2-4　国内部分矿山脱泥尾砂粒级组成[5]

矿山	粒级组成										
凡口 铅锌矿	粒径/mm	0.2	0.13	0.077	0.05	0.037	0.02	0.01	-0.01			
	产率/%	4.28	30.41	24.2	16.92	9.36	12.26	1.48	1.27			
招远金矿	粒径/mm	0.18	0.15	0.125	0.09	0.075	0.063	0.053	0.044	-0.044		
	产率/%	41.0	13.5	8.0	17.5	4.3	4.8	2.0	1.0	8.0		
锡矿山矿 一级脱泥	粒径/mm	0.3	0.15	0.105	0.074	0.037	0.02	0.01				
	产率/%	23.35	22.25	8.00	16.00	11.85	10.50	8.05				
二级脱泥	产率/%	22.5	15.0	20.5	7.5	21.17	9.31	4.02				
东乡铜矿	粒径/mm	0.50	0.30	0.217	0.15	0.121	0.104	0.077	0.05	0.04	0.03	-0.03
	产率/%	0.15	1.08	3.82	11.37	12.21	3.72	14.43	20.73	10.14	9.79	8.52
黄沙坪矿	粒径/mm	0.2	0.147	0.074	0.043	-0.043						
	产率/%	4.77	12.89	32.79	43.15	6.40						
铜绿山矿	粒径/mm	0.053	0.038	0.027	0.017	0.01	-0.01					
	产率/%	77.6	14.9	3.6	1.7	0.6	1.6					
凤凰山 铜矿	粒径/mm	0.053	0.038	0.027	0.019	-0.019						
	产率/%	92.16	6.29	0.99	0.16	0.40						

（6）全尾砂充填料。选厂出来的尾砂不经分级脱泥，只经浓缩脱水制成高浓度充填料或膏体充填料。高浓度或膏体全尾砂充填料在添加水泥等胶结剂后，主要用于分层或进路充填采矿法中，采用泵压输送或自溜输送方法。国内部分矿山全尾砂充填料的粒级组成见表 2-5，其物理性质见表 2-6。

表 2-5　国内部分矿山全尾砂充填料粒级组成

矿山	粒级组成										
金川 一选厂	粒径/mm	0.128	0.096	0.064	0.048	0.032	0.016	0.008	0.004	0.002	0.001	-0.001
	产率/%	0.4	4.5	20.4	6.1	12.8	8.8	17.2	12.5	7.6	6.1	3.0
二选厂	产率/%	0.8	7.9	24.0	6.5	12.1	7.9	15.4	10.8	6.2	4.9	3.5
车江 铜矿	粒径/mm	0.074	0.05	0.037	-0.037							
	产率/%	23.7	16.0	11.3	49.0							
锡矿 山矿	粒径/mm	0.4	0.3	0.2	0.1	0.074	0.037	0.02	-0.02			
	产率/%	10.8	10.24	13.41	15.4	4.07	10.0	5.2	30.88			
金城 金矿	粒径/mm	0.45	0.28	0.18	0.154	0.125	0.098	0.076	0.05	0.02	0.01	-0.01
	产率/%	3.16	15.52	23.31	19.8	13.19	11.85	1.64	4.36	5.58	1.25	0.33

表 2-6 国内部分矿山全尾砂充填料物理性能

指标	锡矿山矿	金川一选厂	金川二选厂	车江铜矿	金城金矿
密度/t·m^{-3}	2.50	2.87	2.87		2.61
堆密度/t·m^{-3}	1.54	1.30		1.63	1.41
孔隙率/%	38.40	54.70	48.20		35.60
渗透系数/cm·h^{-1}	5.40			0.70~1.20	3.25

按照土力学或散体介质力学的粒级分类方法，例如我国原水电部《土工试验规程》（SD128—84）中的规定（参见图2-1），脱泥尾砂基本上属于砂粒范围，而全尾砂则属于细砂粒和粉粒范围之间。

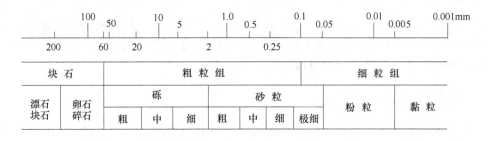

图 2-1 粒级划分图[6]

2.1.2 按力学性质分类

根据充填体是否具有真实的内聚力，可将充填材料分为非胶结和胶结两类。

2.1.2.1 非胶结充填材料

前面所述的各种充填材料均可作为非胶结充填料，但对全尾砂来说，由于含细微颗粒多，脱水比较困难，在爆破等动荷载作用下存在被重新液化的危险性。因此，在目前的工程技术水平条件下，全尾砂充填料一般需加入胶结剂如水泥等制备成胶结充填料。

除了干式充填的块石以及风力输送的砂、石充填料外，对于非胶结的水砂（尾砂）充填材料来说，其脱水性能即渗透系数是最重要的质量指标，在充填采矿设计中，一般推荐渗透系数不小于100mm/h。

2.1.2.2 胶结充填材料

一般情况下，块石、碎石、天然砂、脱泥尾砂和全尾砂均可制备成胶结充填材料或胶结充填体。对于不适宜用水力输送的块石或大块的碎石来说，可借助于重力或风力先将其充入采空区，然后在其中注入胶结水砂（尾砂）充填料，以形成所谓的胶结块石充填体。

固体质量浓度为60%~70%的胶结脱泥尾砂充填料，由于加入了水泥，其渗透系数大为降低，如 Thomas 曾报道过一组渗透实验结果，见表2-7。因此，对胶结充填材料来说，渗透系数已无太大的实际意义，而充填体抗压强度才是最重要的质量指标。

表 2-7 胶结充填材料的渗透系数[7]

波特兰水泥含量（质量）/%	孔隙比①	渗透系数（以不含水泥的充填料为100%）/%
0	0.689	100
4	0.664	25.40
8	0.644	10.10
12	0.646	5.03
16	0.603	2.43

①测定孔隙比时，对充填料进行了常规击实。

2.2 充填材料的物理力学性质

在充填材料化学成分稳定（包括不迅速氧化、不自燃、不遇水溶解、不具有自胶结性或自胶结性极小等）的前提下，考虑到力学研究的需要，充填材料的重要物理力学性质有密度、堆密度（容重）、孔隙率和孔隙比、渗透系数、颗粒级配、压缩特性、非胶结充填材料的强度特性、胶结充填材料的强度特性等。

2.2.1 充填材料的密度和堆密度

充填材料的密度定义为：单位体积的充填材料在密实状态下的质量（与同体积的水在4℃时的质量之比）。国际标准单位为 kg/m^3，工程上常用的单位为 t/m^3。

通常，充填材料处于松散状态。充填材料的堆密度即是处于松散状态的充填材料单位体积（包括固体颗粒和空隙）所具有的质量。工程上常用的单位为 t/m^3。

2.2.2 充填材料的孔隙率和孔隙比

充填材料的孔隙比是指充填材料中孔隙体积与固体颗粒体积之比，而孔隙率是指松散充填材料中孔隙体积所占的比率。若用 ε 表示孔隙比，用 ω 表示孔隙率，则有：

$$\varepsilon = \frac{\omega}{1-\omega} \tag{2-1}$$

充填材料的孔隙比或孔隙率是一个表示充填料质量的重要参数，其数值的大小反映了充填体的密实程度。对胶结充填材料来说，则进一步反映了充填体的强度特性。

2.2.3 充填材料的渗透系数

根据达西定律，多孔介质的渗透性定义为：

$$K = \frac{QL\eta}{hA\gamma^2} \tag{2-2}$$

式中 K——多孔介质的渗透性，m^2；

       Q——通过多孔介质渗透出来的流体流量，N/s；

       L——多孔介质在流体流动方向的长度，m；

       η——流体的绝对黏度，$N \cdot s/m^2$，见表2-8；

h——静水压头，m；

A——（垂直于流动方向的）多孔介质的横剖面面积，m^2；

γ——流体单位体积的重量（重力密度），kN/m^3，见表 2-8。

表 2-8 不同温度时水的绝对黏度和重力密度

温度 $t/℃$	绝对黏度 $\eta / N \cdot s \cdot m^{-2}$	重力密度 $\gamma / kN \cdot m^{-3}$	温度 $t/℃$	绝对黏度 $\eta / N \cdot s \cdot m^{-2}$	重力密度 $\gamma / kN \cdot m^{-3}$
5	$1.519×10^{-3}$	9.807	25	$0.8904×10^{-3}$	9.778
10	$1.307×10^{-3}$	9.804	30	$0.7975×10^{-3}$	9.764
15	$1.139×10^{-3}$	9.798	35	$0.7194×10^{-3}$	9.749
20	$1.002×10^{-3}$	9.789	40	$0.6529×10^{-3}$	9.730

由于渗透性 K 的单位为 m^2，该指标没有明显的物理意义。因此，在充填采矿法中，广泛采用渗透系数这个指标来评价充填材料的脱水性能。

在式（2-2）中，代入 $Q = q\gamma$，其中 q 为渗透出来的流体之体积，m^3/s，则有：

$$K = \frac{qL\eta}{hA\gamma} \qquad (2-3)$$

在常温下，η/γ 是一个常数。因此式（2-3）可写成：

$$k = \frac{qL}{hA} \qquad (2-4)$$

式中，k 为多孔介质的渗透系数，m/s，在充填采矿法中常用的单位为 cm/h。

在充填体中渗透出的流体是水。不同温度下水的绝对黏度和重力密度（单位重量）均有所变化，如表 2-8 所示。因此，通过试验得出的充填材料的渗透系数，须注明试验时的室温。

2.2.4 充填材料的颗粒分级

对于砂土类散体介质来说，颗粒大小的分布情况（即级配），是影响其力学性质的最重要的物理参数。

充填材料的粒度组成，可用列表法如表 2-1 来表示，也可用粒度组成曲线来表示，如后面所示的图 2-7。

为表征充填材料的级配情况，常用到以下两个特征值：

（1）加权平均粒径 d_{av}。其计算公式为

$$d_{av} = \sum_{i=1}^{n} (d_i, G_i)/100 \qquad (2-5)$$

式中 $d_i = (d_{imax} + d_{imin})/2$，即每一个筛分粒级的上限粒径和下限粒径的平均值；

G_i——该粒级在总试样中所占的重量百分比；

n——筛分时的粒级数。

由于加权平均粒径 d_{av} 与筛分时所划分的粒级数目有关，因此，对同一种充填料采用不同的筛分粒级划分，所得到的 d_{av} 值不一样。可见 d_{av} 只有相对的意义。

（2）粒级组成不均匀系数 C_u。其计算公式为

$$C_{\mathrm{u}} = d_{60}/d_{10} \qquad\qquad (2\text{-}6)$$

式中　d_{60}——60%的充填料能通过的筛孔直径，mm；

　　　d_{10}——10%的充填料能通过的筛孔直径，mm。

充填料的上述物理特性，即密度、堆密度、孔隙比或孔隙率、渗透系数以及颗粒分级等，其实验室测定方法可参照土木工程试验的有关国家标准进行，如上文提到的原水电部《土工试验规程》（SD128—84）等。

2.2.5　充填材料的压缩特性

松散的充填材料尤其是非胶结的充填材料，孔隙率相当高，因而其体积压缩性很大。充填体无论是设计用来支护采场围岩或矿柱还是仅作为采场工作底板，充填材料的压缩特性是其最重要的力学性能之一。不同种类的充填材料其压缩特性不同，具体讨论详见第4章中的有关内容。

2.2.6　非胶结充填料的强度特性

这里，主要讨论砂土级的非胶结充填材料而不涉及块石类的干式充填材料。在土力学术语中，砂土级的非胶结充填材料被称为无内聚力的颗粒散体介质。这种材料的抗剪强度主要来自两个方面：

（1）由于毛细水产生的表面张力而形成的视在内聚力。这种视在内聚力当颗粒完全干燥或浸水饱和时则消失。

（2）颗粒间的相互啮合作用。这种啮合作用一般与材料的湿度无关，而与孔隙水压力的大小有关。

无真实内聚力的颗粒状散体介质的莫尔强度包络线的一般形式如图 2-2 所示。

若用数学方法来描述这种材料的强度特性，即有库仑公式：

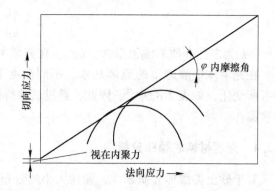

图 2-2　无内聚力散体材料的莫尔强度包络线

$$\tau = c_{\mathrm{a}} + (\sigma - \mu)\tan\varphi \qquad\qquad (2\text{-}7)$$

式中　τ——散体材料的抗剪强度；

　　　c_{a}——散体材料的视在内聚力；

　　　σ——作用在散体材料上的正应力；

　　　μ——散体材料中的孔隙水压力；

　　　φ——材料的内摩擦角。

若忽略 c_{a} 和 μ 的存在，则对于某种具体的充填材料，由图 2-2 或式（2-7）所表示的强度特性可以在实验室用剪切仪方便地进行测定。

由式（2-7）可见，要提高这种材料的抗剪强度，一是增加作用其上的正应力，二是提高其内摩擦角。在充填采矿实践中，方便可行的途径是提高充填材料的内摩擦角。

散体材料的内摩擦角主要与颗粒形状、颗粒级配及密实程度有关。Lambe 和 Whitman

通过试验得出的实验结果如表 2-9 所示。

表 2-9　散体材料内摩擦角[8]　　　　　　　　　　(°)

颗粒形状和分级	松散状态	密实状态	颗粒形状和分级	松散状态	密实状态
圆滑，颗粒均一	30	37	有棱角，颗粒均一	35	43
圆滑，分级良好	34	40	有棱角，分级良好	39	45

2.2.7　胶结充填材料的强度特性

胶结充填材料由于具有真实的内聚力，其强度特性主要是指抗压强度特别是单轴抗压强度特性。下面以胶结脱泥尾砂为典型充填材料来进行讨论。

胶结充填材料的莫尔强度包络线可用下式表示：

$$\tau = c + \sigma \tan\varphi \tag{2-8}$$

式中，c 为胶结充填材料的内聚力；其余符号的意义同前。

（1）抗压强度与水泥含量的关系。使用普通硅酸盐水泥作为胶结剂时，若其他条件不变，则充填材料中的水泥含量越高充填体的抗压强度越大，典型的实验曲线见图 2-3。

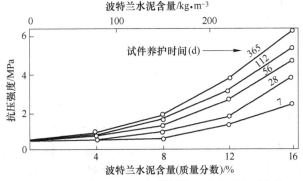

图 2-3　充填体水泥含量与单轴抗压强度的关系曲线

（2）抗压强度与养护时间的关系。在充填采矿中，通常说的胶结充填体强度是指试件养护 28d 后在实验室试验测得的抗压强度值。事实上，胶结充填体的强度随养护时间的延长而增加，特别是井下恒温恒湿的环境更有利于水泥的长期养护。在水泥含量一定时，实验室测定的胶结充填体的养护特性见图 2-4。

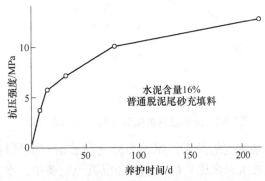

图 2-4　水泥含量 16%时胶结充填料的养护特性

（3）抗压强度与充填材料颗粒级配的关系。为研究胶结充填材料抗压强度与颗粒级配的关系，Thomas 等曾进行了一组对比试验[7]。所用的充填材料有三种：一种为普通脱泥尾砂，一种为在普通脱泥尾砂中加入一定量的细微颗粒，一种为普通脱泥尾砂再进行第二次脱泥。这三种材料的颗粒分级如表 2-10 所示。

表 2-10　三种充填材料的粒级组成　　　　　　　　　　（%）

颗粒粒径/μm	脱泥尾砂（A）	在（A）中加入细颗粒（B）	从（A）中剔除细颗粒（C）
+425	0.10	0.09	0.11
300~425	0.31	0.40	0.39
212~300	1.83	1.78	2.01
150~212	4.53	3.48	4.67
106~150	20.99	21.06	23.93
75~106	20.82	19.86	22.08
53~75	18.39	17.92	19.04
41~53	3.27	3.96	3.55
31~41	13.01	11.84	12.20
21~31	4.26	5.25	3.81
14~21	2.62	3.64	1.79
10~14	1.93	2.17	0.97
0~14	7.93	8.61	5.44
平均粒径/μm	80.44	77.91	86.03

将这三种充填材料都添加 16% 的水泥，制备成胶结充填材料试件，在实验室进行抗压强度试验，所得结果见图 2-5。可见，对胶结脱泥尾砂材料来说，并不是颗粒平均粒径越大，试件抗压强度就越高，而是存在一个最佳级配。关于这一点，详见下一节关于充填材料优化的讨论。

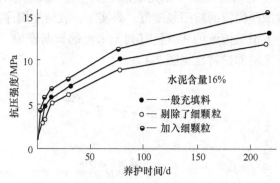

图 2-5　充填材料级配对其强度特性的影响

（4）抗压强度与料浆浓度的关系。用水力输送的胶结充填材料，其料浆输送浓度实质上反映了水灰比（水与水泥之比）的大小。在混凝土制备中，水灰比一般控制在 0.5~1.0 范围内。而对于质量浓度 50%~70% 左右的水力充填料来说，水灰比可能在 1.0~10.0

的范围内。一般地说，当水泥含量一定时，料浆输送浓度越高也即水灰比越小，则胶结充填体的抗压强度就越大。凡口铅锌矿的试验数据见表 2-11。

表 2-11 水灰比与充填试件抗压强度关系的实验数据[5]

灰砂比	质量浓度/%	水灰比	抗压强度（28 天）/MPa
1:3	75	1.0	12.40
	70	1.28	6.98
	65	1.62	6.00
1:4	75	1.33	8.50
	73	1.47	7.53
	70	1.71	7.00
	60	2.16	5.53
1:5	75	2.00	4.40
	73	2.21	3.30
	65	3.22	3.00

（5）抗压强度与养护温度的关系。由于矿体开采深度的影响，以及矿山所处区域的气温差异，致使胶结充填材料在井下的养护温度也不相同。试验表明，胶结充填料中水泥含量为 8%时，其最佳养护温度是 25~38℃，如图 2-6 所示。

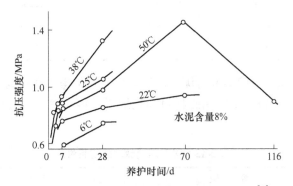

图 2-6 充填料养护温度对其抗压强度的影响[7]

2.3 胶结脱泥尾砂充填材料的优化

为使胶结充填体能有效地支持采场围岩或作为自立性人工矿柱，应保证其具有足够的强度。从上节的讨论可知，若要增加胶结充填体的强度，其途径或是增加充填材料中的水泥含量，这当然会导致充填成本增加；或是将充填材料进行优化，主要是优化充填材料的级配特性。为此，笔者结合某矿山生产实践，在实验室进行了一项大规模的胶结脱泥尾砂充填材料的优化试验研究，灌制、养护的胶结充填体试件多达 1700 余个，得出了一些实用的结论。下面对该试验研究项目做简单介绍。

试验所用的原材料有选厂原生铜尾砂和原生铅锌尾砂。考虑到矿山充填作业中有可能使用混合尾砂，还配制了两种混合尾砂样品，其中 1 号混合尾砂含 2/3 的铜尾砂和 1/3 的铅锌尾砂，2 号混合尾砂含 1/3 的铜尾砂和 2/3 的铅锌尾砂。这四种尾砂材料的粒级组成及材料的用量、密度等见图 2-7 和表 2-12。

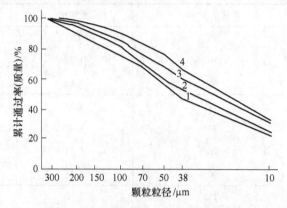

图 2-7　实验用尾砂材料的粒级组成

1—铜尾砂；2—1 号混合尾砂；3—2 号混合尾砂；4—铅锌尾砂

表 2-12　尾砂材料的用量及密度测定

尾砂名称	总质量/kg	固体浓度（质量）/%	固体质量/kg	尾砂密度/t · m^{-3}
铜尾砂	291.0	72.56	211.1	2.80
1 号混合尾砂	322.2	69.01	222.4	2.92
2 号混合尾砂	335.1	66.40	222.5	3.04
铅锌尾砂	358.5	69.37	248.7	3.17

　　试验中采用的充填材料胶结剂为优质硅酸盐水泥和干燥的磨碎铜反射炉渣，其有关特性分别见表 2-13 和表 2-14。所有尾砂材料和胶结剂材料均由矿山从充填材料堆中按标准取样。

表 2-13　优质硅酸盐水泥的特性

等　　级		A 级
化学组成/%	燃烧损失	1.7
	SO_3	2.0
	MgO	1.8
水化物组成/%	C_3A	8.0
	C_4AF	10.0
	C_3S	57.0
	C_2S	18.0
安定性		相当于 Na_2O 0.59
比表面积/ m^2 · kg^{-1}		362.0
密度/ t · m^{-3}		3.15

表 2-14 磨碎铜反射炉渣的特性

密度/ t·m⁻³			3.32
比表面积/ m²·kg⁻¹			290.6
颗粒分级	粒径/μm	产率/%	累计/%
	+300	1.27	1.27
	+212	3.91	5.18
	+150	5.27	10.45
	+106	7.53	17.98
	+75	13.74	31.72
	+53	28.61	60.33
	+45	7.40	67.73
	+38	12.86	80.59
	−38	19.41	100.00

充填材料优化试验研究过程，大致分为如下 6 个步骤：

（1）充填材料样品的制备。按试验设计要求，四种尾砂每种经过脱泥分别制备出 15 个不同颗粒级别组成的充填料。充填料制备流程见图 2-8。

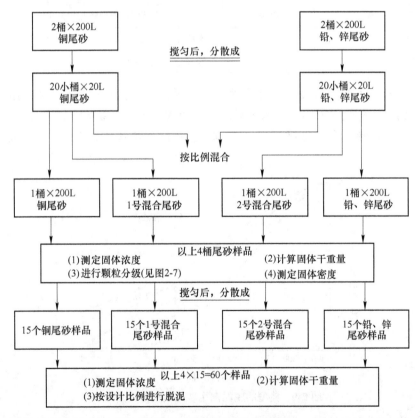

图 2-8 充填料的制备流程图

（2）按设计的尾砂回收率进行脱泥。上述 4×15 个尾砂样品，按不同的回收率进行脱泥。如 15 个铜尾砂样品，设计的脱泥回收利用率及实验室脱泥方法如表 2-15 所列。其他三种尾砂样品的脱泥过程也与此相同。

表 2-15 铜尾砂样品的脱泥方法

序号	回收利用率/%	矿样名称	脱 泥 方 法
1	95	C95	分两个子样品，倾析法，沉淀时间从 3h 降至 0.5h
2	90	C90	分两个子样品，倾析法，沉淀时间从 3h 降至 0.5h
3	85	C85	分两个子样品，倾析法，沉淀时间从 3h 降至 0.5h
4	80	C801	分两个子样品，倾析法，沉淀时间从 3h 降至 0.5h
5	80	C802	螺旋分级机，所得脱泥尾砂中仍含有较多细颗粒
6	70	C701	同 C801，沉淀时间 20min
7	70	C702	螺旋分级机，所得脱泥尾砂中仍含有较多细颗粒
8	60	C601	分两个子样品，倾析法，沉淀时间最后降至 15min
9	60	C602	同 C601，沉淀时间最后降至 10min
10	60	C603	螺旋分级机，其过程比 C802 更粗糙
11	60	C604	同 C603，但更粗糙
12	50	C501	同 C601，沉淀时间最后降至 10min
13	50	C502	同 C601，沉淀时间最后降至 3min
14	50	C503	螺旋分级机，其过程比 C802 更粗糙
15	50	C504	螺旋分级机，但更粗糙

（3）脱泥尾砂的颗粒分级。所有尾砂样品经脱泥后，按与原生尾砂相同的分级标准进行分级。为保证分级的准确性，每个样品分级两次，个别样品的分级进行了三次。典型的脱泥铜尾砂充填料的分级曲线见图 2-9。脱泥铜尾砂与脱泥铅锌尾砂的级配比较见图 2-10。

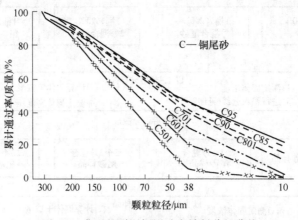

图 2-9 典型的脱泥铜尾砂充填料分级曲线

（4）脱泥尾砂密度的测定。对 4×15 个脱泥尾砂充填料样品，逐个测定其密度，结果

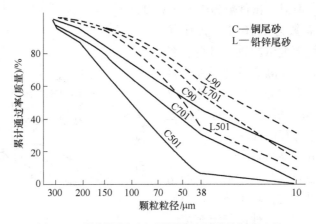

图 2-10　脱泥铜尾砂与脱泥铅锌尾砂的级配比较

发现，对于脱泥铜尾砂，其密度与尾砂回收利用率无关，即在任何回收利用率时其密度均与原生尾砂相同（2.80t/m³），脱泥后的混合尾砂其密度与回收利用率也关系不大。但对于脱泥铅锌尾砂，其密度与回收利用率有关，如图 2-11 所示。

（5）脱泥尾砂渗透系数的测定。测定脱泥尾砂的渗透系数时，采用的是常压头滴定方法。试验证明，测定时使用湿样品比使用干样品更符合实际情况，往样品中加入蒸馏水与加入自来水所测得的数据相差无几。因此，湿样品加入自来水的方案被采用。部分测定结果如图 2-12 所示。

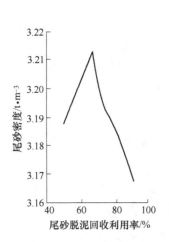

图 2-11　脱泥铅锌尾砂的密度
与其回收利用率的关系

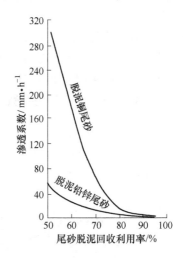

图 2-12　脱泥尾砂渗透系数
与其回收利用率的关系

（6）胶结充填试件强度的测定。所制备的 4×15 个脱泥尾砂样品，每个都按下述组合浇灌胶结充填体试件进行抗压强度试验（试件为圆柱形，直径 54mm，高 108mm）：

1）水泥胶结试件。按水泥含量分为 3%、5% 和 7% 三组；养护时间分为 28d、56d 和 112d 三组。为保证获得可靠数据，每个相同配比相同养护时间的试件均灌制 3 个，测定的数据取平均值。因此，试件总数为 60×3×3×3＝1620 个。

2）水泥、炉渣胶结试件。本组只灌制含 3% 水泥和 6% 炉渣的胶结脱泥铜尾砂和胶结脱泥铅锌尾砂试件。所以，试件数为 15×2×3 = 90 个。

上述两种试件总数为 1710 个。抗压强度测试在等应变土壤强度试验机上进行。在测试抗压强度的同时，还测定每个试件的容积密度、孔隙比和含水率等，每个试件测取 9 个数据。为处理和分析这大量的实验数据，专门编制了一个计算机程序。

试验得到的部分主要结果为：

（1）试件抗压强度与尾砂脱泥回收利用率的关系。试验结果表明，对于某一种脱泥尾砂充填材料来说，存在一种使胶结充填试件获得最大强度的最佳颗粒级配，如图 2-13 所示。

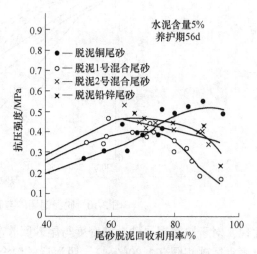

图 2-13　试件强度与尾砂脱泥
回收利用率的关系

由图 2-13 可见，不同的脱泥尾砂，其最佳脱泥回收利用率不同：铜尾砂为 85% ~ 90%，铅锌尾砂为 60% ~ 65%，混合尾砂为 65% ~ 70%。

需要说明的是，尾砂的脱泥回收利用率与充填材料的颗粒级配是两回事。因充填材料的颗粒级配很难用一个简单的参数描述，只好借用在矿山生产实践中使用方便的尾砂脱泥回收利用率。

（2）最佳颗粒级配充填材料的特性。具有最佳颗粒级配亦即最佳尾砂脱泥回收利用率的充填材料，应具有孔隙比或孔隙率最小、材料不均匀系数最大的特点，如图 2-14 和图 2-15 所示。例如，铜尾砂的最佳脱泥回收利用率是 85% ~ 90%，此时试件的孔隙比最小，为 $\varepsilon = 0.745$，材料的不均匀系数最大，为 $C_u = 7.80$。

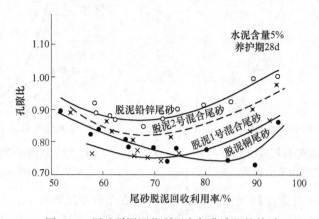

图 2-14　尾砂脱泥回收利用率与孔隙比的关系

（3）充填材料性质对试件养护特性的影响。铜尾砂、铅锌尾砂以及不同比例的混合尾砂，各自的物理性质不同，对试件养护特性的影响也有较大差异。如图 2-16 所示，当四种尾砂的回收利用率均为 70% 左右时，脱泥铜尾砂的胶结试件强度随养护时间的延长而

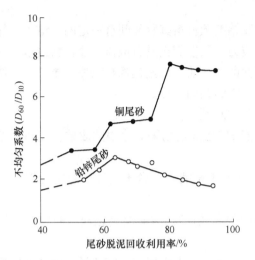

图 2-15 尾砂脱泥回收利用率与不均匀系数的关系

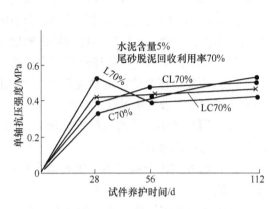

图 2-16 充填材料性质对试件养护特性的影响

增加,而脱泥铅锌尾砂的胶结试件强度在养护 28d 时达到峰值,随开始后下降。脱泥混合尾砂的胶结试件初期强度较高,养护 28d 的强度即达其最终强度的 80%～90%,适用于需要充填体早期强度高的地方。

(4) 使用最佳颗粒级配的充填材料可降低水泥耗量。对于脱泥铜尾砂充填料,在最佳脱泥回收利用率处为 85%～90% 时,3% 水泥含量的试件养护 56d 的抗压强度为 0.30MPa;而当脱泥回收利用率为 50%～60% 时,5% 水泥含量的试件在养护 56d 后的抗压强度平均仅为 0.29MPa,如图 2-17 所示。

综上所述,要降低胶结充填的成本并提高胶结充填体的强度,对胶结充填材料进行优化是经济、可行的方法[9~11]。

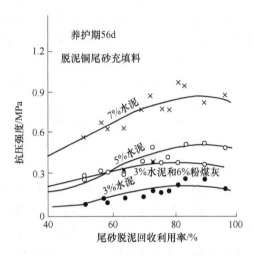

图 2-17 胶结脱泥铜尾砂试件的抗压强度

2.4 充填材料散体介质力学基础

2.4.1 基本概念

工程意义上的散体介质(如爆破后的矿石堆和脱泥尾砂充填材料等),具有如下基本特征:

(1) 在宏观上,散体介质由几何尺寸大致属于同一数量级的颗粒组成。理想的散体介质没有固定形状,其形状随容器的外形而定,并对容器的侧壁和底部产生压力。

(2) 散体介质没有抵抗拉伸的能力,或者抗拉强度很低,一般只能在承受压应力的条件下工作。

　　除了理想散体介质外，黏结土和低强度的胶结充填材料其颗粒间有一定的黏结力，能保持一定的几何形状，或者还可承受不大的拉应力，但它们仍具有散体介质材料最基本和最主要的特征。因此，这类材料可称之为黏结性散体介质。无论是理想散体介质还是黏结性散体介质，在受力分析中考虑内摩擦效应是它们的共同特点。

　　在采矿工程中，研究散体介质力学经常碰到的问题是：

　　（1）研究散体介质的运动规律[12]。如崩落采矿法或空场采矿法中的放矿，充填系统中的立式砂仓和散装水泥仓的放料等。

　　（2）研究散体介质的极限承载能力。如土基的承载能力、岩土边坡的稳定性以及采场充填体的承载能力等。

　　（3）研究散体介质与相邻接触物之间的作用力。如矿石与矿仓壁之间、充填体与采场围岩或矿柱之间的相互作用力等。

　　与固体力学和流体力学中的研究方法一样，散体介质力学研究也需要做一些基本假设以简化力学模型和边界条件。这些基本假设为：

　　（1）散体介质材料集合体在所占空间内是紧密连续的。散体介质是颗粒的集合，颗粒间有一定的空隙存在，但一般来说，这些空隙的几何尺寸不会超过颗粒本身的空间量级。因此，从宏观角度把这种介质看成是连续体，不会带来很大的误差。这样，质点的受力、位移和运动就可以看成是坐标位置的连续函数，为数学分析带来了极大的方便。

　　（2）散体介质材料集合体的力学性质是均匀和各向同性的。对于散体介质的各个颗粒来说，其形状、几何尺寸和物理性质等往往都不相同，仅当我们研究的范围比单个颗粒大得多而颗粒又是随机分布的时候，从统计平均的观点把散体介质看成是均匀和各向同性的，基本符合实际情况。

　　（3）散体介质的颗粒是不变形的。散体介质在达到极限平衡而丧失稳定时，质点将产生某种程度的位移。这种位移比起颗粒本身的弹性或塑性变形来说要大得多，因此，可以认为颗粒本身是不变形的。这就是刚体散体介质颗粒的假说。本节所讨论的散体介质，主要是针对粒级为脱泥尾砂一类的充填材料而言，包括非胶结充填料和胶结充填料，即理想散体介质和黏结性散体介质。

2.4.2　散体介质力学的状态方程

　　承受外力的散体介质，当应力很小时，基本上属于弹性范畴，质点位移和变形要满足一定的关系，即弹性力学中的协调条件；当达到极限平衡产生滑移时，也要满足一定的关系，即运动时必须满足的连续条件[13]。

　　体积为 V 的空间充满了散体物质，其密度为 ρ；设微表面积 $\mathrm{d}A$ 上物质流出的速度为 v_n，则单位时间内从微表面积 $\mathrm{d}A$ 上流出的物质为 $\rho v_n \mathrm{d}A$；而单位时间内从整个表面积上流出的物质为：

$$\int_A \rho v_n \mathrm{d}A \tag{a}$$

其中，以物质从体积中流出的 v_n 为正，从外部流入的 v_n 为负。体积中单位时间的质量改变为：

$$\int_V \frac{\mathrm{d}\rho}{\mathrm{d}t}\mathrm{d}V \tag{b}$$

因此，应有：

$$\int_A \rho v_n \mathrm{d}A = -\int_V \frac{\mathrm{d}\rho}{\mathrm{d}t}\mathrm{d}V \tag{2-9}$$

将面积分变为体积分，有

$$\int_A \rho v_n \mathrm{d}A = \int_V \nabla(\rho \boldsymbol{v})\mathrm{d}V \tag{c}$$

式中：

$$\left. \begin{array}{l} \nabla = \boldsymbol{i}\dfrac{\partial}{\partial x} + \boldsymbol{j}\dfrac{\partial}{\partial y} + \boldsymbol{k}\dfrac{\partial}{\partial z} \\[2mm] \boldsymbol{v} = \boldsymbol{i}v_x + \boldsymbol{j}v_y + \boldsymbol{k}v_z \end{array} \right\} \tag{d}$$

式中，$\boldsymbol{i}$、$\boldsymbol{j}$、$\boldsymbol{k}$ 为坐标单位矢量。

将式（c）代入式（2-9）中，有：

$$\left. \begin{array}{l} \int_V \nabla(\rho v)\mathrm{d}V = -\int_V \dfrac{\mathrm{d}\rho}{\mathrm{d}t}\mathrm{d}V \\[3mm] \int_V \left[\dfrac{\mathrm{d}\rho}{\mathrm{d}t} + \nabla(\rho v) \right]\mathrm{d}V = 0 \end{array} \right\} \tag{e}$$

由于积分边界的任意性，要满足上式关系，被积函数必须等于零，即：

$$\frac{\mathrm{d}\rho}{\mathrm{d}t} + \nabla(\rho v) = 0 \tag{2-10a}$$

或写做：

$$\frac{\partial \rho}{\partial t} + v_x\frac{\partial \rho}{\partial x} + v_y\frac{\partial \rho}{\partial y} + v_z\frac{\partial \rho}{\partial z} + \rho\left(\frac{\partial v_x}{\partial x} + \frac{\partial v_y}{\partial y} + \frac{\partial v_z}{\partial z} \right) = 0 \tag{2-10b}$$

式（2-10）是连续条件的一般表达式。式中 ρ 和 v 均是坐标 x、y、z 和时间 t 的函数。若 ρ 不随时间改变，则式（2-10）变为

$$\nabla(\rho v) = 0 \tag{2-11}$$

当 ρ 为常数时，则有：

$$\nabla v = 0 \tag{2-12a}$$

$$\frac{\partial v_x}{\partial x} + \frac{\partial v_y}{\partial y} + \frac{\partial v_z}{\partial z} = 0 \tag{2-12b}$$

上式为不可压缩性散体介质的连续条件。在静力学中，ρ 与时间 t 无关，$v=0$，连续方程式（2-10）~式（2-12）均自动满足。

在散体介质力学中，一共有九个未知量需要加以确定，它们是

$$\sigma_{ij} = \left| \begin{array}{ccc} \sigma_x & & \text{对} \\ \tau_{xy} & \sigma_y & \quad\text{称} \\ \tau_{xz} & \tau_{yz} & \sigma_z \end{array} \right|$$

$$v_i = (v_x,\ v_y,\ v_z)$$

一般地说，这些未知量是 x、y、z、t 的函数。求解这些未知量的方程有：

（1）三个力学方程：

$$X - \frac{1}{\rho}\left(\frac{\partial \sigma_x}{\partial x} + \frac{\partial \tau_{xy}}{\partial y} + \frac{\partial \tau_{xz}}{\partial z}\right) = \frac{\partial v_x}{\partial t} + v_x\frac{\partial v_x}{\partial x} + v_y\frac{\partial v_x}{\partial y} + v_z\frac{\partial v_x}{\partial z}$$

$$Y - \frac{1}{\rho}\left(\frac{\partial \tau_{yx}}{\partial x} + \frac{\partial \sigma_y}{\partial y} + \frac{\partial \tau_{yz}}{\partial z}\right) = \frac{\partial v_y}{\partial t} + v_x\frac{\partial v_y}{\partial x} + v_y\frac{\partial v_y}{\partial y} + v_z\frac{\partial v_y}{\partial z} \qquad (2\text{-}13)$$

$$Z - \frac{1}{\rho}\left(\frac{\partial \tau_{zx}}{\partial x} + \frac{\partial \tau_{zy}}{\partial y} + \frac{\partial \sigma_z}{\partial z}\right) = \frac{\partial v_z}{\partial t} + v_x\frac{\partial v_z}{\partial x} + v_y\frac{\partial v_z}{\partial y} + v_z\frac{\partial v_z}{\partial z}$$

（2）一个连续方程：即式（2-10）。

（3）三个应力和位移、速度关系方程：

$$\frac{2\tau_{xy}}{\sigma_x - \sigma_y} = \left[\frac{1}{2}\left(\frac{\partial v_x}{\partial y} + \frac{\partial v_y}{\partial x}\right) \pm \frac{\partial v_x}{\partial x}\times\tan\varphi\right] \Big/ \left[\frac{\partial v_x}{\partial x} \mp \frac{1}{2}\left(\frac{\partial v_x}{\partial y} + \frac{\partial v_y}{\partial x}\right)\tan\varphi\right]$$

$$\frac{2\tau_{yz}}{\sigma_y - \sigma_z} = \left[\frac{1}{2}\left(\frac{\partial v_y}{\partial z} + \frac{\partial v_z}{\partial y}\right) \pm \frac{\partial v_y}{\partial y}\times\tan\varphi\right] \Big/ \left[\frac{\partial v_y}{\partial y} \mp \frac{1}{2}\left(\frac{\partial v_y}{\partial z} + \frac{\partial v_z}{\partial y}\right)\tan\varphi\right] \qquad (2\text{-}14)$$

$$\frac{2\tau_{zx}}{\sigma_z - \sigma_x} = \left[\frac{1}{2}\left(\frac{\partial v_z}{\partial x} + \frac{\partial v_x}{\partial z}\right) \pm \frac{\partial v_z}{\partial z}\times\tan\varphi\right] \Big/ \left[\frac{\partial v_z}{\partial z} \mp \frac{1}{2}\left(\frac{\partial v_z}{\partial x} + \frac{\partial v_x}{\partial z}\right)\tan\varphi\right]$$

（4）两个极限平衡条件：

$$(\sigma_x - \sigma_y)^2 + 4\tau_{xy}^2 = (\sigma_x + \sigma_y + 2c\cdot\cot\varphi)^2\sin^2\varphi$$

$$(\sigma_y - \sigma_z)^2 + 4\tau_{yz}^2 = (\sigma_y + \sigma_z + 2c\cdot\cot\varphi)^2\sin^2\varphi \qquad (2\text{-}15)$$

$$(\sigma_z - \sigma_x)^2 + 4\tau_{zx}^2 = (\sigma_z + \sigma_x + 2c\cdot\cot\varphi)^2\sin^2\varphi$$

式中，c、φ 分别为散体介质材料的内聚力和内摩擦角。

极限平衡条件式（2-15）可以写出三个，但只有两个方程是独立的。

散体介质力学的全部问题，就是根据已知边界条件，由上述 9 个方程求解 σ_{ij} 和 v_i 等 9 个未知量。关于式（2-13）、式（2-14）和式（2-15）的推导，可参见有关的弹性理论书籍[14~16]。

2.4.3　平面静力学问题

散体介质静力学在岩土工程、采矿工程等领域中有着广泛的应用，如确定地基的承载能力、挡土墙的土压力、边坡稳定性、采场充填体的稳定性以及充填体的所需强度等。工程实践中很多问题都可以看做是平面问题，或者可以近似地作为平面问题来处理。平面静力学问题的状态方程由前述的 9 个变为下列 3 个：

$$\rho X - \frac{\partial \sigma_x}{\partial x} - \frac{\partial \tau_{xy}}{\partial y} = 0$$

$$\rho Y - \frac{\partial \tau_{xy}}{\partial x} - \frac{\partial \sigma_y}{\partial y} = 0 \qquad (2\text{-}16)$$

$$(\sigma_x - \sigma_y)^2 + 4\tau_{xy}^2 = (\sigma_x + \sigma_y + 2c\cdot\cot\varphi)^2\cdot\sin^2\varphi$$

由上式三个方程求解 σ_x、σ_y 和 τ_{xy} 三个未知量，而 $\tau_{zx} = \tau_{yz} = 0$，$\sigma_z = (\sigma_x + \sigma_y)/2$。因不考虑时间因素，并且质点的运动速度等于零，连续方程（2-10）自动满足。

如图 2-18 所示，设已知主应力 σ_1 和 σ_3，以及主应力 σ_1 与 x 轴的夹角 β，当散体介质处于极限平衡时，有：

$$\left.\begin{aligned}\sigma_x &= \frac{\sigma_1 - \sigma_3}{2\sin\varphi} + \frac{\sigma_1 - \sigma_3}{2} \times \cos2\beta - c \cdot \cot\varphi \\ \sigma_y &= \frac{\sigma_1 - \sigma_3}{2\sin\varphi} - \frac{\sigma_1 - \sigma_3}{2} \times \cos2\beta - c \cdot \cot\varphi \\ \tau_{xy} &= \frac{\sigma_1 - \sigma_3}{2} \times \sin2\beta\end{aligned}\right\} \quad (a)$$

若令

$$\sigma = \frac{\sigma_1 - \sigma_3}{2\rho\sin\varphi} = \left(\frac{\sigma_1 + \sigma_3}{2} + c \cdot \cot\varphi\right)\frac{1}{\rho} \quad (2\text{-}17)$$

则式（a）可以写成：

$$\left.\begin{aligned}\sigma_x &= \rho\sigma(1 + \sin\varphi\cos2\beta) - c \cdot \cot\varphi \\ \sigma_y &= \rho\sigma(1 - \sin\varphi\cos2\beta) - c \cdot \cot\varphi \\ \tau_{xy} &= \rho\sigma\sin\varphi\sin2\beta\end{aligned}\right\} \quad (2\text{-}18)$$

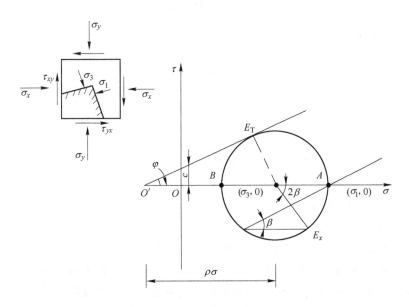

图 2-18 散体介质平面静力学分析

引用式（2-17），相当于把黏结性散体介质换算成理想散体介质，σ 可称为换算静水压力。将式（2-18）代入式（2-16）的前两个方程中，有：

$$\left.\begin{aligned}\frac{\partial\sigma}{\partial x}\cos(\beta + \gamma) + \frac{\partial\sigma}{\partial y}\sin(\beta + \gamma) + 2\sigma\tan\varphi \cdot \left[\frac{\partial\beta}{\partial x}\cos(\beta + \gamma) + \frac{\partial\beta}{\partial y}\sin(\beta + \gamma)\right] + \frac{A}{\cos\varphi} = 0 \\ \frac{\partial\sigma}{\partial x}\cos(\beta - \gamma) + \frac{\partial\sigma}{\partial y}\sin(\beta - \gamma) - 2\sigma\tan\varphi \cdot \left[\frac{\partial\beta}{\partial x}\cos(\beta - \gamma) + \frac{\partial\beta}{\partial y}\sin(\beta - \gamma)\right] + \frac{A}{\cos\varphi} = 0\end{aligned}\right\}$$

$$(2\text{-}19)$$

式中：

$$A = X\sin(\beta - \gamma) - Y\cos(\beta - \gamma) \Big\}$$
$$B = -X\sin(\beta + \gamma) + Y\cos(\beta + \gamma) \Big\} \quad\text{(b)}$$

式中，γ 为滑移线与主应力 σ_1 的夹角，如图 2-19 所示。

式（2-19）是以函数 σ 和 β 表示的满足极限平衡条件的平衡方程，称为散体介质极限平衡平面静力学问题的基本方程。

在 xy 平面内，沿某一曲线 $y = f(x)$ 给定了函数 σ 和 β，则在该曲线上

$$\mathrm{d}\sigma = \frac{\partial\sigma}{\partial x}\mathrm{d}x + \frac{\partial\sigma}{\partial y}\mathrm{d}y \Bigg\}$$
$$\mathrm{d}\beta = \frac{\partial\beta}{\partial x}\mathrm{d}x + \frac{\partial\beta}{\partial y}\mathrm{d}y \Bigg\} \quad\text{（c）}$$

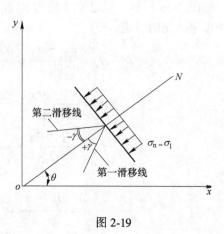

图 2-19

由此可得：

$$\frac{\partial\sigma}{\partial x} = \frac{\mathrm{d}\sigma}{\mathrm{d}x} - \frac{\partial\sigma}{\partial y}\times\frac{\mathrm{d}y}{\mathrm{d}x} \Bigg\}$$
$$\frac{\partial\beta}{\partial x} = \frac{\mathrm{d}\beta}{\mathrm{d}x} - \frac{\partial\beta}{\partial y}\times\frac{\mathrm{d}y}{\mathrm{d}x} \Bigg\} \quad\text{（2-20）}$$

将式（2-20）代入式（2-19），则有：

$$a_1\frac{\partial\sigma}{\partial y} + b_1\frac{\partial\beta}{\partial y} = K_1 \Bigg\}$$
$$a_2\frac{\partial\sigma}{\partial y} + b_2\frac{\partial\beta}{\partial y} = K_2 \Bigg\} \quad\text{（2-21）}$$

式中：

$$
\left.
\begin{aligned}
&a_1 = \mathrm{d}x\sin(\beta + \gamma) - \mathrm{d}y\cos(\beta + \gamma) \\
&a_2 = \mathrm{d}x\sin(\beta - \gamma) - \mathrm{d}y\cos(\beta - \gamma) \\
&b_1 = 2a_1\sigma\tan\varphi \\
&b_2 = -2a_2\sigma\tan\varphi \\
&-K_1 = \mathrm{d}\sigma\cos(\beta + \gamma) + 2\sigma\mathrm{d}\beta\tan\varphi\cos(\beta + \gamma) + (A/\cos\varphi)\mathrm{d}x \\
&-K_2 = \mathrm{d}\sigma\cos(\beta - \gamma) - 2\sigma\mathrm{d}\beta\tan\varphi\cos(\beta - \gamma) + (A/\cos\varphi)\mathrm{d}x
\end{aligned}
\right\} \quad\text{（d）}
$$

式（2-21）是以 $\partial\sigma/\partial y$，$\partial\beta/\partial y$ 为未知量的代数方程组，可以解出：

$$
\frac{\partial\sigma}{\partial y} = \frac{\begin{vmatrix} K_1 & b_1 \\ K_2 & b_2 \end{vmatrix}}{\begin{vmatrix} a_1 & b_1 \\ a_2 & b_2 \end{vmatrix}}
$$

$$
\frac{\partial\beta}{\partial y} = \frac{\begin{vmatrix} a_1 & K_1 \\ a_2 & K_2 \end{vmatrix}}{\begin{vmatrix} a_1 & b_1 \\ a_2 & b_2 \end{vmatrix}}
$$

$$(2\text{-}22)$$

若 $\begin{vmatrix} a_1 & b_1 \\ a_2 & b_2 \end{vmatrix} \neq 0$，则上式给出确定的解，即跨过曲线 $y = f(x)$，导数 $\partial\sigma/\partial y$，$\partial\beta/\partial y$ 存在，σ、β 是连续的；

若 $\begin{vmatrix} a_1 & b_1 \\ a_2 & b_2 \end{vmatrix} = 0$，式（2-22）表示的导数就不能唯一确定，这时跨过曲线 $y = f(x)$，导数可能不连续，即已知一侧的导数，若无其他条件就不能推导出另一侧的导数。具有这样性质的线称为特征线。式：

$$\begin{vmatrix} a_1 & b_1 \\ a_2 & b_2 \end{vmatrix} = 0 \tag{2-23}$$

称为特征方程。若 $a_1 = b_1 = 0$，式（2-23）成立，可得第一特征线的微分方程：

$$\frac{\mathrm{d}y}{\sin(\beta + \gamma)} = \frac{\mathrm{d}x}{\cos(\beta + \gamma)} \tag{2-24}$$

若 $a_2 = b_2 = 0$，式（2-23）仍然成立，可得第二特征线的微分方程：

$$\frac{\mathrm{d}y}{\sin(\beta - \gamma)} = \frac{\mathrm{d}x}{\cos(\beta - \gamma)} \tag{2-25}$$

在 xy 平面内，特征线就是滑移线。两条滑移线与主应力 σ_1 的夹角分别为"$+\gamma$"和"$-\gamma$"（参见图 2-19），而与 x 轴的夹角则分别为"$\beta+\gamma$"和"$\beta-\gamma$"。

应当指出的是，式（2-23）成立时，$\partial\sigma/\partial y$ 和 $\partial\beta/\partial y$ 的值也可能是无穷大，这时 $y = f(x)$ 是间断线。因此，按式（2-24）和式（2-25）确定的可能是特征线，也可能是特征线的包络线或是间断线，而间断线本身也可能是特征线或是特征线的包络线。

式（2-23）是特征线必须满足的一个条件。特征线必须满足的另一个条件是

$$\begin{vmatrix} a_1 & K_1 \\ a_2 & K_2 \end{vmatrix} = 0 \tag{2-26}$$

若 $a_1 = K_1 = 0$，第一特征线的微分方程为

$$\frac{\mathrm{d}y}{\sin(\beta + \gamma)} = \frac{\mathrm{d}x}{\cos(\beta + \gamma)} = (\mathrm{d}\sigma + 2\sigma\tan\varphi\mathrm{d}\beta)/(-A/\cos\varphi) \tag{2-27}$$

若 $a_2 = K_2 = 0$，第二特征线的微分方程为

$$\frac{\mathrm{d}y}{\sin(\beta - \gamma)} = \frac{\mathrm{d}x}{\cos(\beta - \gamma)} = (\mathrm{d}\sigma - 2\sigma\tan\varphi\mathrm{d}\beta)/(-B/\cos\varphi) \tag{2-28}$$

当偏微分方程有两族特征线时，为双曲线型方程；只有一族特征线时，为抛物线型方程；没有特征线时，为椭圆型方程。式（2-19）所表示的平面静力学问题基本方程是双曲线型的。

2.4.3.1 不考虑自重时滑移线的性质

当散体介质的自重与其受力相比很小时，则忽略自重不会带来很大的影响。

不考虑自重时，平衡方程为

$$\left. \begin{array}{l} \dfrac{\partial \sigma_x}{\partial x} + \dfrac{\partial \tau_{xy}}{\partial y} = 0 \\[3mm] \dfrac{\partial \tau_{xy}}{\partial x} + \dfrac{\partial \sigma_y}{\partial y} = 0 \end{array} \right\} \tag{2-29}$$

若令

$$\sigma = \frac{\sigma_1 - \sigma_3}{2\sin\varphi} \tag{2-30}$$

则式（2-18）可以写成：

$$\left. \begin{array}{l} \sigma_x = \sigma(1 + \sin\varphi\cos2\beta) - c \cdot \cot\varphi \\ \sigma_y = \sigma(1 - \sin\varphi\cos2\beta) - c \cdot \cot\varphi \\ \tau_{xy} = \sigma\sin\varphi\sin2\beta \end{array} \right\} \tag{2-31}$$

将式（2-31）代入式（2-29），可以得到类似式（2-19）的基本方程，但此时 $A = B = 0$，而 σ 如式（2-30）所定义。

这时特征线的微分方程是：

第一特征线

$$\left. \begin{array}{l} \dfrac{\mathrm{d}y}{\sin(\beta + \gamma)} = \dfrac{\mathrm{d}x}{\cos(\beta + \gamma)} \\[3mm] \mathrm{d}\sigma + 2\sigma\tan\varphi \cdot \mathrm{d}\beta = 0 \end{array} \right\} \tag{2-32}$$

第二特征线

$$\left. \begin{array}{l} \dfrac{\mathrm{d}y}{\sin(\beta - \gamma)} = \dfrac{\mathrm{d}x}{\cos(\beta - \gamma)} \\[3mm] \mathrm{d}\sigma - 2\sigma\tan\varphi \cdot \mathrm{d}\beta = 0 \end{array} \right\} \tag{2-33}$$

第一特征线的微分方程积分后，可以得到第一族滑移线，设其表示为

$$\xi = \xi(x, y) = 常量 \tag{2-34}$$

同样，第二族滑移线可表示为

$$\eta = \eta(x, y) = 常量 \tag{2-35}$$

滑移线的主要性质有：

（1）在同一滑移线上，σ 随 β 而改变。

在第一族滑移线上，对式（2-32）的第二式积分，有

$$\ln\sigma + 2\beta\tan\varphi = C \tag{2-36}$$

而在第二族滑移线上对式（2-33）中的第二式积分，同样得

$$\ln\sigma - 2\beta\tan\varphi = D \tag{2-37}$$

其中 C、D 为积分常数。式（2-36）和式（2-37）即表示了同一滑移线上 σ 和 β 的关系。

（2）如果由一条滑移线 ξ_1 转到另一条滑移线 ξ_2，则沿着任一条 η 线，β 的变化是一常量。

由式（2-36）和式（2-37）得

$$\left. \begin{array}{l} \ln\sigma = (C + D)/2 \\ \beta = (C - D)/(4 \cdot \tan\varphi) \end{array} \right\} \tag{2-38}$$

在图 2-20 中，ξ_1、ξ_2 与 η_1、η_2 的交点上，有

$$\beta_{11} = (C_1 - D_1)/(4 \cdot \tan\varphi), \quad \beta_{12} = (C_1 - D_2)/(4 \cdot \tan\varphi)$$

$$\beta_{21} = (C_2 - D_1)/(4 \cdot \tan\varphi), \quad \beta_{22} = (C_2 - D_2)/(4 \cdot \tan\varphi)$$

ξ_1、ξ_2 两线之间的转角为

$$\angle\beta_1 = \beta_{21} - \beta_{11} = (C_2 - C_1)/(4 \cdot \tan\varphi)$$

$$\angle\beta_2 = \beta_{22} - \beta_{12} = (C_2 - C_1)/(4 \cdot \tan\varphi)$$

$$\angle\beta_1 = \angle\beta_2$$

（3）任一 η 滑移线与 ξ_1、ξ_2 两滑移线相交，两交点上 σ 比值的自然对数为常量。

按图 2-20，据式（2-38）中的前一式，即有

$$\ln\sigma_{21} - \ln\sigma_{11} = \ln(\sigma_{21}/\sigma_{11}) = (C_2 - C_1)/2$$

$$\ln\sigma_{22} - \ln\sigma_{12} = \ln(\sigma_{22}/\sigma_{12}) = (C_2 - C_1)/2$$

$$\ln(\sigma_{21}/\sigma_{11}) = \ln(\sigma_{22}/\sigma_{12})$$

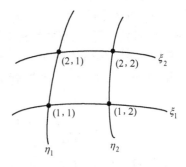

图 2-20

（4）如果滑移线的某一段是直线，则沿着这段直线，β、σ 以及 σ_x、σ_y、τ_{xy}、σ_1 和 σ_3 等都是常量。

对于滑移线的直线部分，$(\beta+\gamma)$ 或 $(\beta-\gamma)$ 必为常数，因此，β 为常量，$\mathrm{d}\beta = 0$。由式（2-32）和式（2-33）得 $\mathrm{d}\sigma = 0$，所以，σ 也为常量。已知 σ、β 为常量，由式（2-31）和式（2-30），可知 σ_x、σ_y、τ_{xy}、σ_1 和 σ_3 等均为常量。

因此，可以得出结论：若某一区域的滑移线由两族相交的直线组成，则该区域中 σ、β、σ_x、σ_y、τ_{xy}、σ_1 和 σ_3 等都为常量。

（5）如果已知某一族（ξ）滑移线中的一条线（ξ_1）被另一族两条滑移线（η_1、η_2）截取的部分是直线，则相邻滑移线（ξ_2）被此两滑移线所截取的部分也是直线。

该性质可直接由性质（2）得出。因为若图 2-19 中（1，1）和（1，2）两点间的线段为直线，则 $\angle\beta_1 = 0$；按性质（2），必有 $\angle\beta_2 = 0$，即（2，1）和（2，2）两点间角度 β 的变化等于零，也就是直线。

2.4.3.2 极限平衡区的边界条件

建立滑移线场，需要利用边界上的已知受力条件。边界上一般给出的是法向应力和切向应力，而滑移线场中涉及的是静水压力 σ 和主应力 σ_1 的方向角 β，所以需要建立这两者间的关系。

如图 2-21 所示，设任一边界 L 的法线与 x 轴的夹角为 θ，由弹性理论可知：

$$\left.\begin{array}{l} \sigma_{\mathrm{n}} = \dfrac{\sigma_x + \sigma_y}{2} + \dfrac{\sigma_x - \sigma_y}{2}\cos2\theta + \tau_{xy}\sin2\theta \\[3mm] \tau_{\mathrm{n}} = -\dfrac{\sigma_x - \sigma_y}{2}\sin2\theta + \tau_{xy}\cos2\theta \end{array}\right\} \tag{2-39}$$

将式（2-18）代入上式，有：

$$\left.\begin{array}{l} \sigma_{\mathrm{n}} = \sigma[1 + \sin\varphi\cos2(\beta - \theta)] - c \cdot \cot\varphi \\[2mm] \tau_{\mathrm{n}} = \sigma\sin\varphi\sin2(\beta - \theta) \end{array}\right\} \tag{2-40}$$

消去 $(\beta - \theta)$，得

$$\tau_n^2 + (\sigma_n - \sigma + c \cdot \cot\varphi)^2 = (\sigma\sin\varphi)^2$$

$$(2\text{-}41)$$

在上式中，σ 是所要求的换算静水压力，其他的均为已知量。一般来说，由上式可解得两个 σ 值，也得到两个 $(\beta - \theta)$。可见，对于同一边界条件，可能出现两种极限平衡状态。

下面讨论一种特殊情况。若 $\tau_n = 0$，$\sigma_n = \sigma_1$，则 $\beta = \theta$。将上述数据代入式（2-40）中，有

$$\sigma = \frac{\sigma_n + c \cdot \cot\varphi}{1 + \sin\varphi}$$

$$(2\text{-}42)$$

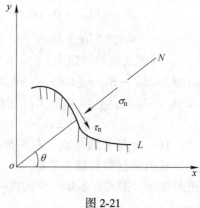

图 2-21

如图 2-19 所示，在给定的边界上，第一滑移线与法线成 γ 角，第二滑移线与法线成 $-\gamma$ 角。

2.4.3.3　滑移线场的近似解法

当考虑自重影响或者边界条件复杂时，σ 和 β 是变化的，因此，对式（2-24）和式（2-25）直接积分是困难的，这时可采用数值解法。根据已知边界条件近似地作出滑移线场。在数值方法日趋完善的今天，这类问题可以方便地使用有限元法、有限差分法或离散元法进行求解[17]。

2.4.4　可压缩性散体介质

对于可压缩性散体介质，密度 ρ 与所受压力有关。理想散体介质密度与压力的关系可用静水压力表示，而黏结性散体介质则认为密度是换算静水压力的函数；即

$$\rho = \rho(\sigma)\qquad\qquad(\text{a})$$

式中，σ 为换算静水压力，其定义见式（2-46）。

可压缩性散体介质的连续条件与式（2-11）相同，即

$$\nabla(\rho v) = 0\qquad\qquad(\text{b})$$

这里我们只考察平面问题。在平面问题中，ρ、v 都是 x、y 的函数，由式（b），有

$$\frac{\partial(\rho v_x)}{\partial x} + \frac{\partial(\rho v_y)}{\partial y} = 0$$

或

$$\frac{1}{\rho}\left(\frac{\partial\rho}{\partial x}v_x + \frac{\partial\rho}{\partial y}v_y\right) + \left(\frac{\partial v_x}{\partial x} + \frac{\partial v_y}{\partial y}\right) = 0\qquad\qquad(2\text{-}43)$$

考虑到式（a），有

$$\frac{\partial\rho}{\partial\xi} = \frac{\partial\rho}{\partial\sigma} \times \frac{\partial\sigma}{\partial\xi} = \rho'\frac{\partial\sigma}{\partial\xi}\qquad\qquad(\text{c})$$

式中，ξ 为一独立变量。用 x、y 代替 ξ，则式（2-55）可以改写成

$$\frac{\rho'}{\rho}\left(\frac{\partial\sigma}{\partial x}v_x + \frac{\partial\sigma}{\partial y}v_y\right) + \left(\frac{\partial v_x}{\partial x} + \frac{\partial v_y}{\partial y}\right) = 0\qquad\qquad(2\text{-}44)$$

因此，可压缩性散体介质平面运动的状态方程为

$$X - \frac{1}{\rho}\left(\frac{\partial \sigma_x}{\partial x} + \frac{\partial \tau_{xy}}{\partial y}\right) = v_x \frac{\partial v_x}{\partial x} + v_y \frac{\partial v_x}{\partial y}$$

$$Y - \frac{1}{\rho}\left(\frac{\partial \tau_{xy}}{\partial x} + \frac{\partial \sigma_y}{\partial y}\right) = v_x \frac{\partial v_y}{\partial x} + v_y \frac{\partial v_y}{\partial y}$$

$$\frac{\rho'}{\rho}\left(v_x \frac{\partial \sigma_x}{\partial x} + v_y \frac{\partial \sigma_y}{\partial y}\right) + \frac{\partial v_x}{\partial x} + \frac{\partial v_x}{\partial y} = 0$$

$$\left. \begin{array}{l} \frac{2\tau_{xy}}{\sigma_x - \sigma_y} = \left\{\left[\frac{1}{2}\left(\frac{\partial v_x}{\partial y} + \frac{\partial v_y}{\partial x}\right) \pm \frac{\partial v_x}{\partial x}\tan\varphi\right]\bigg/ \right. \\[2mm] \left. \left[\frac{\partial v_x}{\partial x} \mp \left(\frac{\partial v_x}{\partial y} + \frac{\partial v_y}{\partial y}\right)\tan\varphi\right]\right\} \\[2mm] (\sigma_x - \sigma_y)^2 + 4\tau_{xy}^2 = [\sigma_x + \sigma_y + 2c \cdot \cot\varphi]^2\sin^2\varphi \end{array} \right\} \quad (2\text{-}45)$$

设

$$\left. \begin{array}{l} \sigma_x = \rho_0 \cdot \sigma(1 + \sin\varphi\cos2\beta) - c \cdot \cot\varphi \\[1mm] \sigma_y = \rho_0 \cdot \sigma(1 - \sin\varphi\cos2\beta) - c \cdot \cot\varphi \\[1mm] \tau_{xy} = \rho_0 \cdot \sigma\sin\varphi\sin2\beta \\[1mm] v_x = v\cos\alpha \\[1mm] v_y = v\sin\alpha \\[1mm] \sigma = (\sigma_1 - \sigma_3)/(2\rho_0\sin\varphi) \end{array} \right\} \quad (2\text{-}46)$$

式（2-46）中的应力满足极限平衡条件（即式（2-45）中第5式）；式中，ρ_0为散体介质的初始密度，α为速度v与x轴的夹角。

将式（2-46）代入式（2-45）中，可得到如下基本方程：

$$\left. \begin{array}{l} a_1 \frac{\partial \sigma}{\partial y} + b_1 \frac{\partial \beta}{\partial y} + c_1 \frac{\partial \alpha}{\partial y} = K_1 \\[2mm] a_2 \frac{\partial \sigma}{\partial y} + b_2 \frac{\partial \beta}{\partial y} + c_2 \frac{\partial \alpha}{\partial y} = K_2 \\[2mm] a_3 \frac{\partial \sigma}{\partial y} + c_3 \frac{\partial \alpha}{\partial y} + d_3 \frac{\partial v}{\partial y} = K_3 \\[2mm] a_4 \frac{\partial \sigma}{\partial y} + c_4 \frac{\partial \alpha}{\partial y} + d_4 \frac{\partial v}{\partial y} = K_4 \end{array} \right\} \quad (2\text{-}47)$$

式（2-47）的推导过程类似于式（2-21）；式中，a_1，$a_2\cdots b_1$，$b_2\cdots d_3$，$d_4\cdots K_3$，K_4 等的意义也类同于式（2-21）中对应的各项。

若速度v很小，以及速度v的变化也很小，以致由加速度产生的惯性力可以忽略不计，则可用静力学平衡方程代替动力学方程而使问题得到简化。在静力学问题中，式（2-45）中前两式的右边项为零，因而在式（2-47）前两式中不计 $\partial\alpha/\partial y$ 项。此时，基本方程的系数行列式为

$$D = \begin{vmatrix} a_1 & b_1 & 0 & 0 \\ a_2 & b_2 & 0 & 0 \\ a_3 & 0 & c_3 & d_3 \\ a_4 & 0 & c_4 & d_4 \end{vmatrix} \qquad\qquad (d)$$

上式可以分解成：

$$D = \begin{vmatrix} a_1 & b_1 \\ a_2 & b_2 \end{vmatrix} \times \begin{vmatrix} c_3 & d_3 \\ c_4 & d_4 \end{vmatrix} \qquad\qquad (e)$$

方程组（2-47）的特征方程是：

$$D = 0 \qquad\qquad (f)$$

分别令上式中 a_1、b_1；a_2、b_2；c_3、d_3；c_4、d_4 为零，这样，特征线族的微分方程可写成：

$$\left. \begin{array}{ll} \text{第一族特征线} & dy\cos(\beta + \gamma) - dx\sin(\beta + \gamma) = 0 \\ \text{第二族特征线} & dy\cos(\beta - \gamma) - dx\sin(\beta - \gamma) = 0 \\ \text{第三族特征线} & dy\cos(\beta \pm \gamma) - dx\sin(\beta \pm \gamma) = 0 \\ \text{第四族特征线} & dy\sin(\beta \pm \gamma) - dx\cos(\beta \pm \gamma) = 0 \end{array} \right\} \qquad (2\text{-}48)$$

在式（2-48）所表示的特征线上，将基本方程写成差分形式即可进行数值积分。

2.4.5　有限差分法数值模拟

这里简单介绍 FLAC 程序数值模拟方法。

2.4.5.1　概况

FLAC（Fast Lagrangian Analysis of Continua，连续介质快速拉格朗日分析）是由 Cundall 博士和美国 ITASCA 公司开发出的有限差分数值分析计算程序，主要适用于岩土工程、采矿工程的力学分析。该程序自 1986 年问世后，经不断改版，已日趋完善，有用于二维计算的 FLAC2D 程序和用于三维计算的 FLAC3D 程序。国际岩石力学学会前主席 C. Fairhurst 的评价为"现在它是国际上广泛应用的可靠程序"（1994）[18,19]。

根据计算对象的形状，用单元（和区域）构成相应的网格。每个单元在外载荷和边界约束条件下，按照约定的线性或非线性应力–应变关系产生力学响应，适合分析材料达到屈服极限后产生的塑性流动。FLAC 程序中包括了反映岩土材料力学效应的特殊计算功能，可解算岩土类材料的高度非线性（包括应变硬化/软化）、不可逆剪切破坏和压密、黏弹（蠕变）、孔隙介质的固–流耦合、热–力耦合以及动力学行为等。另外，程序设有界面单元，可以模拟断层、节理和摩擦边界的滑动、张开和闭合行为。工程支护结构，如砌衬、锚杆、可缩性支架或板壳等与围岩的相互作用也可以在 FLAC 中进行模拟。此外，程序允许输入多种材料类型，亦可在计算过程中改变某个局部的材料参数，增强了程序使用的灵活性，极大地方便了在计算上的处理。同时，用户可根据需要在 FLAC 中创建自己的材料本构模型，进行各种特殊修正和补充。

FLAC 程序主要有以下几个特点：

（1）FLAC 模型容许岩土体产生大变形。

（2）FLAC 模型可以模拟地下水在岩土体中的流动。FLAC 允许在饱和孔隙介质中流体的非稳定流动模拟。流动计算可以独立于 FLAC 的一般力学计算本身而完成，或者与力学模拟同步进行而获得流-固相互作用的效应。

（3）FLAC 程序可以模拟岩土体蠕变。

（4）FLAC 模拟计算可以采用多种作用叠加。

2.4.5.2 基本原理

FLAC 程序基于显式差分法来求解运动方程和动力方程（图 2-22）。首先将计算区域离散化，分成若干个二维或三维单元，单元之间由节点联结，节点受荷载作用后，其运动方程可以写成时间步长为 Δt 的有限差分形式。在某一微小的时段内，作用于该节点的荷载只对周围若干节点有影响。据单元节点的速度变化和时段 Δt，可求出单元之间的相对位移，进而求出单元应变；利用单元

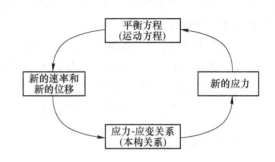

图 2-22　基本显式计算模型

材料的本构关系即可求出单元应力。随着时段的增长，这一过程将扩展到整个计算区域。在此基础上，求出单元之间的失衡力（不平衡力）。将失衡力重新作用到节点上，再进行下一步的迭代过程，直到失衡力足够小或节点位移趋于平衡为止。FLAC 程序采用最大不平衡力来描述计算的收敛过程。如果单元的最大不平衡力随着时步增加而逐渐趋于极小值，则计算是稳定的；否则计算就是不稳定的。

通过迭代求解，可求出各个时步模型中各单元（或结点）的应力、位移值，进而可模拟出整个模型的变形、破坏以及应力场分布的全过程。其迭代求解过程如图 2-23 所示。

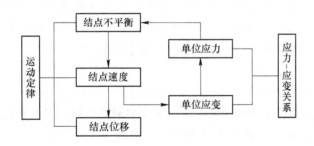

图 2-23　FLAC 求解过程框图

2.4.5.3 一般评价

FLAC 程序数值模拟方法具有以下几方面的优点：

（1）采用迭代法求解，求解过程中不需要存储较大的刚度矩阵，比有限元法大大节省了内存。这一优点在三维分析中显得特别重要。

（2）在现行的 FLAC 程序中，采用了"混合离散化"（mixed discretization）技术，可以比有限元的数值积分更为精确和有效地模拟计算材料的塑性破坏（plastic collapse）和塑性流动（plastic flow）。

（3）采用显式差分法求解，可以在与求解线性应力-应变本构方程基本相同的时间内，求解任意的非线性应力-应变本构方程。因此，FLAC 模拟方法节约了时间，提高了解决问题的速度。

（4）FLAC 程序中，所用的是全动力学方程，即使在求解静力学问题时也如此。因此，它可以很好地分析和计算物理非稳定过程，这是一般的有限元方法所不能解决的。可将 FLAC 的分析能力扩展到多个学科范围内的动力学问题，比如地震工程、地下水渗流和矿床开采中的岩爆等。

（5）可以比较接近实际地模拟岩土工程施工过程。FLAC 方法每一步的计算结果与时间相对应，因此可以充分考虑施工过程中的时间效应。同时，FLAC 程序采用人机交互式的批命令形式执行，在计算过程中可以根据施工过程对参算模型和参数取值等进行实时调整，达到对施工过程进行实时的仿真模拟。

2.4.6　颗粒流数值模拟

由于矿山充填材料的骨料（包括尾砂、天然砂、磨砂、碎石等）的颗粒特征和离散属性，近年来从离散单元法发展起来的颗粒流数值模拟方法，也可以较好地对充填材料的运动方式和力学问题进行模拟计算。颗粒流离散元法把离散体看做有限个离散单元的组合，根据其几何特征分为颗粒和块体两大系统，每个颗粒或块体为一个单元，根据过程中的每一时步各颗粒间的作用和牛顿运动定律的交替迭代预测散体群的行为，块体元和颗粒元难以严格区分，多面体的颗粒其实就是小的块体；一般的颗粒元模型是基于圆盘和圆球颗粒模型发展起来的，适用于颗粒数较多，且单元形状可用圆形、球形或椭球近似而不产生显著误差的问题。目前常用的颗粒流数值模拟软件有 PFC-2D 和 PFC-3D 程序。PFC-2D 是一个二维程序，在矿山充填研究中得到了较广泛应用，如程爱平等人所进行的基于颗粒流理论的充填体细观参数敏感性分析[20]，马乾天等人所进行的基于颗粒流的块石胶结充填体短时蠕变特性研究[21]；PFC-3D 是一个三维程序，在土木工程中使用较广泛，如陈亚东等所报道的 PFC^{3D}模型中砂土细观参数的确定方法[22]等。

本章学习小结：通过本章的学习，使我们了解到充填材料可按粒级或胶结性分类；充填材料的重要物理力学性质有密度、堆密度、孔隙率和孔隙比、渗透系数、颗粒级配、压缩特性，以及非胶结充填材料、胶结充填材料的强度特性等；充填材料散体介质力学基本方程有三个力学方程，一个连续方程，三个应力与位移、速度关系方程，两个极限平衡条件等；FLAC 程序是有限差分法数值模拟的常用软件。

复习思考题

2-1　简述充填材料的主要物理力学性质。

2-2　简述胶结充填材料的强度特性。

2-3　简述充填材料的散体介质力学特征及分析、计算方法。

参 考 文 献

[1] 刘嘉旋. 锡矿山粗颗粒水砂充填技术试验研究 [J]. 有色矿山, 1991 (5).

[2] 徐祖麟. 粗粒级水砂充填法的实践应用 [J]. 有色矿山, 1991 (5).

[3] 北京有色冶金设计研究总院, 金川镍矿. 全尾砂膏体充填物料物理力学性能试验研究 (鉴定会资料), 1991.

[4] 吕文生. 金城金矿胶结充填材料力学特性及优化试验研究 [D]. 北京科技大学学位论文, 1993.

[5] 刘可任. 充填理论基础 [M]. 北京: 冶金工业出版社, 1982.

[6] 中华人民共和国水利电力部. 土工试验规程 (SD128—84) 第一分册, 1984.

[7] E. G. Thomas, et al. Fill Technology in Underground Metalliferous Mines [M]. Interna. Acad. Serv. Ltd., Ontario, Canada, 1979.

[8] T. W. Lambe, R. V. Whitman. Soil Mechanics [M]. Wiley, New York, 1969.

[9] Cai Sijing. Strength Characteristics of cemented deslimed mill tailings fill materials [D]. M. S. Thesis, University of New South Wales, Australia, 1985.

[10] 蔡嗣经. 矿山充填材料的优化试验研究 [J]. 江西有色金属, 1987 (2).

[11] 蔡嗣经, 等. 胶结充填材料的优化及强度预测 [J]. 北京科技大学学报, 1992, 14 (专辑).

[12] 吴爱祥, 孙业志, 刘湘平. 散体动力学理论及其应用 [M]. 北京: 冶金工业出版社, 2002.

[13] 北京钢铁学院力学教研室. 松散介质力学 [M]. 1983.

[14] 徐芝纶. 弹性力学 (上、下册) [M]. 北京: 人民教育出版社, 1982.

[15] 铁木辛柯, 古地尔. 弹性理论 [M]. 徐芝纶, 等译. 北京: 人民教育出版社, 1964.

[16] 钱伟长, 叶开沅. 弹性力学 [M]. 北京: 科学出版社, 1956.

[17] 蔡嗣经. 矿山充填力学基础 (第2版) [M]. 北京: 冶金工业出版社, 2009.

[18] 王泳嘉, 等. 离散单元法和拉格朗日元法及其在岩土力学中的应用 [J]. 岩土力学, 1995, 16 (2): 1-14.

[19] Itasca. Flac3d 3.0 Manual. Itasca Consulting Group Inc., 2004.

[20] 程爱平, 谭春森, 王为琪, 等. 基于颗粒流理论的充填体细观参数敏感性分析 [J]. 金属矿山, 2016 (12): 160-165.

[21] 马乾天, 张东炜. 基于颗粒流的块石胶结充填体短时蠕变特性研究 [J]. 矿业研究与开发, 2015, 35 (7): 68-71.

[22] 陈亚东, 于艳, 佘跃心. PFC^{3D} 模型中砂土细观参数的确定方法 [J]. 岩土工程学报, 2013, 35 (Supp. 2): 88-92.

3 充填料浆管道输送流体力学基础

本章学习重点：（1）充填材料的输送方法；（2）低浓度充填料管道水力输送的两相流流体力学，两相流的流动阻力计算；（3）膏体充填料流变力学，膏体流变参数测试与塌落度测试；（4）计算流体力学常用软件。

本章关键词：充填材料输送，两相流流体力学，膏体流变力学，充填料流动阻力计算，计算流体力学软件应用

3.1 充填材料的输送方法

矿山各种充填材料的输送方法，大致可以分为如下几类。

3.1.1 块石充填料干式输送

干式输送的块石充填料，一般是通过充填井溜入井下，在井下用矿车或皮带运输机转运充入采场或采空区。图 3-1 为我国新桥矿块石干式充填输送系统示意图。

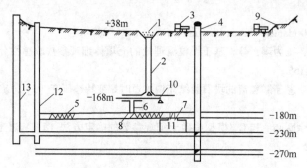

图 3-1　新桥矿块石干式充填输送系统示意图[1]

1—下料仓；2—块石下料井；3—自卸式汽车；4—措施井；5—副井车场列车；
6—废石分配井；7—充填天井；8—振动放矿漏斗；9—露天边坡；10—电耙；
11—1011 号采空区；12—副井；13—主井

新桥矿设计使用两步回采的底部漏斗分段空场嗣后充填采矿法。第一步先采矿柱，采完后形成人工矿柱；第二步回采矿房，采完后充填空区以控制地压。原来用江沙胶结充填矿柱采空区、江沙水力充填矿房采空区，对采场地压进行管理。近年来，由于长江限制采沙，充填沙源短缺，无法满足生产要求；另一方面，迫切要求降低矿石生产成本。因此寻求来源丰富、成本低廉的充填原料成为矿山生产的当务之急。经研究，利用废石充填矿房采空区、管理地压是合理可行的[1]。

3.1.2 干式充填料风力输送

图 3-2 是德国拉梅斯贝尔格矿的风力充填系统示意图[2]。废石采自地表采石场，每年约 $7.5×10^4m^3$，用破碎机破碎到块度小于 70mm，再通过贮料天井溜放到各中央风力充填站。各充填站安装有 Brieden 公司制造的数台 KZS150 型或一台新式的 KZS250 型风力充填机。用水泥作胶结剂，每年用量约 $1×10^4t$。水泥从地表借助风力运至中央风力充填站附近的中间贮仓。从风力充填站沿平巷铺设固定管道；在采区铺设移动式管道，其直径为 $\phi175mm$ 或 $\phi200mm$。配料叶轮的转数、充填料给料量和压缩空气量均可调节，即使充填站至采场工作面的距离不等、管道弯头多、充填料岩性不同，也能保证高效充填。风力充填管道长达 370m，如果包括弯头和岔道在内，理论吹送距离约为 600m。从一个风力充填站可以向 17 个采场工作面输送充填料。

拉梅斯贝尔格矿采用下向进路式充填采矿法，必须按规定数量均匀地加入水泥，使人工假顶具有均匀足够的强度。充填料的粒度分级、充填的捣实作用以及加入较多数量的水

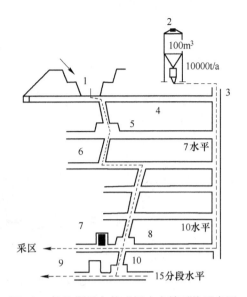

图 3-2 拉梅斯贝尔格矿风力充填系统示意图
1—$7.5×10^4m^3/a$ 页岩采石场；2—1000m^3 水泥贮仓；
3—竖井；4—通地表运输平巷；5—破碎设备；
6—充填料小于 70mm；7—8.4m^3 水泥贮仓；
8—中央风力充填站（2XKZS150 布里顿型充填机）；
9—8.4m^3 水泥贮仓；10—中央风力充填站
（XKZS250 布里顿型充填机）

泥，可保证充填体的平均强度达到约 1.8MPa（波动范围在 1.5~2.5MPa）。经过长期生产试验，成功地发展了一种借助于串联装置将干水泥从中间贮仓输入风力充填管道的给料方法。各种检测和调节装置加上程序计算机，能保证每 1m^3 充填料中均匀精确地加入130~140kg 的水泥。

充填效果取决于充填材料（粒度分级和水分）、风力充填设备的规格（配料叶轮的个数、规格及转数）、充填管道（直径、长度、弯头数）以及管网压力、工作风压、初始风速等。使用 KZS150 型风力充填机，在该矿正常条件下平均净通过能力为 60~75m^3/（台·时）。由于充填时有粉尘，充填工作严格限定在夜班（停产）进行，充填作业工人需佩戴防尘面具。

我国某煤矿不加水泥的干充填料风力充填系统如图 3-3 所示。

3.1.3 抛掷充填

抛掷充填是 20 世纪 70 年代发展起来的一种新充填工艺。德国梅根（Meggen）矿已有成功的应用经验，每年抛掷充填 $13×10^4m^3$ 充填料。我国焦家金矿与长沙矿山研究院合作，在 1992 年也试验了抛掷充填采矿法。目前，抛掷充填法主要用于碎石胶结充填，首先将块石破碎到粒度 50mm 以下，再将碎石中的泥洗去，加入水泥搅拌制备成充填料，水

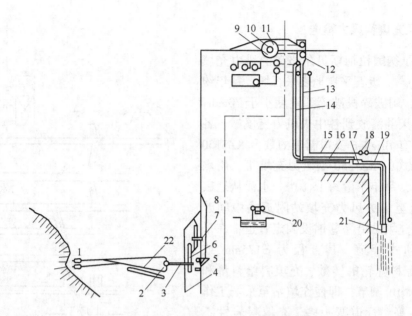

图 3-3　我国某煤矿风力充填系统示意图

1—装岩机；2，10—翻笼；3，6，13，15—皮带运输机；4—排粉道；5—破碎机；7—筛子；
8—轻便道；9—废石仓；11—下料机；12—井下废石仓；14—压风管；16—水管；
17—充填机；18—信号；19—充填管；20—水泵；21—导向器；22—无极绳

泥用量一般为 50~80kg/m³。

通常使用的抛掷充填系统及设备如图 3-4（a）所示，在地表建立充填料制备站，包括破碎、洗泥、加水泥搅拌等，制备好的充填料用溜井或钻孔下放到各中段贮料站，用抛掷充填车在贮料站接料或用矿车再转运一次。抛掷充填机由电机带动皮带运转（图 3-4（b）），皮带线速度高达 20m/s，皮带上部装有漏斗，充填料用铲运机装入漏斗后下落到高速运转的皮带上并被抛掷出去，最大抛掷高度 8m，最大水平抛掷距离 14m。抛掷倾角可进行调节；平均台班效率为 40m³。现在已发展成为抛掷充填车作业（图 3-4（c）），抛掷车车厢内有一块靠液压油推动的推料板，在充填过程中推料板不断地将充填料运往车身尾部，借自重通过下料口落到快速运转的抛掷皮带上，再抛向采空区。这种充填车从装料到充填，只需一人操作，且可调节抛掷倾角和水平抛掷方向。在运距 250m 左右时，抛掷充填车的台效为 60m³。

据认为，抛掷充填法在密实接顶充填、构筑人工矿柱、分段充填采矿法等方面具有较大的技术优势。

3.1.4　脱泥尾砂充填料水力输送

粗粒级骨料、磨砂、脱泥尾砂及全尾砂充填料的水力输送，目前是充填材料输送的基本方法，在我国主要是脱泥尾砂的水力输送。

会泽铅锌矿麒麟厂矿区粗粒级水砂充填系统如图 3-5 所示，为非胶结充填料制备和输送系统。其基本参数如下：充填倍线为 3.17；水砂体积比 1：1~1：1.5；临界流速 5.15m/s，输送能力 482~536m³/h；安全系数 1.3。

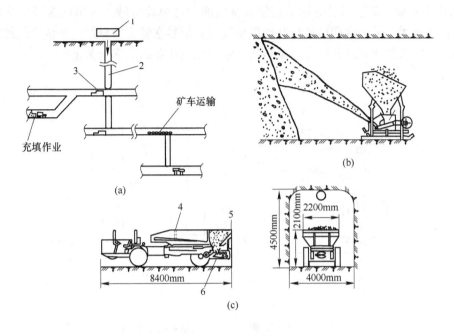

图 3-4 抛掷充填系统及设备示意图[3]

（a）抛掷充填系统；（b）抛掷充填机；（c）抛掷充填车

1—充填料地面制备站；2—溜井；3—抛掷充填车；4—推料平板；

5—摆动式尾板；6—抛掷胶带，带宽 500mm

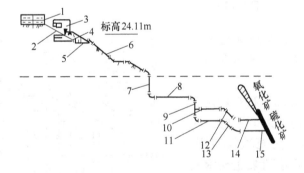

图 3-5 麒麟厂矿区粗粒级水砂充填系统示意图[4]

1—充填水池；2—φ327 充填主供水管；3—充填制备站；4—充填斜井管线；5—1 号坑充填管线；

6—地表充填管线；7—充填钻孔管线；8—主运输巷充填管线；9—盲竖井充填管线；

10，11—中段平巷充填管线；12，13—行人材料井充填管线；14，15—中段平巷充填管线

图 3-6 为澳大利亚芒特·艾萨矿充填料制备系统。该系统既可启用尾砂混合槽 15 制备非胶结充填料，也可启用水泥炉渣浆搅拌槽 10 和胶结充填料搅拌槽 14 制备水泥炉渣胶结尾砂充填料，还可关闭炉渣料仓 6 而只制备水泥胶结充填料。当制备水泥炉渣胶结充填料时，散装水泥存放入两个 120t 的筒仓 1 中，研磨的炼铜水淬炉渣以 60% 的质量浓度存放入有机械搅拌的储仓 6 中。从搅拌槽 14 排出的胶结充填料经过一个双层阀门供给砂泵

16送入井下充填，双层阀门的作用是使砂泵既能一台单独运转，又可两台同时运转。当只有一台运转时，另一台即可进行冲洗以免胶结充填料在管道内凝结。系统中的控制仪表对于稳定充填料浆的浓度和提高充填料的质量及充填作业的效率至关重要。

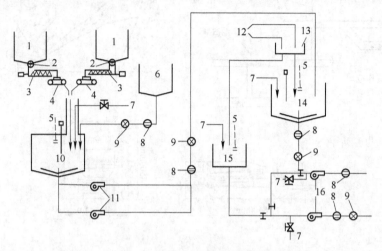

图 3-6　芒特·艾萨矿充填料制备系统示意图[5]

1—水泥筒仓；2—可变速回转阀；3—螺旋输送机；4—皮带秤给料机；5—超声波传感器液面指示仪；

6—炉渣料浆储仓；7—水阀；8—电磁流量计；9—γ 射线浓度计；10—水泥炉渣搅拌槽；11—v/s 水泥浆输送泵；

12—从一段旋流器来的尾砂；13—自动取样装置；14—胶结充填料搅拌槽；

15—尾砂混合槽；16—输送充填料可变速砂泵

3.1.5　全尾砂膏体充填料泵压输送

全尾砂膏体充填料泵压输送的优点在第 1 章中已经阐述，这里介绍一个德国的矿山实例。

德国格隆德（Grund）矿把粒度为 0.8~30mm 的重介质尾砂和粒度为 0~0.5mm 的浮选尾砂作为充填料使用，其粒度组成及混合后达到泵送充填料要求的粒度组成如图 3-7 所示。

经试验研究及实际应用，充填料的主要参数为：重介质尾砂与浮选尾

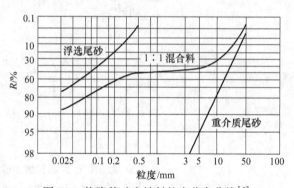

图 3-7　格隆德矿充填料粒度分布曲线[6]

砂的重量比为 1 : 1；小于 $25\mu m$ 的细泥含量要求占 10%~15%；重介质在脱水后的含水量为 2%~3%，浮选尾砂脱水后的含水量为 18%~20%；混合后的充填料含水量为 12%~15%；可泵性较好的膏体充填料的扩展度为 40~52cm；充填料的密度为 2.2~2.5t/m^3；膏体充填料的泵送速度为 0.7m/s。

该矿原设计的脱泥尾砂充填料制备系统如图 3-8（a）所示，现用的全尾砂膏体充填料泵送制备系统如图 3-8（b）所示。可见，膏体充填料制备系统设备配置很紧凑，工艺流程较为简洁。

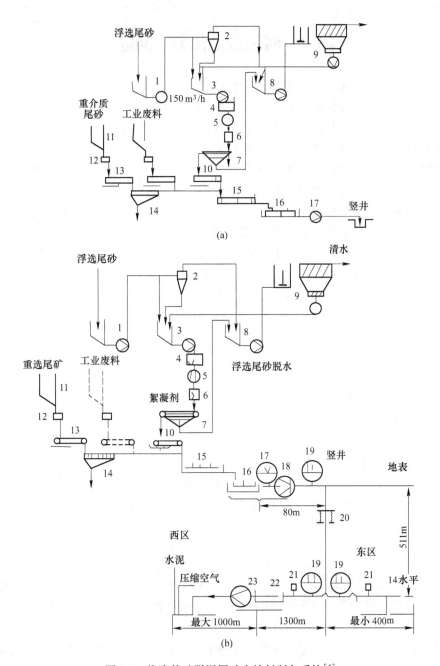

图 3-8 格隆德矿脱泥尾砂充填料制备系统[6]

(a) 脱泥尾砂充填料制备系统：1—泵给料；2—旋流器；3—泵旋流器底流；4—浓度计；5—流量计；
6—添加絮凝剂；7—35m² 带式过滤机；8—泵溢流；9—叶片式滤清器；10—皮带秤浮选尾砂脱水；
11—料仓；12—电磁输送槽；13—皮带秤；14—脱水筛和泵送设备；15—双轴混合器；
16—双螺旋混合器；17—双活塞泥浆泵

(b) 全尾砂膏体充填料泵送制备系统：1~16 与 (a) 中相同；17—浓度计；18—双活塞泵；
19—压力计；20—充气弹性托架；21—管阀；22—中继站搅拌机；23—双活塞泵

3.2　两相流流体力学问题

　　充填材料的水力输送，涉及流体力学的诸多领域。在流体力学中，各种流体的基本分类如图3-9所示。一般地说，固体质量浓度小于70%的矿山尾砂充填料属于非牛顿流体，而全尾砂膏体充填料则属于塑性结构流体。在本节中只讨论非牛顿流体的一些力学问题，膏体充填料的塑性结构流体力学问题放在下节中讨论。

　　非牛顿流体的黏性系数不是常数，而是随浆液浓度和速度梯度等因素的变化而变化。此外，非牛顿流体需要克服起始剪切应力才能流动，在流动中其黏性系数一般也非恒定值。因此，非牛顿流体的剪切应力为：

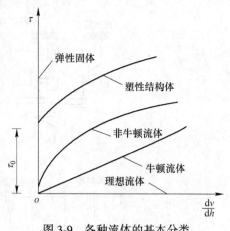

图 3-9　各种流体的基本分类

$$\tau = \tau_0 + K\left(\frac{\mathrm{d}v}{\mathrm{d}h}\right)^n \tag{3-1a}$$

式中　τ——剪切应力；

　　　τ_0——起始剪切应力；

　　$\mathrm{d}v/\mathrm{d}h$——速度梯度；

　　　K——幂次定律实验常数；

　　　n——幂次定律实验指数。

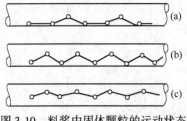

图 3-10　料浆中固体颗粒的运动状态

　　对于水力输送的固体充填料来说，当料浆浓度不够高时，在料浆输送过程中固体颗粒与流体之间将发生相对运动。这还取决于料浆的流动速度：如图 3-10（a）所示，当流动速度不高时，固体颗粒就沿管底滑动、滚动或做不连续的跳跃；当流速增大时，固体颗粒处于间歇状悬浮状态（图 3-10（b））；当流速进一步增大后，固体颗粒就处于完全悬浮状态（图 3-10（c））。

　　因此，在许多情况下，对尾砂充填料浆这种水和固体颗粒相混合的非牛顿流体，需要用两相流或多相流的概念去加以描述。此时，式（3-1a）可写做：

$$\tau = \tau_0 + \mu\frac{\mathrm{d}v}{\mathrm{d}h} \tag{3-1b}$$

式中　μ——料浆的黏性系数。

3.2.1　固体颗粒的沉降

3.2.1.1　雷诺数 Re

　　在水力学中，雷诺数 Re 的物理意义是流体流动时的惯性力与内摩擦力的比值。雷诺

数 Re 可表示为：

$$Re = (vD)/\mu$$

式中　v——流体的流速；

　　　D——圆形断面管道的直径，或其他形状断面管道的当量直径；

　　　μ——流体运动时的黏性系数。

3.2.1.2　固体颗粒沉降速度 v_s

固体颗粒沉降速度也称为水力粗度，是指颗粒在静水中的自由沉降速度。颗粒的比重、粒径、形状以及雷诺数等对其沉降速度有较大影响。对于圆形颗粒来说，其沉降速度的计算公式为：

（1）当 $Re \leqslant 1$（层流运动）时，用斯托克斯公式：

$$v_s = 54.5 d_s^2 \frac{\rho_s - \rho_w}{\mu} \tag{3-2}$$

式中　d_s——固体颗粒的直径；

　　　ρ_s——固体颗粒的密度；

　　　ρ_w——水的密度。

（2）当 $Re = 2 \sim 500$（介流运动）时，用阿连公式：

$$v_s = 25.8 d_s \left[\left(\frac{\rho_s - \rho_w}{\rho_w} \right)^2 \frac{\rho_w}{\mu} \right]^{1/3} \tag{3-3}$$

（3）当 $Re > 1000$（紊流运动）时，用雷廷格公式：

$$v_s = 51.1 \left[\frac{d_s(\rho_s - \rho_w)}{\rho_w} \right]^{1/2} \tag{3-4}$$

对于粗颗粒水砂充填料来说，由于固体颗粒较大，常用雷廷格公式计算。对于非圆球状颗粒，求出的 v_s 需乘以一个修正系数 c_s，$c_s = 0.5 \sim 0.85$（扁平状颗粒为 0.5，椭圆形颗粒为 0.85），同时式中的 d_s 应换成当量直径：$d_s = [6G/(\pi\gamma_s)]^{1/3}$，$\gamma_s$ 为固体颗粒的重力密度。

3.2.1.3　固体颗粒沉降阻力系数 ψ

若固体颗粒在水中做等速沉降或被上升水流悬浮时，其所受的重力必须与浮力和沉降阻力相平衡，即重力＝浮力+阻力，或

$$\rho_s g \frac{\pi d_s^3}{6} = \rho_w g \frac{\pi d_s^3}{6} + c_x \frac{\pi d_s^2}{4} \frac{\rho_w v_s^2}{2} \tag{a}$$

式中　c_x——颗粒运动阻力系数；

　　　$\pi d_s^2/4$——圆形颗粒在运动方向上的投影面积。

从式（a）中解出 c_x，有：

$$c_x = \frac{4(\rho_s - \rho_w)g d_s}{3\rho_w v_s^2} \tag{b}$$

现在，定义 $\psi = \pi c_x/8$，则有：

$$\psi = \frac{\pi(\rho_s - \rho_w)g d_s}{6\rho_w v_s^2} \tag{3-5}$$

3.2.2　伯努利方程

在水砂充填料输送中，伯努利方程是决定料浆运动过程中能量间相互关系的重要公式。按能量守恒原理，假定充填料浆为稳定流，则可按照均质流体导出伯努利方程式：

$$z_1 + \frac{p_1}{\gamma_\rho} + \frac{v_1^2}{2g} = z_2 + \frac{p_2}{\gamma_\rho} + \frac{v_2^2}{2g} + H_{1-2} \tag{3-6}$$

式中　z_1，z_2——断面 1 和断面 2 处料浆的位能；

　　　p_1，p_2——断面 1 和断面 2 处作用于料浆的压力；

　　　v_1，v_2——断面 1 和断面 2 处料浆的流速；

　　　H_{1-2}——料浆从断面 1 处流至断面 2 处的压头损失；

　　　γ_ρ——料浆的重力密度。

$$\gamma_\rho = \frac{\gamma_w Q_w + \gamma_s Q_s}{Q_w + Q_s} \tag{3-7}$$

式中　γ_w，γ_s——水和固体颗粒的重力密度；

　　　Q_w，Q_s——水和固体颗粒的流量。

式（3-6）中各项的能量意义为：z 为单位位能；ρ/γ_ρ 为单位压能；$v^2/(2g)$ 为单位动能；$z + \rho/\gamma_\rho + v^2/(2g)$ 为单位机械能；H_{1-2} 为单位能量损失。

3.2.3　流动阻力计算

3.2.3.1　影响因素及计算理论假说

影响料浆流动阻力的因素很多，其中主要是料浆流动速度、料浆浓度、管径、颗粒级配、颗粒沉降速度等等。

（1）料浆的流动阻力与流速的关系可定性地用图 3-11 表示。在第一阶段，当流速很小、固体颗粒沉降在管底或做滑动和滚动时，阻力随流速增加而增加，如图中曲线 1～2 段；当流速达到一定值后，大部分固体颗粒呈悬浮状态而不再沿管底滑动，总的阻力随流速增加而减小，如图中曲线 2～3 段；在第三阶段，流速进一步增加，全部颗粒处于完全悬浮状态，阻力随流速的增加而增加，如图中曲线 3～4 段。

（2）料浆的黏性系数与料浆浓度的关系如图 3-12 所示，为水泥浆的实验曲线。可见，存在一种"临界浓度"，若超过该临界浓度，则黏性系数将急剧增加。

（3）流动阻力与颗粒级配、颗粒沉降速度及管径之间的关系，也可通过系列试验得出实验曲线图[5]。

料浆的流动阻力计算理论目前有三种假说，一种为分散理论假说，认为固体颗粒均匀地扩散在流体中，因此，料浆的阻力损失 i_p 与清水的水力坡度 i_w 相似，只需将水的密度 ρ_w 换成料浆的密度 ρ_p，即 $i_p = i_w \rho_p$，其中以水的密度 $\rho_w = 1$；另一种为重力理论假说，认为含固体颗粒的料浆在流动中要比清水消耗更多的能量 Δi 以维持固体颗粒悬浮，即 $i_p = i_w + \Delta i$；第三种为重力-扩散理论假说，是前两种假说的叠加，即

$$i_p = i_w \rho_p + \Delta i \tag{3-8}$$

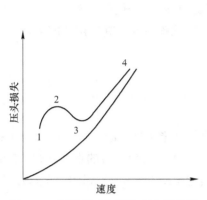

图 3-11 料浆流速与压头损失的关系

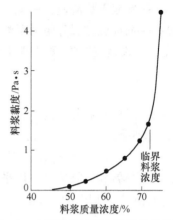

图 3-12 水泥浆的浓度与黏度的关系[8]

事实上，正如前面所指出的，料浆的流动阻力是很多因素的函数，一般只能通过实验建立一些经验公式，在具体运用中需再通过实验加以检验。

3.2.3.2 阻力计算经验公式

根据实验条件和实验技术的不同，不少研究者和矿山现场都提出了自己的料浆输送阻力计算公式，因而经验公式非常繁多。近年来，出现了一种复合浆体及其阻力计算学说，以瓦普斯为代表[9,10]。在通常的两相流研究文献中，一般是把尾砂浆体或其他浆体分成均质的和非均质的两种，并分别进行阻力计算；而复合浆体学说则认为，浆体中的细颗粒与水结合形成一种均质的"二相载体"，粗颗粒则非均质地悬浮于这种"二相载体"中。可见，复合浆体具有均质浆体和非均质浆体的双重特性。对于管道输送的复合浆体来说，均质的"二相载体"遍布于管道全横断面上，而非均质的粗颗粒主要分布于管底附近。因此，其阻力计算可分为两步进行："两相载体"按伪一相流的公式计算阻力，非均质部分按杜兰德（Durand）公式计算阻力。

据清华大学王可钦和日本有关研究人员的试验研究结果，证实复合浆体的阻力计算方法是可取的[11]，但计算过程很繁杂。

这里，介绍几个计算非复合浆体的经验公式，据验证，其计算值与实测值相比较，误差小于20%。

（1）前苏联煤炭科学研究院公式：

$$i_p = i_w \frac{\rho_p}{\rho_w} + \frac{(gD)^{1/2}(\rho_p - \rho_w)}{K\psi v\rho_w} \qquad (3-9)$$

式中 i_p——料浆输送水力坡度，米水柱/m；（1米水柱=9806.375Pa，下同）

i_w——清水输送水力坡度，米水柱/m；

ρ_p——料浆密度，t/m³；

ρ_w——清水密度，t/m³；

D——管道直径，m；

g——重力加速度，9.81m/s²；

K——系数，$K=1.5\sim3.0$，平均值 $K=2.0$；

v——料浆平均流速，m/s；

ψ——固体颗粒沉降阻力系数。

可见，上式是按扩散-重力理论假说提出来的，据试验条件，其适用范围为：

$$v \leqslant \frac{(gD)^{1/2}}{(\lambda K\psi)^{1/3}}$$

式中　λ——清水的阻力系数。

（2）尤芬公式：

$$i_p = \rho_p (v-1)^{1/2} \left[v_s^2/(gD) \right]^{1/2} \quad （米水柱/m） \tag{3-10}$$

式中　v_s 为固体颗粒沉降速度，以平均粒径颗粒为其代表；其余符号的意义同式（3-9）。

式（3-10）的适用条件为 $0.4 < d_{av} < 10.0mm$；若 $C = d_{90}/d_{10} > 3$，则用 $v'_s = v_s/C^{1/3}$ 代替式中的 v_s。

（3）长沙矿冶研究院公式：

$$i_p = i_w \frac{\rho_p}{\rho_w} \left[1 + 3.68 \frac{(gD)^{1/2}}{v} \left(\frac{\rho_p - \rho_w}{\rho_w} \right)^{3.3} \right] \tag{3-11}$$

式中符号的意义同前。上式是在水力输送高浓度水泥浆试验研究中总结出来的，试验条件为：$D = 54 \sim 81mm$，$\rho_p = 1.32 \sim 1.60t/m^3$，$v = 0.8 \sim 1.3m/s$。

（4）金川公式：

$$i_p = 1.2 i_w \left\{ 1 + 108 m_i^{3.95} \left[\frac{gD(\rho_s - 1)}{v^2 C_x^{1/2}} \right]^{1.12} \right\} \tag{3-12}$$

式中　m_i——料浆的体积浓度，%；

ρ_s——固体颗粒的密度，t/m³；

$C_x = 8\psi/\pi$，ψ 为颗粒沉降阻力系数；

其余符号的意义同前。

式（3-12）的试验条件为：粒径小于 3mm 的磨砂，呈非均匀状砂浆；$D = 100mm$；$\rho_s = 2.72t/m^3$；灰砂比 1:6；$C_x = 3.315$；$m_i = 0.3732 \sim 0.5423$；$v = 1.2 \sim 2.6m/s$。

（5）鞍山黑色金属矿山设计院公式：

$$i_p = \rho_p \left[i_w + \frac{\rho_p - 1}{\rho_p} \left(\frac{\rho_s - \rho_p}{\rho_s - 1} \right)^n \frac{v_{av}}{100v} \right] \tag{3-13}$$

$$n = 5 \left(1 - 0.2 \lg \frac{v_{av} d_a}{\mu} \right)$$

式中　v_{av}——加权平均沉降速度，cm/s；

d_a——v_{av} 的当量粒径，cm；

μ——料浆的黏性系数。

据认为，式（3-13）比较适合于高浓度的料浆输送阻力计算。

3.2.3.3　充填倍线

"充填倍线"一词是充填采矿法中料浆输送的专用名词，其定义为：

在自溜输送时，

$$N = L/H \tag{3-14a}$$

式中　N——充填倍线；

　　　L——充填系统管道总长度，m；

　　　H——充填系统中料浆入口与出口处的垂直高差，m。

当管道系统中有增压泵时，

$$N = L/(H + H') \tag{3-14b}$$

式中　H'——增压泵的工作压头，m。

可见，充填倍线既反映了充填系统的充填能力，也表示了充填系统料浆输送的综合阻力。由于充填系统中还有弯管、岔道、负压区等局部阻力，一般应查找有关设计手册，将这些局部阻力换算成标准当量管道长度。因此，实际充填工作倍线为：

$$N = \frac{L}{i_{p}L} = \frac{1}{i_{p}} \tag{3-15}$$

式（3-15）中的管道总长度 L 应包括局部阻力换算的当量管道长度。

3.2.4　临界流速计算

在图 3-11 中已表明料浆输送的阻力与流速的关系。料浆的临界流速可定义为：使料浆流动阻力最小的流速。因此，可采用数学上求极值的方法，令 $\mathrm{d}i_{p}/\mathrm{d}v = 0$，即可从阻力计算的经验公式得到临界流速计算的经验公式。例如，对式（3-9）取 $\mathrm{d}i_{p}/\mathrm{d}v = 0$，并注意到存在下列关系：

$$i_{w} = \lambda \frac{v^{2}}{2gD}$$

则有：

$$v_{c} = (gD)^{1/2} \left(\frac{\rho_{p} - \rho_{w}}{K\psi\rho_{p}\rho_{w}\lambda} \right)^{1/3} \tag{3-16}$$

式中　v_{c}——临界流速，m/s。

在实践中，一般情况下充填管道系统中料浆的工作流速要比临界流速高 10%~20%。此外，在有关矿山设计参考资料中，也给出了不同条件下临界流速的参考值[5]。

3.3　膏体流变力学问题

前面已提及，全尾砂膏体充填料属于塑性结构流体。因此，膏体流变力学问题即是塑性结构流体流变力学问题。

3.3.1　膏体充填料的基本特征

表 3-1 列举了国内外一些矿山所使用的或试验的膏体充填料的基本特征，从中可见：

（1）全尾砂膏体充填料的固体质量浓度一般为 75%~82%，而全尾砂与碎石相混合的膏体充填料的固体质量浓度则可达 81%~88%。

（2）塌落度是表征膏体充填料可泵性的指标。一般情况下，可泵性较好的全尾砂充填料的塌落度为 10~15cm；全尾砂与碎石相混合的膏体充填料的塌落度为 15~20cm。

（3）为获得高浓度的膏体充填料，常采用过滤机、浓密机或离心式脱水机对选厂送来的低浓度尾砂进行脱水。膏体充填料的泵送常用双活塞泵（如 PM 泵）或混凝土泵。

（4）膏体充填料中一般加入水泥制备成胶结充填料。由于膏体充填料浓度高和充入采空区后不需脱水，避免了水泥的离析和流失。因此，为获得同样强度的胶结充填体，膏体充填料要比普通浓度的脱泥尾砂充填料节省 1/3~2/3 的水泥。对比实验曲线如图 3-13 所示[12]。

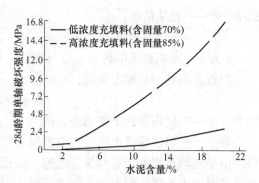

图 3-13　胶结充填体强度与料浆浓度的关系

表 3-1　国内外部分矿山膏体充填料的基本特征

国别及矿山	充填材料	充填料脱水方式	固体质量浓度/%	水泥含量/%	塌落度/cm	输送泵类型	设计的充填体强度/MPa
德国，格隆德矿	重介质尾矿和浮选尾矿	带式过滤机和脱水筛	85~88	3.0	扩展度40~52①	PM 泵②	1.5~2.0
加拿大，多姆金矿	全尾砂	浓密机及JOY 脱水机	77~82（平均为81）	1:30（水泥,尾砂）		正排量泵	0.43
美国，矿业局（半工业试验）	铜尾砂、铅锌尾砂、铜银尾砂		>75	4~6	10.8~17.8	活塞泵	
南非，西德里方廷金矿	全尾砂	JOY 离心脱水机	78			往复式混凝土泵	
加拿大，国际镍公司安大略分公司	天然砂和全尾砂		81~86	1~6（平均4.6）	9~12 英寸	混凝土泵	1.63
俄罗斯，阿奇塞铅锌矿	全尾矿（添加胶凝剂）		80~83	100~140 kg/m³	10~20		
中国，金川镍矿（工业试验）	全尾砂	高效浓密机和过滤机	74~76	290~300	10~15	PM 泵	4.0
	全尾砂和碎石混合料		81~82	150kg/m³	15~20		

①相当于塌落度 10~15cm；
②双缸活塞泵（德国 PM 公司产品）。

3.3.2　膏体充填料的流变力学模型

原则上讲，膏体充填料的流变模型也可用式（3-1a）来描述。然而，由于各矿山充填材料物理力学性质的差异，流变模型也有不同的表示形式：

（1）Hershel-Bulkley 模型（简称 H-B 模型）。山东招远金矿全尾砂膏体胶结充填料的流变实验曲线如图 3-14 所示。可见，膏体充填料具有相当大的屈服应力；膏体开始流动后管壁切应力随切变率的增长而近似呈直线增长。其他矿山膏体充填料的流变实验曲线也与此相仿，见图 3-15 和图 3-16。

上述流变实验曲线可用 H-B 模型来描述，其流变方程为：

$$\tau = \tau_0 + \mu_{HB} \left(\frac{\mathrm{d}v}{\mathrm{d}h} \right)^n \qquad (3\text{-}17)$$

式中　τ_0——屈服应力，Pa；

　　μ_{HB}——H-B 模型黏度，Pa·s；

　　n——流动指数；

　　$\mathrm{d}v/\mathrm{d}h$——切变速率，s^{-1}。

τ_0、μ_{HB}、n 三者构成了 H-B 模型流变特性的重要参数，其值依赖于充填料的粒度组成、物理化学性质以及膏体浓度等，也与时间和温度等因素有关。

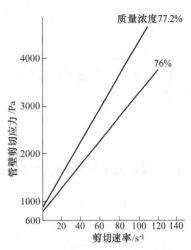

图 3-14　招远金矿全尾砂膏体充填料的流变曲线

（2）Bingham 模型。Bingham 模型又称为黏滞塑性流体模型。事实上，图 3-14～图 3-16 所示的流变实验曲线均可用 Bingham 模型来近似地描述，即认为膏体开始流动后，管壁切应力随切变率的增长而呈直线增长。此时，流变方程为：

$$\tau = \tau_0 + \mu_B \left(\frac{\mathrm{d}v}{\mathrm{d}h} \right) \qquad (3\text{-}18)$$

式中　μ_B——塑性黏度，Pa·s。

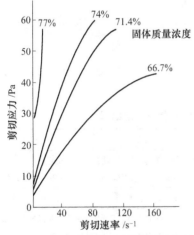

图 3-15　金川镍矿全尾砂膏体充填料的
流变曲线[13]（灰砂比 1:4）

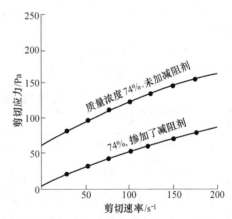

图 3-16　南非某金矿全尾砂+碎石膏体
充填料的流变曲线

可见，Bingham 模型是 H-B 模型当 $n=1$ 时的特殊情形。H-B 模型还有其他一些特殊形式。

（3）Ostwald 模型。也称为结构黏性流体模型。当式（3-17）中 $\tau_0=0$、$n<1$ 时，即为该模型的流变方程：

$$\tau = K\left(\frac{dv}{dh}\right)^n, \quad n < 1 \tag{3-19}$$

式中　K——刚性系数，$Pa \cdot s$。

（4）具有流变极限的结构黏性流体模型。当式（3-17）中 $n<1$ 时，即为该模型的流变方程：

$$\tau = \tau_0 + K\left(\frac{dv}{dh}\right)^n, \quad n < 1 \tag{3-20}$$

3.3.3　膏体充填料流变参数的实验室测定

由于充填材料的物理化学性质对膏体充填料的流变力学特性有着重大影响，因此，在测定其流变参数前，应首先测试充填料的密度、堆密度、孔隙率、含水量、颗粒级配、化学组分、不同料浆浓度不同灰砂比时试件的单轴抗压强度、内聚力和内摩擦角、试件的养护特性等等。

值得注意的是，为了使膏体充填料具有较好的稳定性、流动性和可泵性，应使充填材料中含有一定比例的小于 $25\mu m$ 的泥粒。根据德国格隆德矿的经验，这种泥粒应占充填料的 $10\% \sim 15\%$，我国金川镍矿的经验是应占 25% 左右。

3.3.3.1　流变参数的测定

对于 Bingham 模型来说，流变参数只有两个：屈服应力 τ_0 和塑性黏度 μ_B。上海地学仪器研究所生产的 DV-II 数字旋转黏度计，美国 Brookfield 公司生产的 DV-II + Pro 数字黏度计（如图 3-17 所示）等，均可用来测定流变参数。

用 NXS-II 型旋转式黏度计测定的金川公司二矿全尾砂膏体充填料的流变参数如表 3-2 所示[13]。

图 3-17　DV-II +Pro 数字黏度计

表 3-2　金川矿全尾砂膏体充填料的流变参数测定结果

浓度/%	66.7				71.0				74.0				77.0			
参数	剪切应力 τ/Pa		表观黏度 $\mu/Pa \cdot s$		剪切应力 τ/Pa		表观黏度 $\mu/Pa \cdot s$		剪切应力 τ/Pa		表观黏度 $\mu/Pa \cdot s$		剪切应力 τ/Pa		表观黏度 $\mu/Pa \cdot s$	
剪切速率/s^{-1}	A	B	A	B	A	B	A	B	A	B	A	B	A	B	A	B
3.178	8.85	4.944	2.79	1.572	11.35	7.264	3.57	2.286	23.84	9.194	7.50	2.893	34.05	30.08	10.72	9.466
4.313	7.83	5.998	1.69	1.391	12.20	7.970	2.82	1.848	21.22	7.945	4.92	1.842	36.32	32.35	8.42	7.501
5.675	11.35	7.151	2.00	1.260	14.30	9.080	2.52	1.600	21.85	10.780	3.85	1.900	42.56	39.16	7.50	6.900
7.378	14.00	8.275	1.89	1.122	18.00	11.185	2.45	1.516	22.13	13.620	3.00	1.846		43.91		5.592
10.220	15.90	10.39	1.56	1.077	22.47	14.620	2.20	1.431	28.09	18.160	2.75	1.778				
15.890	20.70	14.42	1.30	0.907	28.15	22.250	1.77	1.400	34.96	24.060	2.20	1.514				
21.570	23.40	15.32	1.08	0.816	32.50	24.400	1.51	1.132	38.70	27.240	1.79	1.263				
28.380	25.50	17.03	0.90	0.600	39.20	27.240	1.38	0.960	44.95	31.780	1.58	1.120				

续表 3-2

浓度/%	66.7				71.0				74.0				77.0			
参数 剪切 速率/s⁻¹	剪切应力 τ/Pa		表观黏度 μ/Pa·s		剪切应力 τ/Pa		表观黏度 μ/Pa·s		剪切应力 τ/Pa		表观黏度 μ/Pa·s		剪切应力 τ/Pa		表观黏度 μ/Pa·s	
	A	B	A	B	A	B	A	B	A	B	A	B	A	B	A	B
36.890	28.90	17.88	0.78	0.484	44.60	28.600	1.21	0.775	53.00	37.460	1.44	1.015				
51.080	30.90	23.27	0.60	0.466	52.50	38.020	1.03	0.744		45.970		0.900				
63.560	33.20	27.24	0.52	0.429		44.270		0.696		54.250		0.854				
86.260	36.30	32.92	0.42	0.382		52.780		0.612								
113.500	41.00	37.46	0.36	0.330												
147.600	49.90	42.56	0.34	0.288												

注：A—不含水泥；B—灰砂比为 1:4。

此外，还有一类仪器如德国生产的 RV-2 型黏度计，可用于测定膏体充填料的屈服应力 τ_0。RV-2 型黏度计是一种以柔性弹簧为传感器元件的多转速旋转式黏度计，在测量中可使用多种形式的桨叶式测量头，如图 3-18 所示的十字形桨叶等。

将仪器测量的扭矩值直接用标准塑性物质进行标定。屈服应力由下式计算：

$$\tau = T_{max} \Big/ \left[4\pi R^3 \left(\frac{H}{2R} + \frac{1}{6} \right) \right] \qquad (3-21)$$

式中　T_{max}——测量时的最大扭矩，N·m；

　　　R——桨叶的半径，cm；

　　　H——桨叶的高度，cm。

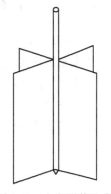

图 3-18　十字形桨叶式测量头示意图[13]

使用 RV-2 型黏度计并配备十字形桨叶测量头对金川公司二矿的不同浓度和不同灰砂比的全尾砂膏体充填料进行屈服应力测定，所得结果见表 3-3[13]。

表 3-3　全尾砂膏体充填料的静态屈服应力 τ_0　　　　（Pa）

浓度/% 灰砂比	71	73	75	76.5	78
0:1	428	863	1421	2209	4512
1:4	545	1010	2431	4084	7353
1:8	594	1088	2234	4215	6784
1:10	666	1170	2612	4479	7431
1:15	576	1070	2264	4281	7267
1:20	766	1227	2453	4545	7546

3.3.3.2　膏体充填料塌落度的测定

膏体充填料的塌落度是料浆流动性的表征，塌落度值即是料浆的稠度。塌落度的力学意义是料浆因自重流动，因内部阻力而停止流动的最终变形值。工程上和实验室常用的塌落度测定桶一般高 30cm，将搅拌好的膏体充填料装入桶内，让料浆在自重作用下自由下落，再量取所塌落的高度[14]。

与塌落度相对应的还有料浆的扩展度或扩散度。测定塌落度时所落下的料浆用一块面积为 100cm×100cm、厚度为 1.5cm 的硬塑料板接住，从塑料板的一边用手抬高 10cm，然后松手让其自由下落，依靠下落时的震动使料浆向四周扩散，如此抬高、下落反复进行15 次，再测出膏体充填料在各方位的平面尺寸（单位为 cm），求其平均值即为扩展度或扩散度。

金川公司二矿全尾砂添加碎石的膏体充填料的塌落度与扩展度的实验关系曲线如图3-19 所示。全尾砂与碎石之比分别为 60∶40、60∶50 和 40∶60 等三种。

根据图中的数据，这种膏体充填料的塌落度 S（cm）与扩展度 D（cm）之间的回归关系方程为：

$$D = 36.981 + 0.027S^2 \tag{3-22}$$

3.3.4　膏体充填料输送阻力的计算与测定

3.3.4.1　影响阻力大小的主要因素

膏体充填料在输送管道中的运动状态及速度分布如图 3-20 所示。由于膏体如固体一般在管道中做整体移动，膏体中的固体颗粒一般不发生沉降，膏体的层间也不出现交替流动，这是一种柱塞状的稳定结构流。膏体柱塞横断面上的速度变化为常数，只有在近管壁处润滑层的速度有一定变化。

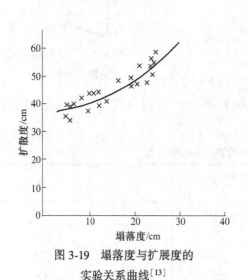

图 3-19　塌落度与扩展度的
实验关系曲线[13]

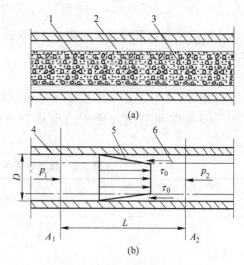

图 3-20　膏体充填料在管道中的运动状态
及速度分布

1—膏体柱塞；2—水泥浆润滑层；3—水膜层（图中虚线）；
4—管壁；5—速度分布线；6—润滑层

影响膏体充填料在输送管道中阻力大小的因素很多，主要有：

（1）膏体浓度。膏体浓度对压力损失的影响极为敏感。图 3-21 是加拿大国际镍公司安大略分公司对天然砂膏体充填料在输送中压力损失的实测结果。可见，这种膏体充填料在含水量为 14%~19%（即固体质量浓度为 81%~86%）时压力损失最小，亦即流动阻力最低。我国金川公司二矿全尾砂膏体充填料在输送工业试验中的实测曲线也有类似结果，见图 3-22。

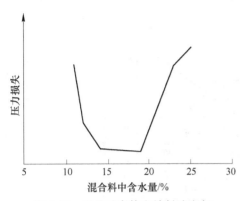

图 3-21　天然砂膏体充填料浓度与压力损失的关系

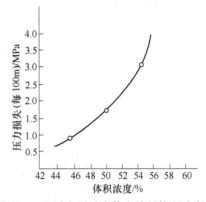

图 3-22　金川全尾砂膏体充填料体积浓度与压力损失的关系[15]

（2）充填料中细微泥粒的含量。细微泥粒（−25μm 的颗粒）在膏体充填料输送中具有两方面的减阻作用：一是形成润滑层，二是阻止充填料中的粗颗粒下沉以至堆积到管壁上，因膏体充填料的输送流速一般低于 1.0m/s，多为 0.5~0.9m/s。加拿大安大略分公司的试验证明，天然砂膏体充填料的泥粒含量为 10%~14% 时流动阻力最小，如图 3-23 所示。这些细微颗粒包括添加的水泥颗粒以及掺入的其他矿泥等。

（3）流量与管径。一般情况下，膏体充填料的压力损失随流速的增加而呈直线增加，随管径的增大而有所减小。这种压力损失的变化也与膏

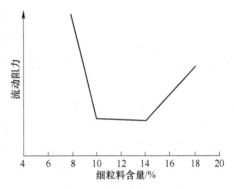

图 3-23　天然砂膏体充填料中细泥含量与流动阻力的关系

体浓度及物料颗粒配比等因素有关。南非德里方廷（Driefontein）金矿公司全尾砂膏体充填料的管道输送特性实验曲线见图 3-24。

3.3.4.2　阻力计算的经验公式

当膏体充填料可近似地视为 Bingham 黏滞塑性结构流体时，美国矿山局及我国金川公司二矿的研究资料都证明[15,16]，水平直线管段的压力损失可用 Buckinghom 公式来预测：

由于式（3-18）可写成

$$\tau_w = \frac{4}{3}\tau_0 + \eta\left(\frac{8v_m}{D}\right) \tag{3-23}$$

因此，在层流状态下，膏体流动的压力损失 i_p 为

$$i_p = \frac{4}{D}\tau_w = \frac{16}{3D}\tau_0 + \eta\left(\frac{32v_m}{D}\right) \tag{3-24}$$

式中　τ_w——管壁处的剪切应力；

　　　　η——塑性黏度；

　　　　v_m——膏体在管道中的平均流速；

　　　　D——管道内径。

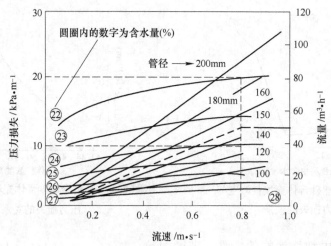

图 3-24　南非 Driefontein 金矿全尾砂膏体充填料的管道输送特性曲线

在式（3-24）中，τ_0 和 η 是由实验确定的流变参数。对于一定的管道系统来说，D 为已知量，因而也可用回归方程来表示压力损失 i_p：

$$i_p = a + bv_m \tag{3-25}$$

式中，a、b 为由实验数据得出的回归系数；v_m 的意义同前。

例如，金川公司二矿全尾砂胶结膏体充填料，在灰砂比为 1：4，膏体质量浓度为 78.1%、塌落度为 3.5cm 的条件下，实验得出的回归系数为[15]：

$$a = 0.7813109 ; b = 0.3775885$$

因此，管道压力损失的计算公式为：

$$i_p = 0.7813109 + 0.3775885v_m \tag{3-26}$$

式中，v_m 的单位为 m/s；i_p 的单位为 MPa/100m。

此外，还有其他一些经验公式，但在形式上与式（3-25）类似，这里不再一一列举。

为降低膏体充填料在管道输送中的阻力，可在充填料中加入各种类型的减阻剂，如各种型号的泵送剂和六偏磷酸钠等。减阻剂的添加量需通过实验确定。

3.3.4.3　管道系统阻力的实测

在膏体充填的现有工艺技术条件下，每个矿山在设计膏体充填系统时，有必要进行管道输送的半工业试验并进行管道系统输送参数的实测。

管道系统压力损失（阻力）的实测，可采用数字显示式压力传感器，如航天空气动力技术研究所（原航空工业部 701 所）生产的 JP 型应变式压力传感器。通常，除测定直线水平管段的压力损失以外，对接头处、分岔处及弯管处的局部压力损失尤其需要进行测定。由于管道压力损失与料浆浓度和流速等密切相关，因此，还需要同时测定料浆的浓度和流量。测量料浆的浓度可使用同位素浓度计，如兰州同位素仪表研究所生产的 FB-2300 型微机工业密度计等；测量料浆的流量可使用电磁流量计，如上海安钧电子科技有限公司生产的电磁流量计等。

关于**膏体充填料浆特性测试以及膏体管道输送参数测试**方面更详细的内容，可参见本书第 5 章和第 6 章。

3.4 计算流体力学及其应用

3.4.1 概述

流体力学和其他物理学科一样，起初分为理论和实验两个分支。随着电子计算机的出现和现代计算技术的发展，可以应用电子计算机作为模拟和实验手段，用数值方法求解流体力学中的各种问题。这样就形成了流体力学的一个新分支——计算流体力学（Computational Fluid Dynamics，简称为 CFD）。

计算流体力学的许多开创性工作是在 Los Alamos 教授的科学实验室中完成的，在第二次世界大战期间，Los Alamos 以及 J. von Neumann 等人建立了抛物线型有限差分方程的稳定性准测，并且提出了分析线性化方程的方法[17,18]。1953 年，E. C. Dufort 和 S. P. Franket 等对抛物线型方程提出了"跳点"方法，允许任意大的时间步长，且具有全显式的特点。1965 年，F. H. Harlow 和 J. E. Formm 在 *Scientific American* 上发表了著名的关于非定常涡流数值解的文章，与此同时，E. O. Macagno 的一篇类似文章刊登在法国 *La Houille Blanche* 杂志上。这两篇文章的出现，标志着计算流体力学作为一门独立学科的出现。20 世纪 60 年代后期以来，随着计算机技术和性能的提高，计算流体力学已迅速发展，它能计算理论流体力学所不能求解的、复杂几何形状下的流动；它已经替代了很大一部分风洞试验，省时省钱；采用计算手段已经发现了一些理论上还解不出、试验上还测不到的流动中的新现象[19]。

在计算流体力学中，首先必须将各种各样的流体力学问题变成离散的有限数值模型，将流体的连续流动用多个质点的运动来近似。这在数学上就表示为有限单元、有限差分、有限分析或有限基本解的形式。因此，计算流体力学不仅只是探求流体力学微分方程的初值或边界值问题的多种数值解法，而且是要在物理直观和力学实验的基础上建立起各种流体运动的有限数值模型，同时还要给出在实际可能的条件下实现这种数值模型的计算机程序。

描述流体运动的偏微分方程可以是抛物线型、椭圆型或双曲线型的，其可能有各阶的数学奇点以及未知的或无穷远的边界，而现有的非线性问题数值解法的数学理论还不够完备，故计算流体力学一方面要依靠对较简单的线性问题的严格数学分析，另一方面也要依据物理模拟、力学实验的启发和在计算机上的数值试验。这种数值试验有其独特的优点，可以做无论是理论分析还是实物模型实验所不能办到的事情，能够检验流动现象对理论分析中所做的各种近似的敏感性，还能检验新的流体模型的本构方程的合理性。

水与尾砂充填材料混合组成的料浆在管道中正常输送时，尽管从微观上看，各点的浓度可能有变化，或出现涡流和层间交流等现象，但从宏观上可以认为是不可压缩黏性流体的稳定流动，因此，其流动的控制方程为：

（1）连续方程：

$$\nabla v = 0 \tag{3-27}$$

（2）运动方程：

$$\rho\left(\frac{\partial \boldsymbol{v}}{\partial t} + \boldsymbol{v}\ \nabla \boldsymbol{v}\right) = -\ \Delta p + \mu\ \nabla^2 \boldsymbol{v} + \rho g \tag{3-28}$$

式中　　∇——拉普拉斯算子，$\nabla = \partial/\partial x + \partial/\partial y + \partial/\partial z$；

　　　　$\boldsymbol{v}$——速度向量，$\boldsymbol{v} = u\boldsymbol{i} + v\boldsymbol{j} + w\boldsymbol{k}$；

$u,\ v,\ w$——$x,\ y,\ z$方向的速度分量；

　$\boldsymbol{i},\ \boldsymbol{j},\ \boldsymbol{k}$——$x,\ y,\ z$方向的单位向量；

　　　　ρ——流体密度；

　　　　g——重力加速度；

　　　　μ——黏性系数；

　　　　Δp——压力差。

式（3-28）也称为 Navier-Stokes 方程。由式（3-27）和式（3-28），可解得 $\boldsymbol{v}$ 和 Δp。一般地，上两式直接积分求解是困难的，可采用各种数值解法。

　　计算流体力学与其他计算力学一样，其模拟分析结果的正确性取决于输入参数的合理选取、边界条件的合理抽象以及计算网格的合理离散等。计算流体力学在充填料浆管道输送研究中，还可以模拟研究在不同雷诺数条件下流体绕流固体颗粒的流线轨迹、固体颗粒的悬浮条件、管道转弯处和分岔处流体的流线改变及流速改变等问题[20,21]。

3.4.2　CFD 软件及应用现状

3.4.2.1　CFD 基本模型

　　以模型尺度为标准，计算流体力学（CFD）的基本模型可大致分为三类：以雷诺平均N-S 方程（Reynolds Averaged Navier-Stokes Equations，RANSE）为代表的宏观力学模型；微观分子动力学模型，如蒙特卡洛（Direct Simulation Monte Carlo，DSMC）法、分子动力学（Molecular Dynamics，MD）方法等；以及介于其间的多重尺度模型，尤以格子法（Lattice Boltzmann Method，LBM）及大涡模拟（Large-Eddy Simulation，LES）为代表，因其采用显式求解、压力可直接计算、边界处理方便、并行度高而非常适合大规模工程黏性流场计算，近年来受到国内外科研工作者的普遍关注[22]。

3.4.2.2　CFD 软件及应用现状

　　计算流体力学经过半个世纪的发展已相当成熟，一个重要标志就是近十几年来各种CFD 通用软件陆续出现[23,24]，成为商业软件，为工业界广泛接受，性能日趋完善，应用范围不断扩大。今天，CFD 技术的应用早已经超越传统的流体力学和工程的范畴，从航空、航天、船舶、动力扩展到化工、核能、冶金、建筑、环境等许多相关领域[25]。

　　CFD 艰深的理论性和流体力学的复杂性曾一度阻碍了 CFD 软件向工业界推广，使CFD 研究成果推向实际应用成为大难题[26]。在此情况下，通用商业软件包应运而生。一般认为，Spalding 主持的 CHAM 公司跨出了第一步，Spalding 与 Patankar 提出的 SIMPLE算法在上世纪 70 年代已被广泛用于热流问题求解，CHAM 公司在 80 年代初以该方法为基础推出了计算流体力学与传热学的商业化软件——PHOENICS 的早期版本。与此同时，在

PHOENICS 版本不断更新的情况下，其他商用 CFD 软件也相继问世，如 FLUENT、CFX、STAR-CD 等，这标志着 CFD 技术终于走出学术研究的象牙塔，成为工程设计的重要手段[27]。1998 年，全球市场占有率高达 40% 的 FLUENT 软件在北京设立代理公司，正式进入中国市场，STAR-CD、NUMECA（FINE）等著名 CFD 软件也紧随其后先后进入中国市场[28]。

A CFD 软件的主要特点

各种 CFD 商业软件的数学模型组成都是以 Navier-Stokes 方程组与各种湍流模型为主体，再加上多相流模型、燃烧与化学反应流模型、自由面流模型以及非牛顿流体模型等[29]，大多数附加的模型是在主体方程组上补充一些附加源项、附加输运方程与关系式，随着应用范围的不断扩大和新方法的出现，新的模型也在增加。

为了体现通用性，CFD 软件能适应从低速到超音速的宽速度范围。CFD 软件都配有网格生成（前处理）与流动显示（后处理）模块，网格生成质量对计算精度与稳定性影响极大，所以网格生成能力的强弱是衡量 CFD 软件性能的一个重要因素。CFD 软件的流动显示模块都具有三维显示功能来展现各种流动特性，有的还能以动画功能演示非定常过程。

B 常用 CFD 商业软件结构

计算流体力学商业软件一般包括以下几个模块：几何模型建立（CFD-Build）与网格生成模块或前处理模块（Pre-Processor）、核心处理模块（CFD-Solver）、后处理模块（Post-Processor）、软件使用教程及软件说明（Tutorial and Menu）。几何模型建立及网格生成是由使用者本人根据研究的具体问题建立的相应二维或三维模拟模型，然后再按其外形结构和具体过程特点进行数学化网格处理并生成 CFD 计算网格文件（几何文件）的过程，这是 CFD 模拟计算的工作基础。一般 CFD 软件平台都可以实现与 AutoCAD 的对接，以增强其处理复杂几何形状问题的能力。

C CFD 商业软件的基本选用原则

目前常用的 CFD 软件平台有 FLUENT、CFX、Phoenics 等几种，它们各有特点和相应的最佳应用领域。合理选用 CFD 软件是模拟成功的前提，CFD 通用商用软件的基本选用原则有以下几个方面：

（1）实用原则：从具体问题出发，选择的模拟软件要包括相应的数学模型，依据问题的复杂程度，不盲目追求模型的复杂程度和精确度，以实用为模型的选用准则。

（2）行业原则：要充分借鉴本行业中前人的研究成果，选择恰当的数据处理与导出方式，以形成相似或类似的图表格式，便于比较对照。

（3）匹配原则：建立几何模型要考虑模型的复杂程度，尽可能与实际物体一致，又有升华提高，做到模拟计算与几何模型生成方法合理匹配；几何模型网格划分疏密程度与计算机内存合理匹配；几何模型与边界条件合理匹配；物理模型与模拟软件合理匹配。合理建立几何模型对达到模拟精度要求起决定性作用。

（4）计算精度原则：不要特意追求模拟计算精度，以满足工程实际需要为目的，不过分追求高精度，收敛准则要恰当。否则，将导致计算很难收敛。

（5）阶段性原则：模拟计算不是万能的，不可能解决所有问题，要分阶段工作。比如，以简单平台和模型取得计算初值，然后进行精确模拟，从而节约时间，保证计算的稳定性和收敛性。

D　常用 CFD 软件简介

目前常用的商业 CFD 软件主要有：Spalding 开发的 Phoenics，Gosman 开发的 TEACH 和 FLOW3D，美国 Creare 公司开发的 FLUENT 和英国 AEA Technology、Harwell、UK 开发的 CFX，日本公司开发的 Star-CD 以及布鲁塞尔和瑞典航空研究所共同开发的 NUMECA（FINE），我国也有相应的模拟计算程序，主要有 TEAM、FACI 和 DTFS 等。其中，较常用的有 FLUENT、CFX 以及 Phoenics 等。

a　FLUENT 软件

FLUENT 针对不同应用领域，开发了一些专用模块，如暖通空调模块（AIRPAK）、化工搅拌器模拟计算模块（MIXSIM）等。软件设有 SIMPLE、SIMPLER、PISO 等压力矫正法。FLUENT 软件包主要具有常用的六种湍流数学模型、辐射数学模型、化学物质反应和传递流动模型、污染物质形成模型、相变模型、离散相模型、多相流模型、流团移动模型、多孔介质多孔泵模型等。提供了两种数值计算方法：分离解法（Segregate Solver）和耦合算法（Coupled Solver）。

b　CFX 软件

CFX 软件在欧洲使用广泛，主要由 3 部分组成：Build，Solver 以及 Analyse。CFX 包括的主要数学模型有零方程模型（zero equation）、K-Epsilon Equation 模型、RNG K-Epsilon 模型、Reynolds Stress 模型等。CFX 提供了强大的计算结果处理和输出功能，包括 CFX-Visualise、CFX-View、CFX-Linegraph、CFX-Analyse 等 4 部分。几乎可以输出计算的各种参数的模拟曲线、图形，可以任意对计算域中的各方位、各剖面进行计算参数的图形展示，非常方便快捷。

c　Phoenics 软件

Phoenics 软件包是流行较早的商业 CFD 软件，其特点是计算能力强、模型简单、速度快、便于模拟前期的参数初值估算，主要以低速热流输运现象为主要模拟对象，尤其适用于单相模拟和管道流动计算，它包含一定数量的湍流模型、多相流模型、化学反应模型，不足之处在于：计算模型少，尤其是两相流模型，不适用于两相错流流动计算；由于以压力矫正为基本解法，因而不适合高速可压缩流体的流动模拟。由于缺乏使用群体和版本更新速度慢，以及其他新兴软件的不断涌现，使得其实际应用收到很大限制。

3.4.3　计算流体力学在充填中的应用举例

3.4.3.1　充填料浆环管试验模拟仿真

李国政、于润沧在 2008 年报道了进行充填料浆环管试验计算机仿真应用研究的成果[30]，他们所使用的仿真软件，是在通用的 Windows 平台上采用 Delphi7 语言自行编写的，运用了 Delphi7 语言的功能模块以提高计算效率。所进行的环管试验模拟仿真流程见图 3-25，仿真软件算法流程见图 3-26。

在模拟计算中，输入的初始条件有：（1）管径：满管输送时，已知流量，按不同的流速计算出不同的管径；（2）料浆输送方式：按全尾砂膏体充填、高浓度全尾砂（分级尾砂）充填以及水力充填等 3 种方式；（3）充填材料粒级组成：计算出充填材料的平均

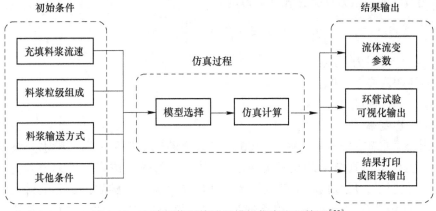

图 3-25 充填料浆环管输送模拟仿真流程简图[30]

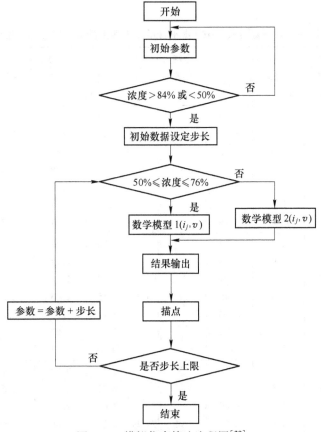

图 3-26 模拟仿真算法流程图[30]

粒径。

在模拟中，水力充填管道阻力计算采用的是金川公式，见式（3-12）。高浓度全尾砂（或分级尾砂）充填管道阻力计算也是采用另一个金川公式，见式（3-29）：

$$i_{\mathrm{p}} = i_0 \left\{ 1 + 106.9\varphi^{4.42} \left[\frac{gD(1-\rho)}{v^2 \sqrt{C_{\mathrm{x}}}} \right]^{1.78} \right\} \tag{3-29}$$

膏体充填的剪切阻力计算见式（3-30）：

$$\tau_s = \tau_{sq} - \eta_s\left(\frac{dv}{dr}\right) \tag{3-30}$$

式中　τ_s——剪切阻力，Pa；

　　　　τ_{sq}——屈服应力，Pa；

　　　　η_s——塑性黏度，Pa·s；

　　dv/dr——切变率。

对金川公司二矿-3mm 棒磨砂、ϕ100 水平管道的充填料浆输送试验水力坡度的实测值与环管试验模拟仿真结果的比较见表 3-4。从表中可见，仿真结果的误差为 4.12% ~ 40.12%，但很明显，应根据料浆浓度选择合适的仿真模型。例如，当充填料浆浓度达到 76.29% 时，若仿真模型还采用适用条件为水力充填的公式（3-12），则误差达 40.12%；因为此时料浆的流态呈似均质流状态，若采用公式（3-29），则计算的水力坡度误差明显减小。

表 3-4　金川公司-3mm 棒磨砂、ϕ100 水平管道水力坡度的实测值与仿真模拟结果的比较

工　况		水力坡度		误差 /%	平均误差 /%	工　况		水力坡度		误差 /%	平均误差 /%
浓度 /%	流速 /m·s⁻¹	实测值 /kPa·m⁻¹	仿真值 /kPa·m⁻¹			浓度 /%	流速 /m·s⁻¹	实测值 /kPa·m⁻¹	仿真值 /kPa·m⁻¹		
61.77	3.72	1.95	2.01	2.56	5.66	71.9	3.17	2.45	2.7	10.20	13.43
	3.61	1.86	1.9	2.15			3.12	2.4	2.6	8.33	
	3.15	1.77	1.8	1.69			2.97	2.15	2.5	16.28	
	2.72	1.25	1.3	4.0			2.9	2.09	2.4	14.83	
	2.58	1.14	1.2	5.26			2.81	1.99	2.3	15.58	
	2.26	1.0	0.9	-10			2.54	1.71	2.0	16.96	
	2.12	0.93	0.82	-13.98			2.43	1.61	1.8	11.80	
65.73	3.72	2.27	2.3	1.32	4.12	76.29	2.76	2.32	3.4	46.55	40.16 见式 (3-12)
	3.61	1.97	2.0	1.52			2.72	2.21	3.3	49.32	
	3.15	1.63	1.7	4.29			2.62	2.12	3.2	50.94	
	2.72	1.38	1.4	1.45			2.55	2.05	3.0	46.34	
	2.41	1.08	1.22	11.11			2.41	1.95	2.8	43.59	
	2.05	0.99	1.0	1.01			2.23	1.87	2.5	33.69	
	1.98	0.98	0.9	-8.16			1.7	1.68	1.5	-10.71	
68.87	3.72	2.58	2.6	0.78	5.89	76.29	2.76	2.32	2.7	16.38	17.93 见式 (3-29)
	3.5	2.26	2.4	6.19			2.72	2.21	2.6	17.65	
	3.18	1.98	2.1	6.06			2.62	2.12	2.59	22.17	
	2.97	1.78	1.9	6.74			2.55	2.05	2.53	23.41	
	2.81	1.51	1.7	12.58			2.41	1.95	2.4	23.08	
	2.51	1.44	1.5	4.17			2.23	1.87	2.23	19.25	
	2.36	1.25	1.3	4.00			1.7	1.68	1.62	3.57	

3.4.3.2　膏体充填管道输送数值模拟与分析

王新民等在 2006 年报道了采用 FLOTRAN 软件（上面介绍的 CFX 为 FLOTRAN 的升级版本）进行膏体充填管道输送的数值模拟情况[31]，其模拟分析过程分为七个主要步

骤：确定问题的区域，确定膏体流动的状态，建立有限元模型及生成网格，确定与施加边界条件，设置 FLOTRAN 分析的参数，求解与反馈、检查与分析结果。

A 充填管道几何模型

基于 FLOTRAN 软件的一些局限性，在分析中，管道的几何模拟简化如图 3-27 所示。管道竖直段为 20m，水平段为 30m，两段成 90°，管道内径为 125mm，采用内径为 125mm 的直角弯管连接。

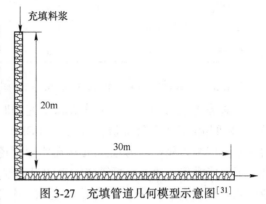

图 3-27 充填管道几何模型示意图[31]

B 基本假设

由于矿山充填管道浆体输送工艺及其力学结构的复杂性，为了便于建模和分析计算，作如下假设：（1）黏性浆体具有恒黏性，不随温度、时间的变化而变化；（2）浆体为非牛顿流体，其流变模型近似于 Bingham 体；（3）不考虑热交换，也不考虑振动、地震波等对管道输送的影响。

C 模拟结果分析

（1）流速变化。在弯管处沿管道截面，流速有较明显的梯度分布，自弯管外侧向内侧流速逐渐加大。

（2）改变载荷或参数的模拟结果比较。管径对阻力损失影响的模拟结果见表 3-5、流速对阻力损失影响的模拟结果见表 3-6、浆体密度对阻力损失影响的模拟结果见表 3-7、浆体黏度对阻力损失影响的模拟结果见表 3-8。

表 3-5 管径与阻力损失的关系

管径/mm	总长度/m	进口速度/m·s⁻¹	密度/kg·m⁻³	有效黏度/Pa·s	阻力损失/kPa
125	50	2.6	1640	0.118	56.59
152	50	2.6	1640	0.118	38.66
178	50	2.6	1640	0.118	26.85

表 3-6 流速与阻力损失的关系

流速/m·s⁻¹	管径/mm	总长度/m	密度/kg·m⁻³	有效黏度/Pa·s	阻力损失/kPa
1.2	125	50	1640	0.118	15.09
2.0	125	50	1640	0.118	35.74
2.6	125	50	1640	0.118	56.59

表 3-7 浆体密度与阻力损失的关系

密度/kg·m⁻³	流速/m·s⁻¹	管径/mm	总长度/m	有效黏度/Pa·s	阻力损失/kPa
1640	2.6	125	50	0.118	56.59
1740	2.6	125	50	0.118	59.05
1840	2.6	125	50	0.118	61.47

表 3-8   浆体黏度与阻力损失的关系

有效黏度/Pa·s	密度/kg·m^{-3}	进口速度/m·s^{-1}	管径/mm	总长度/m	阻力损失/kPa
0.09	1640	2.6	125	50	52.27
0.118	1640	2.6	125	50	56.59
0.165	1640	2.6	125	50	62.20

3.4.3.3   基于 Fluent 模拟的充填管道固-液两相流输送研究

吴迪等在 2012 年[32]为了分析和研究和睦山铁矿充填料浆的管道自流输送问题，采用固-液两相流理论和计算流体动力学（CFD）方法，建立了充填料浆在管道中自流输送的两相流控制方程；利用 Gambit 构造实际管道的三维网格模型，在 Fluent 的 3D 解算器中进行了数值模拟；通过分析管道输送的阻力损失和弯管部分的受力情况，获得料浆输送的最佳浓度和流量。根据矿山充填作业实际情况，模拟中料浆的固体重量浓度分别设为60%、65%、70%和75%，料浆流量为 60~80m³/h。实验室料浆坍落度试验、自然沉降试验以及现场充填料浆工业输送试验证明了数值模拟结果的可靠性。研究结果为和睦山铁矿充填系统运行参数的选取提供了重要的依据。

A   充填管道模型

充填管道模型如图 3-28 所示。

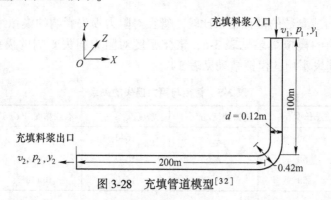

图 3-28   充填管道模型[32]

B   模拟结果分析

（1）管道入口和出口处的压力变化。当料浆浓度为 60% 时，模拟的不同料浆流量在管道入口和出口处的压力变化如表 3-9 所示。

表 3-9   模拟的管道入口和出口处的压力变化

料浆流量 /m³·h^{-1}	入口压力 /kPa	出口压力 /kPa	压力差 /kPa
60	49.8	-95.4	145.1
65	57.5	-110	167.5
70	65.3	-125	190.3
75	74.0	-140	215.0
80	83.0	-158	241.0

（2）沿充填管道静压变化。料浆浓度为 60%、料浆流量为 80m³/h 时沿充填管道静态压力的变化情形如图 3-29 所示。

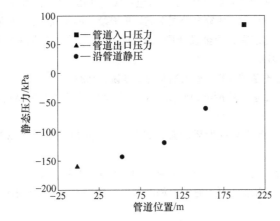

图 3-29　模拟的充填管道静压分布图

本章学习小结：通过本章的学习，使我们了解到充填材料的输送方法有干式输送、风力输送、抛掷输送以及水力输送等；低浓度充填料的管道水力输送是一种两相流的非牛顿流体，其流动阻力计算可用金川经验公式等；膏体管道输送是一种结构流体，流变力学参数主要有屈服应力和塑性黏度，常用塌落度来表征膏体的可流动性；计算流体力学常用软件有 FLUENT 程序等。

复习思考题

3-1　充填材料管道水力输送的阻力特点及其计算模型。

3-2　充填材料管道水力输送的临界速度定义及其计算。

3-3　膏体充填料的流变力学参数及塌落度的测定。

参 考 文 献

[1] 郭忠林，李兴尚. 废石充填采矿法在新桥矿的实践 [J]. 铜业工程，2004（1）：16-19.

[2] 罗芬. 联邦德国金属矿的充填采矿法 [J]. 国外金属矿采矿，1987（8）.

[3] 万兵. 抛掷充填采矿法的特点及其应用 [J]. 长沙矿山研究院季刊，1990（11）.

[4] 曹连喜. 会泽麒麟厂急倾斜矿体粗粒级水砂充填管道水力输送试验 [J]. 有色金属（矿山部分），1990（2）.

[5] 刘可任. 充填理论基础 [M]. 北京：冶金工业出版社，1982.

[6] 金川工程考察组. 全尾砂膏体充填技术及其在德国格隆德矿的应用与发展 [J]. 有色矿山，1990（2）.

[7] 金川有色金属公司，北京有色冶金设计研究总院. 全尾砂膏体充填新工艺及装备研究的总报告（会议鉴定资料），1991.

[8] E. G. Thomas, et al. Fill Technology in Underground Metalliferous Mines [M]. Interna. Acad. Serv.

Ltd. , Ontario, Canada, 1979.

[9] E. J. 瓦普斯. 固体物料的浆体管道输送 [M]. 黄河水科所译. 北京：水利出版社，1980.

[10] 王可钦. 管道两相流 [M]. 北京：清华大学出版社，1986.

[11] 马英芳. 管道复合浆体的水力学计算 [J]. 有色金属（矿山部分），1989（1）.

[12] Landriault，等. 国际镍公司安大略分公司对高浓度充填法的研究 [J]. 有色矿山，1988（7）.

[13] 金川有色金属公司，北京有色冶金设计研究总院. 全尾砂膏体充填物料物理力学性能试验研究（会议鉴定资料），1991.

[14] 马英芳. 现代充填理论基础 [R]. 西安冶金建筑学院，1988.

[15] 金川有色金属公司，北京有色冶金设计研究总院. 全尾砂膏体充填物料浆管道输送的试验研究（会议鉴定资料），1991.

[16] Vickery & Boldt. 全尾砂充填的性质和泵送特性 [J]. 充填采矿技术革新（国家黄金管理局编译），1991.

[17] 周力行. 多相湍流反应流体力学 [M]. 北京：国防工业出版社，2002.

[18] 周力行，黄晓晴. 颗粒湍流输运方程的两相湍流模型和平面闭式两相射流的数值模拟 [J]. 中国科学，1988（A辑）.

[19] 刘鹤年. 流体力学 [M]. 北京：中国建筑工业出版社，2004.

[20] 吴江航，韩庆书. 计算流体力学的理论、方法及应用 [M]. 北京：科学出版社，1988.

[21] J. J. Bertin. Engineering Fluid Mechanics [M]. Prentice-Hall, Incop. Englewood Cliffs, New Jersey, 1980.

[22] 张小军. 格子法理论及其在计算流体力学中的应用研究 [D]. 武汉理工大学学位论文，2003.

[23] 韩占忠，王敬，兰小平. 流体工程仿真计算实例与应用 [M]. 北京：北京理工大学出版社，2004.

[24] 姚征，陈康民. CFD 通用软件综述 [J]. 上海理工大学学报，2002（2）.

[25] 潘小强. CFD 软件在工程流体数值模拟中的应用 [J]. 南京工程学院学报，2004（1）.

[26] Zhang Kai, Stefano Brandani. A CFD Model for Fluid Dynamics in a Gas-fluidised bed [J]. CHEM-RES-CHINESE, 2004（20）：483-488.

[27] 叶旭初，胡道和. CFD 技术与工程应用 [J]. 中国水泥，2003（2）.

[28] 翟建华. 计算流体力学（CFD）的通用软件 [J]. 河北科技大学学报，2005（2）.

[29] Xinfeng Li, Shiheng Peng, Xiangli Han. Influence of operation parameters on flash smelting furnace based on CFD [J]. Journal of University of Science and Technology Beijing, 2004（11）.

[30] 李国政，于润沧. 充填料浆环管试验计算机仿真应用的研究 [J]. 黄金，2008，29（4）：21-24.

[31] 王新民，丁德强，吴亚斌，等. 膏体充填管道输送数值模拟与分析 [J]. 中国矿业，2006，15（7）：57-59.

[32] 吴迪，蔡嗣经，杨威，等. 基于 Fluent 模拟的充填管道固-液两相流输送研究 [J]. 中国有色金属学报，2012，22（7）：2133-2140.

4 充填体支撑采场围岩与矿柱的作用机理

> **本章学习重点**：(1) 充填法采场稳定性的评价方法；(2) 充填体支撑采场围岩和矿柱的力学作用机理及其研究方法；(3) 胶结充填体所需强度的设计方法；(4) 深部矿床充填法开采地质灾害控制。
>
> **本章关键词**：采场稳定性评价，充填体支撑作用机理，胶结充填体强度设计，深部矿床开采

在矿体赋存条件和现有充填法开采技术水平条件下，充填法采场的设计必须考虑安全因素，即在开采过程中必须保证采场的稳定；其次，还要考虑经济因素以及所采用的采掘设备等等。因此，正确认识及评估充填体支撑采场围岩和矿柱的作用机理，是进行采场设计和实施采场支护的基础。

4.1 地下采场稳定性的评价方法

在有关文献中，许多学者和研究人员先后提出了多种采场稳定性的评价方法，其中使用较多的主要有以下几种。

4.1.1 马修斯经验方法

马修斯经验方法（Mathews，1981 年）将岩石质量指标 RQD、采场围岩与主要地质构造的关系、采场方向以及次生应力环境等联系起来，并由这些因素得到一个稳定性数"N"，据此以评估采场的稳定性，见图 4-1[1]。可见，这种方法在使用中的难题是如何正确计算稳定性数"N"。

4.1.2 采场岩体指标方法

采场岩体指示方法（劳伯谢尔，Laubscher，1986 年）利用调整的岩石质量指标（RQD 值乘以调整系数）和水力半径（采场水平开挖面积除以采场周长）之间的关系来估计采场的稳定性或冒落的可能性，如图 4-2 所示[2]。

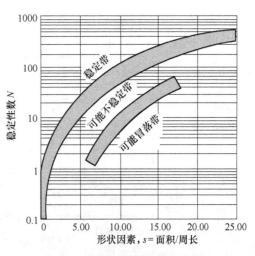

图 4-1 采场稳定性的评价方法
（马修斯，1981）

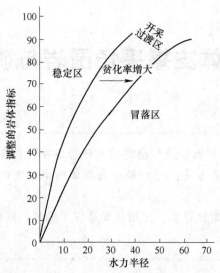

图 4-2 采场的稳定性（劳伯谢尔，1986）

（注：调整的岩体指标＝原地指标×调整系数）

4.1.3 岩体工程分类法

岩体工程分类法根据岩体的完整性、岩石质量、不连续面的特性，以及地下水对岩体的影响，还有这四项因素的综合评价等，来对采场围岩的稳定性进行分类，如表 4-1 所示。

表 4-1 分类影响因素及其参数的评分值

项　目			数　值　范　围				
分类因素	岩体完整性	完整性系数（K_v）	0.9~1.0	0.75~0.9	0.5~0.75	0.2~0.5	<0.20
		岩石质量指标（RQD）	90~100	75~90	50~75	25~50	<25
		计　分	20	15	10	8	4
		节理平均间距/m	>1.50	0.8~1.50	0.30~0.8	0.02~0.3	<0.02
		计　分	30	25	20	15	10
	岩石质量	岩石纵波速度/m·s⁻¹	>5000	1000~5000	3000~4000	2000~3000	<2000
		单轴抗压强度/MPa	>150	100~150	60~100	30~60	<30
		点载荷强度指数/MPa	<7.5	5.0~7.5	3.0~5.0	1.5~3.0	<1.5
		计　分	15	13	11	9	5

续表 4-1

项 目		数 值 范 围				
分类因素	不连续面性质	闭合，很粗糙，表面很坚硬，无充填物，结构无不稳定组合	多闭合，粗糙，节理宽度小于 1mm，表面坚硬，结构面组合基本稳定	部分微张开，宽 1~3mm，较粗糙，结构组合基本稳定，局部有不稳定组合	节理面微张开，宽度大于 3.0mm，较光滑，含泥质充填物，节理连续性好，结构面组合稳定性较差	节理面张开，宽度大于 5.0mm，光滑，含泥质充填物，节理连续性好，结构面组合不稳定
	计 分	25	20	15	10	5
	地下水条件	干燥	略湿	很湿	滴水	流水
	计 分	10	7	4	3	1
类别	岩体分数计分的数值范围（R）	81~100	61~80	41~60	21~40	0~20
	岩体分类	I	II	III	IV	V
	岩质稳定性描述	稳定岩质	较稳定岩质	中等稳定岩质	稳定性较差岩质	不稳定岩质

由表 4-1 可见，这种分类及评分方法类似南非的 CSIR 岩体分类法。上述四个因素的累加值为表征采场围岩条件的总评分 R，依据总评分把围岩分为五级。在一般情况下，顶底板和矿体的岩性各不相同，对采场稳定性的影响也不一样。因此，顶板岩体评分 R_1 占整个采场稳定性的 60%，矿体或矿壁评分 R_2 占 25%，底板岩体评分 R_3 占 15%，亦即将 R_1、R_2 和 R_3 分别乘以权重 0.6、0.25 和 0.15，然后相加，所得数值 R 即是表征采场稳定性的总评分。

铜坑矿 91 号矿体采场围岩的分类参数及其评分值列于表 4-2[3]。由表可见，顶板属于较稳定的岩体，$R_1 = 79$；矿体属于中等稳定的岩体，$R_2 = 67 \sim 54$；底板也属于较稳定的岩体，$R_3 = 65$。分别乘以权重系数，最后可得 $R = 71.90$，即 91 号矿体采场属于 II 级稳定的采场。

表 4-2 铜坑矿 91 号矿体采场围岩的分类

分类因素		顶板	矿 体			底 板
			上 部	中 部	下 部	
岩体完整性	K_v	0.83	0.46	0.18	0.40	0.32
	RQD	59.81	65, 70, 78, 88	33, 77, 78, 86	65, 62, 71, 77	40, 71, 80, 80
	计 分	13	12	7	9	10
	d/m	0.80	0.30	0.20	0.25	0.20
	计 分	25	20	10	10	10

续表 4-2

分类因素		顶板	矿体			底板
			上　部	中　部	下　部	
岩石质量	V_{pr}	4404	4732	5231	5480	5840
	R_c	63.7（⊥）	127.9（⊥）	199.5（⊥）	178.0（⊥）	219.2（⊥）
		99.0（∥）	211.8（∥）	161.7（∥）	131.8（∥）	174.5（∥）
	$I_s(50)/MPa$	3.59	6.566			
计　分		11	13	15	15	15
不连续面性质		节理面粗糙并被充填，岩体完整性较好	为矿脉充填的张扭性裂隙和压扭性的层间脉。裂隙和节理发育，矿液交代灰岩呈致密状，矿化现象普遍，层间结合一般。节理和层理面交切，可形成不稳定块体			薄层，层理较发育，层间结合一般，局部被节理切割，呈不稳定块状
计　分		20	12			20
地下水条件		岩体处于干燥状态				
计　分		10				
总　分		79	67	54	56	65

4.1.4　模糊数学综合评判法

在模糊数学综合评判法中，一般根据研究对象的不同，所选译的参与评判的因素也不相同。例如，焦家金矿是使用充填法开采的大型矿山，矿区内各级结构面十分发育，采场的稳定性基本上受采场顶板结构面发育程度的控制，因此，在进行采场顶板的稳定性综合评判时，选择下述四个指标作为判据[4]：

（1）岩体点载荷强度 I_s。

（2）控制性结构面组数 N。

（3）控制性结构面质量指数 I_j：

$$I_j = \Sigma a_j \cdot N_j \tag{4-1}$$

式中　a——各级结构面的权重。对于 Ⅰ、Ⅱ、Ⅲ级结构面，a 值分别为 1、0.5 和 0.25；

　　　　N——各级结构面的总数目；

　　　　j——结构面的级次。

（4）综合内摩擦角 φ_c：

$$\varphi_c = \Sigma \varphi_j / N \tag{4-2}$$

式中　φ_j——单条结构面的内摩擦角。

对焦家金矿 18 个采场逐个收集、试验和统计数据，然后用模糊数学评判方法划分其稳定程度，结果见表 4-3。

此外，还有其他一些评估采场稳定性的方法，如估计岩体强度，并将其与应力环境进行比较，以确定适当的采场支护方式，如图 4-3 所示。

表 4-3 焦家金矿部分采场稳定性分级

采场编号	分 级 判 据				二级划分结果	四级划分结果
	I_s/MPa	N	I_j	φ_c/(°)		
7310	5.12	4	4	11.8	C_2	C_3
7311	4.20	4	6	10.0	C_2	C_3
128	1.05	4	4.25	10.8	C_2	C_4
322-6-2	4.17	3	3.50	14.4	C_1	C_2
610	1.48	4	3.75	9.7	C_2	C_4
322-5	3.36	3	1.75	13.0	C_1	C_1
72-17	3.89	4	2.75	12.5	C_2	C_3
72-14	4.01	3	2.50	11.8	C_1	C_2
738	4.82	3	2.75	16.5	C_2	C_2
734-4	5.10	4	4.50	12.7	C_2	C_3
325-1	0.98	3	1.75	15.9	C_1	C_1
713	2.05	4	4.50	11.9	C_2	C_4
323-2	4.89	4	1.50	18.0	C_1	C_1
120	0.74	3	3.75	11.2	C_2	C_4
322-6-1	3.82	2	0.5	13.0	C_1	C_1
233-9	6.17	3	3.25	11.6	C_1	C_2
104	0.36	4	2.50	9.6	C_2	C_4
72-7	6.23	2	2.25	12.4	C_1	C_1

注：1. 二级划分结果中：C_1—稳定状态；C_2—不稳定状态。

2. 四级划分结果中：C_1—稳定；C_2—中等稳定；C_3—不稳定；C_4—极不稳定。

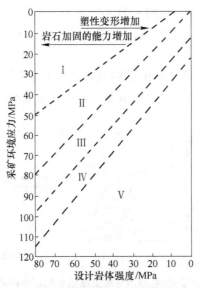

图 4-3 采场的稳定性及支护要求

Ⅰ—稳定；Ⅱ—支护关键块；Ⅲ—有效支架；Ⅳ—控制破坏；Ⅴ—破坏/冒落

4.2　充填体支撑采场围岩和矿柱的力学作用机理

4.2.1　充填法采场围岩的力学响应特性

目前世界范围内被广为接受的地下采矿方法分类，是按采场围岩的支护方法将其分为三类：天然支护、人工支护和不支护（崩落）。各类采矿方法的采场围岩力学响应特性是不同的。所谓"采场围岩力学响应特性"，是指在具体的开采和支护条件下，采场围岩对作用其上的原生和次生荷载所具有的一定的力学反应。

采场围岩的力学响应特性可用两个参数来表示：围岩中存储的应变能和围岩的位移量。各类采矿方法围岩的力学响应特性通常可以定性地用图 4-4 表示。从图中可见，充填法采场围岩的位移量不大，但围岩中存储的应变能却相当多。

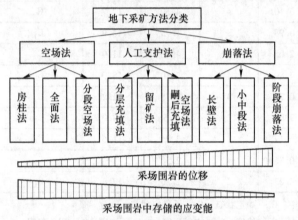

图 4-4　地下采矿方法分类及其围岩力学响应特性

在讨论充填法采场（主要是分层充填法采场）的围岩力学响应特性时，必然涉及充填体对围岩的支撑作用。这个问题在随后的各节中将作较详细的讨论，这里先简单介绍几种影响较大的理论观点。

Brady 和 Brown 认为，充填体对围岩的支撑作用可能同时有几种，如图 4-5 所示[5]。事实上，图 4-5 中（a）和（b）所示的情况与各个矿山的具体开采条件有关，难以做统

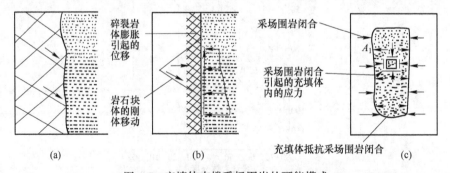

图 4-5　充填体支撑采场围岩的可能模式

（a）对卸载岩块的滑移趋势提供侧向压力；（b）支撑破碎岩体和原生碎裂岩体；
（c）抵抗采场围岩的闭合

一的理论分析。因此，可以认为在考虑采场围岩的力学响应特性时，主要是参照图 4-5（c）所示的模式。

Blight 和 Clarke 对刚性充填料和软充填料的支撑围岩的特性作了一些理论上的研究，其结果示于图 4-6 和图 4-7 中[6]。可见，刚性充填料在体积被压缩较小的情况下，就可承受较大的压力，即抵抗采场围岩变形的能力较大；而软充填料需在体积被压缩 10%以上之后才有一定的承压能力。

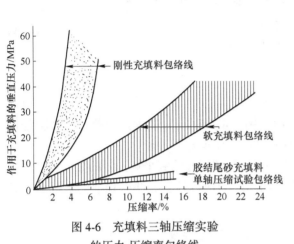

图 4-6　充填料三轴压缩实验
的压力-压缩率包络线

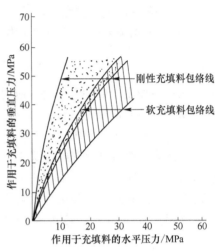

图 4-7　充填料三轴压缩实验的垂直
压力-水平压力包络线

Blight 进一步用石英岩芯模拟充填料包围中的矿柱，通过试验得出这种"矿柱"的应力-应变曲线，试验结果见图 4-8。从图中可知，刚性充填料既可限制岩芯横向变形，又可提供较大侧向压力，在岩芯压缩变形达到 1.75%（1.4mm）时，仍未使岩芯破坏；而软充填料包围中的岩芯其强度与没有任何充填料包围的岩芯强度相差无几，但可限制岩芯的侧向变形，并使岩芯的残余强度增大，达到其破坏强度的 85%以上。

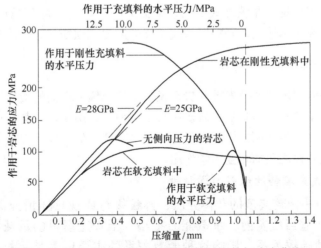

图 4-8　岩芯在有无充填料包围条件下的应力-应变曲线

作者认为,处在充填料包围中的矿柱或岩体,由于从单向或双向受压状态变为三向受压状态,强度将有所提高,可按下式计算[7]:

$$\sigma = \sigma' + k\sigma_a \tag{4-3}$$

式中 σ——矿柱的三轴抗压强度;

       σ'——矿柱的单轴抗压强度;

       k——系数, $k = (1 + \sin\varphi)/(1 - \sin\varphi)$;

       φ——矿柱的内摩擦角;

       σ_a——充填体对矿柱的侧向压力。Blight 认为, σ_a 可按下式计算:

$$\sigma_a = \sigma_v \frac{(1 - \lambda)(1 + \lambda)}{2(1 + 2\lambda)} \tag{4-4}$$

式中 σ_v——作用于矿柱上的垂直应力;

       λ——原岩侧压力系数, $\lambda = \sigma_h/\sigma_v$;

       σ_h——原岩水平应力。

可以认为,在科学研究的意义上,图 4-6~图 4-8 具有较大的理论价值,在某种程度上使人们对充填体支撑采场围岩的力学作用机理的认识前进了一步。

此外,许多观测资料和统计资料还表明,充填体主要起限制采场围岩的变形和位移的作用。例如,Salamon 统计的欧洲一些矿山采用不同的顶板管理方法时顶板的下沉系数见表 4-4。

表 4-4 不同充填方式采场顶板下沉系数

顶板管理方式	下 沉 系 数		
	德 国	波 兰	匈牙利
水力充填	—	0.12 ~ 0.20	0.25 ~ 0.50
风力充填	0.45 ~ 0.55	0.25	—
人工石垛充填	0.50 ~ 0.60	0.45	—
条带式石垛充填	0.58 ~ 0.85	0.55	

从表中所列数据可见,充填方式不同,顶板下沉系数(亦即充填体下沉系数)相差较大。因此,为提高充填体支护采场围岩或矿柱的能力,须增加充填体的刚性。

4.2.2 干式充填料的支护力学特性

从充填采矿法的技术现状及发展趋势来说,干式充填采矿法的使用比重有所下降,但不会很快消失,对于急倾斜脉状贵金属矿床及小型地方矿山来说尤其是这样。研究干式充填的支护作用机理,应当从两方面加以考虑:干式充填料的支撑特性或承载特性,干式充填料与采场围岩或矿柱之间的相互力学作用。

4.2.2.1 干式充填料的承载力学特性

干式充填料是一种较典型的散体介质,其粒级组成视具体情况而定,很不均匀。这种干式充填料在适当压实前,承载能力很小。干式充填料的承载特性与其体积压缩率之间存在一种函数关系,影响这种函数关系的主要因素是颗粒的强度和颗粒的级配。一般来说,颗粒的强度越大,则单位压缩率的承载能力越大;而颗粒的级配特性则直接反映了干式充填料被压实前的初始密实程度。一定的干式充填料一般存在某种最佳颗粒级配，在这个颗粒级配时，充填料的孔隙率最小，即充填料的堆密度最大，因而承载能力最强。

为寻求某种松散材料的最佳颗粒级配，可采用级配指数法：

$$A_i = (d_i/D)^n \times 100\% \tag{4-5}$$

式中　A_i——某一粒级的筛余百分率，%；

　　　D——材料中最大颗粒的粒径，mm；

　　　d_i——某一粒级的粒径，mm；

　　　n——级配指数。

例如，某种块石充填料的最大粒径为 50mm，取级配指数 n 分别为 0.6、0.8、1.0，将充填料粒级分为 0~5mm、5~15mm、15~25mm、25~38mm 及 38~50mm 5 级，则按式 (4-5) 可得到其级配组成，如表 4-5 所示[9]。

表 4-5　级配组成

级配指数 n	级配组成/%				
	0~5mm	5~15mm	15~25mm	25~38mm	38~50mm
0.6	25.1	23.5	17.4	18.8	15.2
0.8	15.8	22.4	19.2	22.8	19.8
1.0	10.0	20.0	20.6	25.4	24.0

将上述三种级配指数的充填材料在压力机上作压缩试验。盛料铁盒需要有很大的刚性以确保在试验中无侧向变形，铁盒直径不小于最大颗粒直径的 3~5 倍。干式充填料压缩试验示意图见图 4-9，试验得到的干式充填料压力-压缩率关系曲线如图 4-10 所示。

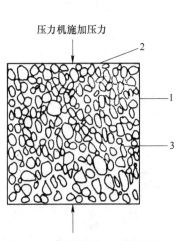

图 4-9　干式充填料压缩试验示意图

1—盛料铁盒，壁厚 20mm；2—压板；3—块石干式充填料

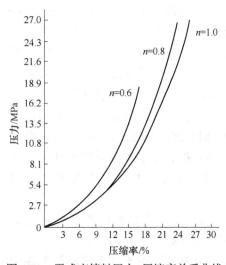

图 4-10　干式充填料压力-压缩率关系曲线

图 4-10 所示的压力-压缩率关系曲线可用指数曲线方程表示：

$$\varepsilon = \varepsilon_0 \left[1 - \exp \left(-\sigma/\rho_0 \right)^m \right] \tag{4-6}$$

式中　ε——充填料的压缩率,%;

　　　σ——作用在充填料上的压应力,MPa;

　　　ε_0——充填料的最大可能压缩率,%;

　　　ρ_0——充填料的特性常数;

　　　m——充填料的特性指数。

将式 (4-6) 变换成对数方程形式,则为一线性方程,其中 ε 和 σ 通过试验给出,ε_0、ρ_0 和 m 可用线性回归方法求得。例如,相对于图 4-10 的实验曲线,其回归方程分别为:

当级配指数 $n = 0.6$ 时,

$$\varepsilon = 0.210[1 - \exp(-\sigma/10.017)^{0.8574}];\ 相关系数\ R = 0.9963$$

当级配指数 $n = 0.8$ 时,

$$\varepsilon = 0.253[1 - \exp(-\sigma/9.360)^{0.8722}];\ 相关系数\ R = 0.9930$$

当级配指数 $n = 1.0$ 时,

$$\varepsilon = 0.280[1 - \exp(-\sigma/10.650)^{0.8951}];\ 相关系数\ R = 0.9986$$

因此,用式 (4-6) 来描述不同级配的干式充填料的压缩率与承载特性的关系是适当的。

分析图 4-10 中的实验曲线,可以得到以下几点结论:

(1) 不同级配指数的充填料其 ε-σ 曲线不同。级配指数越大,充填料越易压缩;但当压力及压缩率都较小时,级配指数的影响不甚明显。

(2) 当压力较小时 (在本例中当 $\sigma < 2.0$MPa 时),ε 和 σ 基本上呈线性关系。因此,在这种条件下,可将充填料当做弹性介质处理。

(3) 随着充填料不断地被压实,某些颗粒的棱角将逐渐压碎,此时压力和压缩率呈明显的非线性关系,增加较大的压力才能将充填料的压缩率增加一点点,直到充填料进入不能再进一步被压缩的 "刚性" 状态。当 ε-σ 关系曲线进入非线性阶段,充填料对采场围岩或矿柱的支护力学作用才会明显地显现出来。

现场实测结果也证实了上述结论。Kratysch 曾报道一个水平煤层用干式充填法开采,当采区顶板岩体产生的位移使充填料的体积被压缩一定值后,充填体抵抗顶板岩体继续变形的承载作用才逐渐呈现出来,其实测曲线如图 4-11所示[10]。

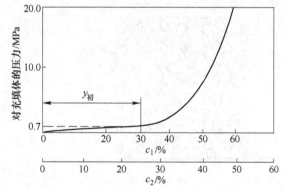

图 4-11　干式充填料抵抗围岩压力的特性曲线

$y_{初}$—最初压实量; c_1—采场上下盘相对位移与充填体高度之比;

c_2—采场上下盘相对位移与开采厚度之比

4.2.2.2　干式充填料与采场围岩或矿柱之间的相互力学作用

具体分析一下干式充填料与采场围岩壁 (或矿柱) 间的关系:若是水平矿体,则采场底板承受充填料的体重,同时,若充填料被压缩则还承受充填料在压缩过程中传递的压力;采场顶板只有在变形之后与充填体相接触时,才有相互力学作用，且其相互作用的特点见图 4-11；需要研究的是充填料与采场四周围岩壁的相互作用。若是倾斜矿体，则采场底板与下盘都承受充填体重力的某一分量，采场顶板和上盘与充填体的相互作用见图 4-12；需要研究的只是充填料与两侧壁围岩的相互作用。

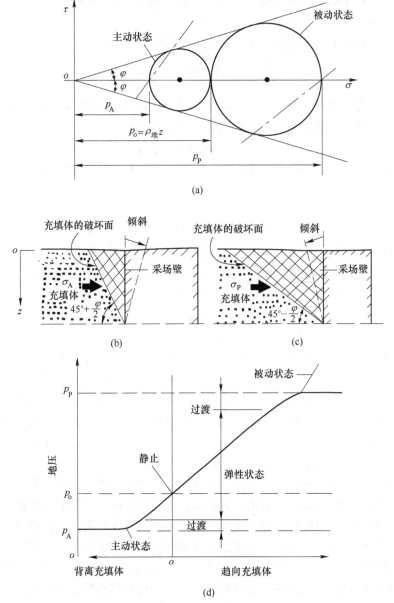

图 4-12　干式充填料与采场围岩的相互作用

(图中下标 A 表示主动，下标 P 表示被动)

(a) 充填体与采场围岩相互作用应力圆；(b) 主动状态；(c) 被动状态；(d) 充填体与采场围岩可能的相互作用

　　如果将采场围岩或矿柱分为可变形的和不可变形的（"刚性"的）两类加以考虑，则对于前一类围岩或矿柱，由于干式充填料是无内聚力的散体材料，其与采场四周围岩壁间的相互作用可能是主动压力，也可能是被动压力。如是主动压力，则按熟知的主动压力计算公式，有：

$$p_A = \gamma z \tan^2(45° - \varphi/2) \tag{4-7}$$

式中 p_A——充填体对围岩或矿柱的主动压力；

γ——充填材料的堆密度；

z——从充填体表面至计算点的距离，如图 4-12 (b) 所示；

φ——充填材料的内摩擦角。

在高度为 H 的矿柱或围岩壁上所承受的总的主动压力为：

$$P_A = \int_0^H p_A dz = \frac{1}{2}\gamma H^2 \tan^2(45° - \varphi/2) \tag{4-8}$$

若是被动压力，则充填体对围岩或矿柱的支撑作用适合于用图 4-10 或图 4-11 去加以描述。此时，在理论上围岩或矿柱对充填体所施加的被动压力 p_p 为：

$$p_p = \gamma z \tan^2(45° + \varphi/2) \tag{4-9}$$

式中，各符号的意义同式 (4-7)。在高度为 H 的采场内，充填体所承受的总的被动压力为：

$$P_p = \int_0^H p_p dz = \frac{1}{2}\gamma H^2 \tan^2(45° + \varphi/2) \tag{4-10}$$

如果围岩或矿柱是"刚性"的，即变形或位移的可能性很小，则干式充填料与围岩或矿柱的相互作用就不存在主动压力或被动压力，只存在一种静止侧向压力。在深度为 z 的某点上，充填料对围岩或矿柱的静止侧向压力 p_0 为：

$$p_0 = k\gamma z \tag{4-11}$$

式中，k 为侧压系数；其余符号的意义同前。

干式充填料支护采场围岩或矿柱的效果与采矿方法和充填方式密切相关。例如，空场法嗣后充填与分层充填法中充填料对围岩的支护效果有很大差异。严格地讲，在空场采矿法嗣后充填中，充填措施只是处理空区或是为了其他目的，而不是回采工艺中所必需的作业。但是，即使是嗣后充填也存在某种支护力学机理问题，故在此一并加以讨论：

(1) 空场法（留矿法）嗣后干式充填。使用这类方法的矿山为数不少，如华南许多钨矿以及数量众多的中小型黄金矿山等。这些矿山一般均有较长的开采历史，由于遗留的大量采空区未及时处理，曾先后发生过大规模岩移和地压活动。因此，根据矿山地压活动规律及其控制方法研究的结果，采用干式充填法处理采空区，其目的是维护 1 个以上完好的已采中段，减少新开中段和新开采场的应力集中，以保证开采的顺利进行。

空场法或留矿法嗣后充填以控制矿山地压和维护采场的稳定，首先在于充填体能够减少岩体位移和变形的空间，即可以减缓岩体位移的速度和规模。图 4-13 是画眉坳钨矿一个干式充填法采场附近的巷道下沉实测曲线[11]，可见位于充填部位的巷道下沉量仅为未充填部位巷道下沉量的 1/3~1/2，即充填体抵抗岩体移动的效果显著。另外，从图中可见在充填部位存在一条斜穿采场的断层。一般地说，在构造软弱带附近的采空区进行充填，其效果是明显的。

图 4-14 是盘古山钨矿第八中段采场夹墙位移的时间曲线[12]。由图可见，在充填作业时，夹墙的位移趋于平稳或变小。该中段距离地表垂深为 400~500m。

许多热液充填型脉状矿床在走向和倾向上都延伸较远或较深。国内外的生产实践证明，在倾向上遗留下 200m 以上的采空区或在走向上遗留下 300m 以上的采空区，若不处理，则可能出现严重的地压活动，如图 4-15 所示[13]。因此，干式充填处理脉状矿床的采空区以控制地压活动，是有效的。

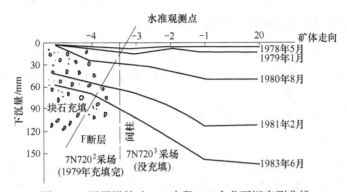

图 4-13　画眉坳钨矿 518 中段 110 大巷下沉实测曲线

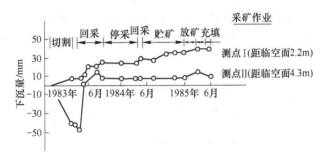

图 4-14　盘古山钨矿第八中段采场夹墙位移的时间曲线

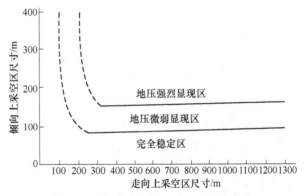

图 4-15　脉状矿体围岩暴露面的稳定性

根据目前对干式充填作用机理的认识，可以认为：干式充填并不能显著地改变围岩中应力分布的形式，也不能刚性地阻止围岩位移或变形的发生。但是，干式充填料的存在可以改善采空区围岩和矿柱的受力状况，增加地质软弱结构面附近岩体的稳定性。并且，在体积被压缩一定值后，充填料可以承受较大的岩层压力，从而限制大面积岩移的发生。

（2）分层干式充填法，包括废石充填和削壁充填。这类采矿方法目前用在我国大多数不适合用留矿法开采的脉状黄金矿山以及铀矿山。分层干式充填的典型回采方案和工艺与分层水砂充填采矿法相似，采场充填料不需排水，但需进行采场平场作业。为减少损失贫化，还需在充填料上覆盖一层水泥层或其他垫层。这种采矿方法采场充填体的支护力学作用与水砂分层充填采矿法中充填体的作用类似，故不单独讨论，可参阅下面的有关内容。

4.2.3　水力输送充填料的支护作用机理

水力输送的各种充填料包括非胶结充填料和胶结充填料，俗称为水砂充填料。据加拿大矿山的调查资料[14]，约76%的矿山水砂充填料来自选厂尾砂。因此，水砂充填料主要是指水力输送的尾砂充填料。

4.2.3.1　水砂充填料的承载力学特性

A　非胶结充填料

非胶结水砂充填料主要是指脱泥尾砂和天然砂。全尾砂充填料一般还只限于胶结充填。非胶结充填料的承载力学特性与其体积压缩率密切相关。一般地说，脱泥尾砂和天然砂的压缩率远比干式充填料的压缩率低。例如，对粒径如表4-6所列的石英砂进行压缩试验，其压缩率如表4-7所示[15]。锡矿山对该矿的尾砂进行了压缩试验，所得实验曲线如图4-16所示。由于各矿山的尾砂岩性和粒级组成等有较大差异，故尾砂压缩率曲线也不相同。

表4-6　石英砂的粒级组成

粒径/mm	5~2	2~1	1~0.5	0.5~0.25	0.25~0.1	0.1~0.05	0.05~0.025	0.025以下
产率/%	5	17	28	22	13	7	2	6

表4-7　石英砂的压缩率实验数据

压力/MPa（kg/cm²）	松散干砂的压缩率/%	压力/MPa（kg/cm²）	松散干砂的压缩率/%
1.02（10）	2.5	10.20（100）	8.5
2.04（20）	4.2	20.41（200）	10.5
5.10（50）	6.8		

B　胶结充填料

胶结充填料的抗压强度特性主要与水泥含量、养护时间、充填料级配、充填料输送浓度等因素有关。对于一般的脱泥尾砂充填料，当其试件灌制固体质量浓度为70%左右时，实验室试验得出的准三轴压缩应力-应变曲线如图4-17所示。

为了研究胶结充填材料在屈服之后的残余强度，编者在刚性压力机上对水泥含量为4%~12%的胶结脱泥铜尾砂充填料作了一组单轴应力-应变全过程试验。使用的尾砂平

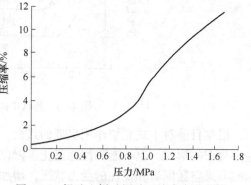

图4-16　锡矿山锑矿尾砂压缩率实验曲线

均粒径为87.96μm，相对密度为3.074，试件直径54mm，高108mm，试件灌制浓度70.0%，养护时间56d。所得到的试验曲线如图4-18所示，可见，胶结充填材料的残余强度相当高，充填体在屈服后仍可承受较大荷载。

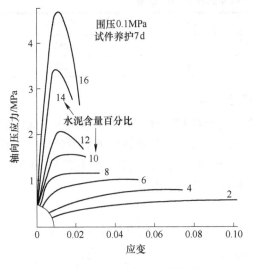

图 4-17 胶结充填料三轴压缩
应力-应变实验曲线[14]

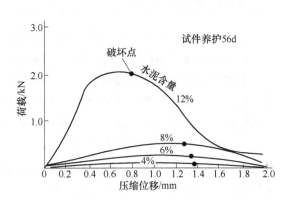

图 4-18 胶结充填料应力-应变
全过程单轴压缩实验曲线

C 胶结碎石充填料

胶结碎石充填料按充填工艺的不同可分为两类：

一类是将破碎成一定粒度的碎石在地面充填站与水泥、砂子等材料搅拌制备，然后用混凝土泵输送到井下。这类胶结充填料一般也称为胶结粗骨充填料。这种充填料近似于混凝土，设计强度较高，使用在特殊需要的充填法采场中。锡矿山矿为回收河床下的保安矿柱，曾使用了胶结粗骨料充填料，设计强度为 7.0MPa。由于这种充填料的成本较高，人们逐渐发展了胶结块石充填，故目前这种充填料已较少使用。胶结粗骨料充填料的承载力学性质，与建筑用混凝土类似。

另一类是将干碎石先充填入采空区，然后将胶结尾砂注入干碎石中，通常也称为胶结块石充填。这种充填材料的显著力学特性是分层性。由于各层充填体的物理力学性质相差悬殊，因此，胶结块石充填材料的力学特性很难在实验室用试件试验来确定，而需要采用大规模的现场原位实验方法测定。Gonano[16]在芒特·艾萨矿业公司进行的现场试验所得到的如图 4-19 所示的组合充填体的力学性质见表 4-8。

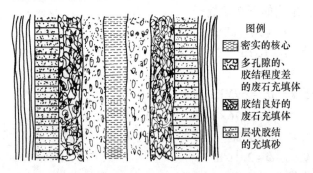

图 4-19 废石-胶结尾砂组合充填体结构简图[16]

表 4-8　废石-胶结尾砂组合充填体的原位力学性质

充填体类型	C/MPa	ϕ/(°)	E/MPa
水泥含量8%的尾砂充填料（CSF）	0.22	35	285
8%的CSF与块石的组合充填料	0.60	35.4	280

4.2.3.2　充填体与采场围岩相互作用的理论分析

由于矿体赋存条件的不同，以及采场围岩性质、充填材料种类和开采方法等方面的差异，要在理论上对水砂充填体与围岩的相互作用做一个统一的包罗万象的解析分析是极端困难的事情。在这方面，数值分析方法有其优越之处。然而，为了探索和研究采场围岩与充填体的相互作用，仍发展了一些理论模型并得到了相应的解答。

A　圆形开挖-支护力学模型

Hoek 和 Brown 提出了圆形开挖-支护结构体系力学模型[17]，他们在分析围岩与支护间的相互力学作用时，把采场充填作为支护的一种手段进行了分析。为了适合最一般的情况，假定（参见图4-20）：

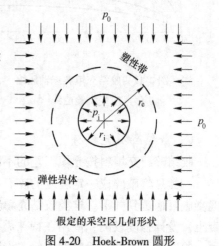

假定的采空区几何形状

图 4-20　Hoek-Brown 圆形开挖-支护力学模型

（1）开挖区域为圆形，当量半径 r_i，该问题可以作为平面应变模型来处理。

（2）原岩侧压力系数等于1，取垂直应力和水平应力的大小均等于 p_0。

（3）充填料对围岩提供一种径向的均匀压应力 p_i。

（4）整体原岩是一种线弹性体，其强度特性遵从 Hoek-Brown 准则，即：

$$\sigma_1 = \sigma_3 + \sqrt{m\sigma_c\sigma_3 + S\sigma_c^2} \tag{4-12}$$

式中　σ_1，σ_3——施加在岩体上的最大与最小主应力；

　　　　σ_c——实验室岩石试体单轴抗压强度；

　　　　m，S——常数，取决于原岩特性及地质构造破坏程度。

（5）采空区周围的塑性区域半径为 r_e，它取决于原岩应力 p_0，充填料压应力 p_i，以及原岩的强度特性。

基于上述假定，采用如下初始数据：

原岩应力　　　　$p_0 = 20.7\text{MPa}$

采场当量半径　　$r_i = 6.1\text{m}$

原岩特性：

　　单轴抗压强度　$\sigma_c = 69\text{MPa}$

　　弹性模量　　　$E = 2.76 \times 10^4 \text{MPa}$

　　泊松比　　　　$\nu = 0.20$

　　容积密度　　　$\omega = 2.1\text{t/m}^3$

　　完整岩体常数：$m = 1.5$；$S = 0.004$

　　破碎岩体常数：

中等破碎　　$m=0.3$；$S=0.0$

很破碎　　　$m=0.08$；$S=0.0$

极为破碎　　$m=0.015$；$S=0.0$

充填材料特性：

单轴抗压强度为一输入变量，对于胶结充填料其数值上等于 p_i

泊松比　　$\nu=0.25$

弹性模量：

全尾砂充填料　　$E_c=6.9\text{MPa}$

部分脱泥尾砂　　$E_c=34.5\text{MPa}$

脱泥尾砂　　　　$E_c=69.0\text{MPa}$

胶结脱泥尾砂　　$E_c=138.0\text{MPa}$

胶结块石　　　　$E_c=345.0\text{MPa}$

根据下述理论计算公式：

$$M = \frac{1}{2}\left[\left(\frac{m}{4}\right)^2 + mp_0/\sigma_c + S\right]^{\frac{1}{2}} - \frac{m}{8} \tag{a}$$

当 $p_i > (p_0 - M\sigma_c)$ 时，采场围岩的变形为弹性变形，有：

$$u_i/r_i = \frac{1+\nu}{E}(p_0 - p_i) \tag{4-13}$$

式中　u_i——采场围岩的弹性变形值。

当 $p_i < (p_0 - M\sigma_c)$ 时，采场围岩中将产生塑性带，其塑性变形区半径 r_e 为：

$$r_e/r_i = \exp\left[N - 2\left(\frac{p_i}{m_r\sigma_c} + \frac{S_t}{m_r^2}\right)^{\frac{1}{2}}\right] \tag{b}$$

式中：

$$N = 2\left(\frac{p_0 - M\sigma_c}{m_r\sigma_0} - \frac{S_r}{m_r^2}\right)^{\frac{1}{2}} \tag{c}$$

围岩的塑性变形值为：

$$u_e/r_e = \frac{1+\nu}{E}M\sigma_c \tag{d}$$

围岩的总变形值 u_i 应等于塑性变形值 u_e 再加上塑性区外的岩体弹性变形值：

$$u_i/r_i = 1 - \left(\frac{1-e_a}{1+A}\right)^{\frac{1}{3}} \tag{4-14}$$

式中：

$$e_a = \frac{2(u_e/r_e)(r_e/r_i)^2}{[(r_e/r_i)^2 - 1](1 + 1/R)} \tag{e}$$

当 $r_e/r_i < \sqrt{3}$ 时，　　　　　$R = 2D^{\ln(r_e/r_i)}$

当 $r_e/r_i > \sqrt{3}$ 时，　　　　　$R = 1.1D \tag{f}$

$$D = \cfrac{-m}{m + 4\left[\dfrac{m}{\sigma_c}(p_0 - M\sigma_c) + S\right]^{1/2}} \tag{g}$$

$$A = (2u_c/r_e - e_a)(r_e/r_i)^2 \tag{h}$$

据式（4-14），可以绘制出一组曲线如图 4-21 所示。

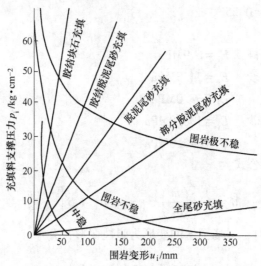

图 4-21   Hoek-Brown 模型分析的充填材料支撑力学特性

B   急倾斜狭窄采场力学模型

Brady 和 Brown 认为[5]，分层充填法主要用于开采比较狭窄的急倾斜矿体，无论上向开采还是下向开采，都涉及槽形空间的逐步开挖。如果假定在采场表面上任何可能的实际支护压力对岩体的弹性应力分布的影响可以忽略不计，则在这种探索性的采场围岩壁的应力分析中，可以忽略充填体在采空区的存在。

因此，利用平面应变分析，设采场倾角为 90°，可以容易地确定采场周围的应力分布。若采场几何形状如图 4-22（c）所示，采场的顶拱在横剖面上取为半圆形。采场围岩的应力状态直接与采场的相对尺寸（宽/高比）有关。表征采场边界应力状态特征的点是侧壁中央的 A 点和顶拱中央的 B 点，因为它们代表着边界应力的极值。

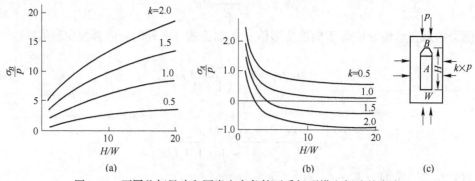

图 4-22   不同几何尺寸和原岩应力条件下采场顶拱和帮壁的应力

边界应力集中系数可由下列方程给出：

$$\frac{\sigma_A}{p} = 1 - k + 2q \tag{4-15}$$

$$\frac{\sigma_B}{p} = k - 1 + 2^k \left(\frac{1}{q}\right)^{\frac{1}{3}} \tag{4-16}$$

式中　σ_A，σ_B——A、B 点的边界应力；

　　　p——原岩应力铅垂分量；

　　　k——原岩应力水平分量与铅垂分量之比；

　　　$q = W/H$，即采场宽高比。

式（4-15）是用内接椭圆的形状来计算采场帮壁的应力；而式（4-16）则认为顶拱为半圆形。这是采场顶板应力估计值的下限。在不同的采场宽/高比的情况下，式（4-15）及式（4-16）给出的应力集中系数如图 4-22（a）、（b）所示。

4.2.4　回采工艺对水砂充填支护作用的影响

分析水砂充填支护作用机理的上述几个理论模型有一个共同的特点，即将充填体视做采场工程结构的组成部分并承受围岩压力。事实上，充填体的形成方式即回采工艺对其支护作用有很大影响，关于这一点，理论解析模型无法加以考虑，只能借助于数值分析方法。

例如，可考虑两种情况：充填体一次形成（即空场法嗣后充填）；充填体分四次形成，即高分层充填采矿法（见图 4-23）。然后用有限元法分别模拟计算这两种条件下采场上盘不稳定岩体的位移和应力，所得结果见图 4-24 和图 4-25。

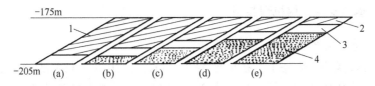

图 4-23　模拟分层充填法采场作业循环的弹塑性有限元数值分析
（a）~（e）表示开采与充填作业循环步骤
1—矿体；2—顶柱；3—采矿作业空间；4—充填体

由图 4-24 可见，在分层充填采矿法中，充填体侧限围岩位移的效果显著，围岩最大水平位移只有空场法事后充填的 1/3 左右，而最大垂直位移也只为 1/2 左右。而从图 4-25可见，采场围岩中应力分布与充填方式的关系不甚明显。

由此可以认为，上述的理论模型在用于分析分层充填法采场中充填体的支护机理时，过低地估计了充填体限制围岩位移的力学作用。原则上说，一般的理论解析模型适合于一次性形成的充填体的情形。

在分两步骤回采的矿房、矿柱结构中，若充填矿房的主要目的是为了方便回收矿柱，则一般使用胶结尾砂充填或胶结块石充填。此时，充填体支护采场围岩的作用居次要地位，而充填体的自立性及抗震性（抵抗回收矿柱时爆破的震动）是首要考虑的因素。

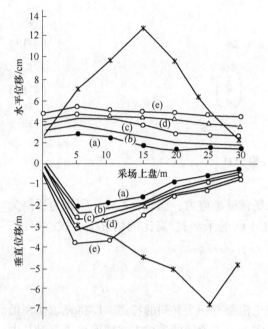

图 4-24　模拟不同开采与充填方式
采场上盘岩体的位移
（a）～（e）表示模拟分层充填作业循环；
—×—模拟空场法嗣后充填

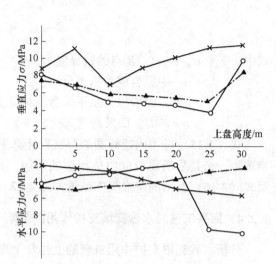

图 4-25　模拟不同开采与充填方式
采场上盘岩体中的应力分布
--·-▲—弹性分析；—×—弹塑性分析
—○—模拟空场法嗣后充填；
—×—模拟分层充填法第（e）步开采作业

4.2.5　矿山充填体支撑作用机理实例

4.2.5.1　锡矿山矿的缓倾斜矿体开采

该矿的矿体倾角为 15°～30°，矿体厚度 2～30m，使用分层充填法分矿房、矿柱两步骤回采。采场垂直矿体走向布置，矿房宽 8m，胶结粗骨料或胶结块石充填，矿柱宽 10m，非胶结尾砂充填。在同一中段的某一区段上几个矿房同时作业时，矿体顶板上的压力变化情况如图 4-26（a）所示。当这些采场都开采并充填结束后，顶板上的压力情况如图 4-26（b）所示。进行矿柱回采时，顶板岩体中的压力有较大的转移，从而形成大跨度的免压拱（见图 4-26（c））。矿柱开采及充填结束后，顶板岩体将产生一定位移而下沉，此时胶结充填体承受岩体施加的荷载，见图 4-26（d）。

现场观测及理论分析都证实，胶结充填体在承受岩体压力后与原生矿柱在承压后的情形类似，沿压力方向可以划分出几个特征带：外层裂隙带、塑性变形带、屈服带及中央弹性区，如图 4-27 所示。

4.2.5.2　加拿大 Con 金矿的急倾斜中厚矿体开采

该矿的矿体产状及分层充填采矿法如图 4-28 所示，开采深度已达地表以下 1000m，按其开采条件，充填体与围岩的相互作用可大致划分为三个阶段：当充填料刚充入采场时，充填体对围岩施加主动荷载；随着采场工作面逐渐上升，围岩逐渐变形，地压增大，

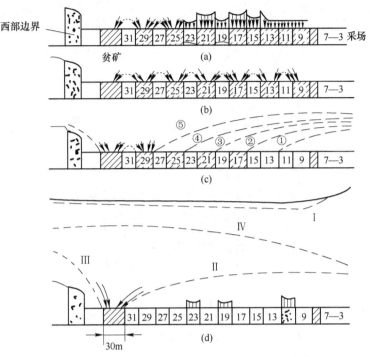

图 4-26 矿体开采过程中顶盘岩体的应力变化[18]

（a）矿房回采；（b）矿房胶结充填；（c）回收矿柱；（d）矿柱采空区非胶结充填

I—地表沉降曲线；Ⅱ—岩层移动范围；Ⅲ—西部岩层移动范围；Ⅳ—叠加后的岩层移动带

在某一瞬间，围岩与充填体处于相对无相互作用的"静止"状态；围岩中的地压继续增大，并压缩充填体，充填体承受被动荷载。这个过程可以定性地表示为图 4-12（d）。

据此认为，充填体与采场围岩相互作用的结果，在采场周围产生了特殊的应力分布。此时围岩中各点的应力大小与围岩闭合量 h 有关：

$$\sigma = \frac{E}{2(1-\nu^2)h} \qquad (4-17)$$

式中 E，ν——岩体的弹性模量和泊松比。

因为围岩闭合量 h 的变化是由充填体与采场围岩间的相互作用决定的，由式（4-17）可绘出采场下盘围岩中最大主应力的分布如图 4-29 所示。

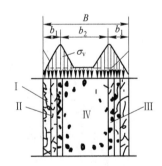

图 4-27 胶结充填体承压后的特性及应力分布[18]

I—裂隙带；Ⅱ—塑性带；Ⅲ—屈服带；Ⅳ—弹性区

4.2.5.3 瑞典 Nasliden 矿的机械化分层充填法采场

该矿位于瑞典北部，矿体倾向西、倾角 70°，走向长 110~220m，最大厚度 25m，平均厚度 18m，使用现代充填采矿法开采。矿体形态及开采系统见图 4-30。矿房设计高度为 100m，脱泥尾砂非胶结充填。在采场 3 实地测定了回采过程中充填体所承受的水平压应力，以及矿房上下盘围岩的相对闭合值，如图 4-31 所示。

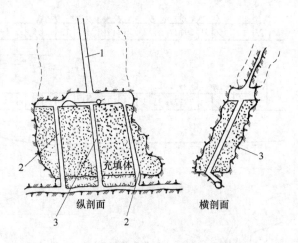

图 4-28　Con 金矿的矿体产状及分层充填采矿法[19]

1—辅助天井（1.5m×2.5m）；2—人行井；3—溜井

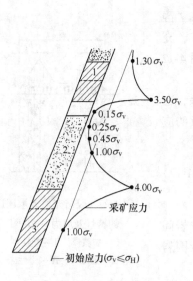

图 4-29　采场下盘围岩中的最大主应力分布[19]

1—顶柱；2—充填体；3—矿石

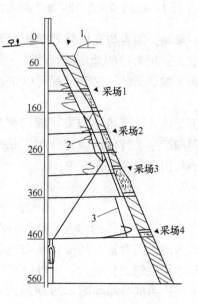

图 4-30　Nasliden 矿矿体剖面图

1—露天矿；2—斜坡道；3—溜井

在采场顶柱中也安装了多组应力计进行应力测量。应力计的安装方式及实测结果见图
4-32。

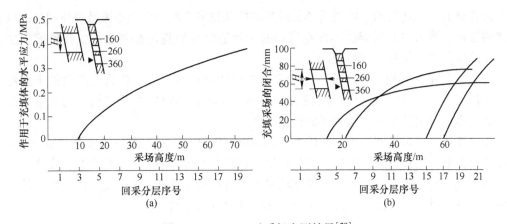

图 4-31 Nasliden 矿采场实测结果[20]

（a）采场 3 中充填体的水平压应力；（b）采场 3 上下盘围岩的相对闭合

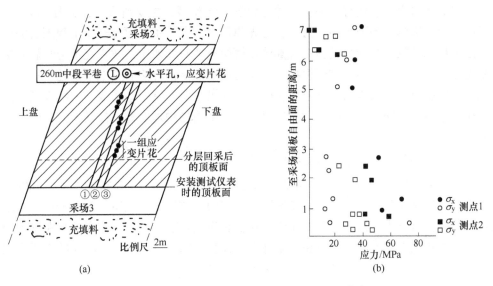

图 4-32 Nasliden 矿采场顶柱中应力实测结果[20]

（a）应力计安装方式；（b）实测结果

4.3 充填体支撑采场围岩和矿柱作用机理的研究方法

研究地下岩土工程的稳定性问题，一般来说，目前广泛运用的理论有以下三种[21]：

（1）连续介质理论。用经典的弹性力学和塑性力学求解原岩应力作用下的岩体被开挖后的应力和位移的分布，并假定位移在介质中每点上都是连续的。传统的解析方法可用在开挖形状简单、边界条件不复杂的场合；对于开挖形状和边界条件均较复杂的问题，则使用数值方法求解，如有限单元法、有限差分法、边界单元法等。通常，边界单元法适合于求解弹性问题，而有限单元法、有限差分法在非弹性计算、模拟开挖步骤、模拟结构弱面等方面有其方便之处。为了得到较满意的求解结果，还可采用各种耦合计算方法，如有限元和边界元耦合、有限元和无限元耦合、边界元和离散元耦合等等。

（2）非连续介质理论。该理论将岩体视作一种离散块体的集合体。因此，位移在岩体中的各点上是不连续的。可使用动态或静态松弛技术来求解作用在离散块体间的力以及块体的位移。著名的石根华块体理论即是基于非连续介质理论推导出的。在数值方法方面，离散单元法也是基于这种理论。

（3）极限平衡理论。这种理论不考虑岩体中的位移情况，一般只考虑力的平衡和极限剪切强度条件。极限平衡计算的最简单的形式是潜在不稳定岩体或块体的抗滑安全系数，如在边坡稳定性分析中常用到的安全系数。

在充填体支撑采场围岩和矿柱的力学作用机理研究中，对充填材料来说，是一种散体介质或类松散介质；对采场围岩或矿柱来说，可视做连续介质或非连续介质。在许多情况下，从宏观上看，本属于散体介质的充填材料可看做是连续介质。因此，在研究充填体的支撑力学机理时，可广泛运用连续介质力学理论和分析方法。

4.3.1 实验室模型试验

常用的室内模型大致有三种：一种是数学力学模型，主要研究方法是提出力学模型，然后用数学方法推导理论解答；另一种是光弹模型，主要用来研究开挖工程围岩的应力分布，由于在二维或三维光弹模型中，都难以模拟充填及其效果，故在充填力学研究中较少使用光弹模型；还有一种是物理模型，主要运用相似模拟方法研究地下开挖过程中的应力和位移，也能模拟充填体的力学效应。因此，这里主要介绍一些较成功的物理模型。

在充填体支护采场围岩的力学机理研究中所采用的物理模型，按其研究目的可分为以下四类。

4.3.1.1 用于研究充填体支撑采场围岩或矿柱的力学机理

（1）Blight[6]等人的模型见图 4-33，试验用的钢筒内径 $D = 203\text{mm}$，高约 100mm。圆柱形岩石试件放入钢筒中心位置，筒壁和试件间的空隙用作为充填料的砂子填满。用压力机对试件进行单轨压缩试验，并对比试件在没有充填料包围条件下的强度与在有各种不同性质的充填料包围和不同充填料高度条件下的强度，以分析、揭示充填体的作用机理。

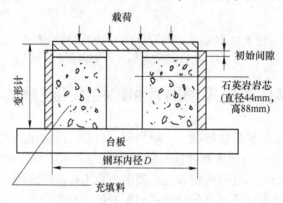

图 4-33 分析充填体支护作用机理的实验钢筒

（2）Moreno[22]等人所采用的物理模型实验装置见图 4-34（a）。这种装置被称为分裂式加载模板（Split platen）实验技术，主要用来测试松散充填材料的荷载-变形特性，进而发现充填材料的支撑能力。排列成 5×5（见图 4-34（b））方阵的 25 块分裂式加载模板，每块面积为 5.08cm×5.08cm；每个分裂式模板下的压力盒的初始高度是 12.7cm，这个高度可根据需要调整。

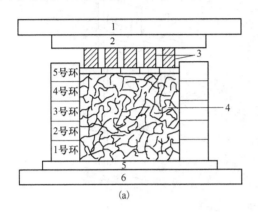

图 4-34　分裂式加载模板实验装置

（a）实验装置；（b）排列方式

1—上部平板；2—钢压板；3—压力盒；4—充填材料；5—钢底板；6—底部平板

（3）张玉清、钱方明[23]所采用的物理模型实验方法，是用相似材料模拟采场围岩，其相似材料的配比见表 4-9。

表 4-9　模拟采场围岩相似材料的配比

成　分	河　砂	石　膏	可赛银	水①	硼砂②
重量比/%	90.0	5.0	5.0	10.0	1.0

①水与固体成分之比为 1:10；

②硼砂与河沙+石膏+可赛银之比为 1:100。

在用相似材料做成的模型中，预留下采空区（采场），然后按各种不同方式进行充填模拟。将不同充填方式的各种模型在压力机上做压缩破坏试验，以检验不同充填方式支护采场围岩的作用。

4.3.1.2　用于研究在充填体之间回收矿柱的力学机理

Smith 等[24]所进行实验的模型见图 4-35，为要回收充填体间的矿柱，必须考虑充填体的剪切强度条件以及充填体的自立性。因此，除了做理论上的计算和分析外，针对某个具体矿山的实际条件，还须进行模拟试验以检验理论分析的正确性。Smith 等人设计的实验室实验模型与现场实际充填体之比为 1:14，整个试验模型高 5m，在矿体走向方向上长 2m，上盘至下盘宽 2.1m。模型的外形构造如图 4-36 所示，是一种巨型物理模型。其他相似

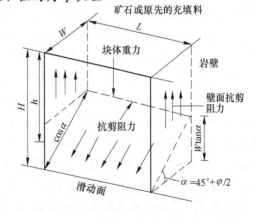

图 4-35　充填体的抗剪强度条件

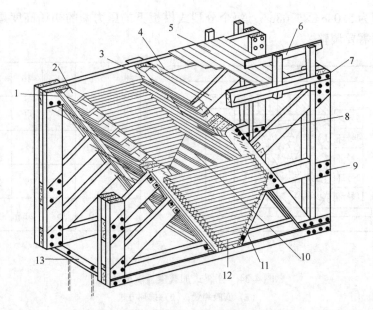

图 4-36　Smith 设计的充填模型结构及构筑

1—承载木料；2—跨梁；3—塑料衬板；4—紧固螺栓；5—平台；6—顶部钢轨；

7—钢条；8—承载木料加固螺栓；9—典型筋板；10—粗钢条；

11—典型拉钉；12—前部挡板；13—底梁

模拟条件，如充填体的内聚力和抗压强度等，也均按 1：14 设计。为模拟矿柱回收，逐步把模型走向方向上挡住充填体的挡板一块块卸下，即解除对充填体的约束。实验结果表明，充填体的典型破坏是由于剪切滑移而垮落造成的。

4.3.1.3　用于研究采场底柱或人工底柱的稳定性力学机理

采场若用非胶结充填料充填，其底柱的受力条件和可能的破坏情况示于图 4-37 中。图中高度为 d 的底柱可以是原生矿石底柱，也可以是人工底柱。底柱可能发生的破坏形式主要有底柱滑动，压碎或崩落，底柱受剪切、旋转剪切或挠曲而破坏等。Mitchell 等人[25,26]设计了比例为 1：50 的相似模拟材料模型，并考虑了木材、钢筋或金属网等各种底柱加固方法，在离心模拟试验机上进行实验室试验，以检验底柱结构与底柱稳定性的关系。他们所模拟的是人工底柱的情况。

4.3.1.4　用于研究充填体加固作为人工矿柱的力学机理

通常，在设计中将充填体作为结构矿柱

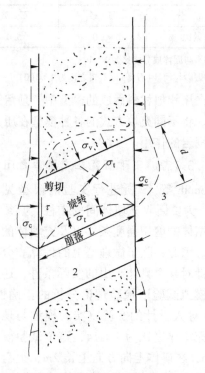

图 4-37　采场底柱的受力条件及可能产生的破坏

1—非胶结充填体；2—放出矿石后的空区；

3—矿石底柱或人工底柱

时，可增加充填材料中的胶结剂含量，或者构筑混凝土隔离墙。若暴露的充填体高度进一步增大，还可采用一些加固方法，如在充填体中分层放置钢丝网、土工网帘或绞线等。为了正确估价这些加固措施的作用，Mitchell[27]等进行了离心模型试验研究。使用的离心机见图 4-38，其回转半径为 3m，用 50kW 液压马达驱动试验装置和调速。高 33.0cm、重 100kg 的模型在试验机上加速能使离心力等于 300 倍重力。因此，模型模拟的现场充填体高度可达 100m。设计的模型高度为 30cm，模型中放置不同的加固材料或按不同的方式加固，例如，当使用土工网帘作为加固材料时，模拟的加固方式分为三种，如图 4-39 所示。所得到的实验结果是令人鼓舞的，证明采用加固方法在经济上是合理的。

实验室模型试验还可用于其他方面的研究，如研究充填法采场挡料墙的压力，充填体在采场中的排水等。

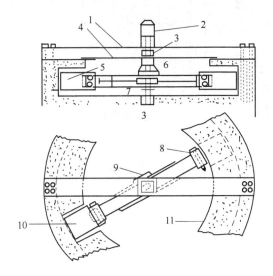

图 4-38　女王牌土工离心试验机

1—支撑梁；2—液压马达；3—轴承；4—木盖；5—试验箱；
6—汇电环；7—径向臂；8—强度试验箱的连接螺栓；
9—遥控转换开关；10—在进出口处的强度试验箱；
11—钢筋混凝土机座

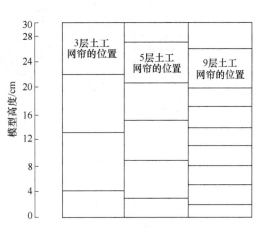

图 4-39　模型中土工网帘加固的位置

4.3.2　数值模拟方法

根据矿山充填力学研究对象的特殊性，即涉及的不同性质的介质种类多，开挖和充填作业循环进行等，所采用的数值模拟方法一般为有限元法、有限差分法，或有限元法与其他方法的耦合等。

4.3.2.1　三维数值模拟方法

A　三维有限元数值模拟方法

在充填力学的某些研究领域，例如胶结充填人工矿柱的稳定性研究等，为了真实地反映研究对象的几何形状和受力条件，有时必须采用三维有限元模拟方法，如 Coulthard[28]和 Cowling 等[29]所报道的采用三维有限元模型研究澳大利亚芒特·艾萨矿业公司 1100 号矿体开采胶结充填体的稳定性。采场的平面尺寸为 40m×40m；采场高即为矿体的全高，约为 90~260m。当开采第二步、第三步回采的采场时，第一步、第二步已采完并充填了的采场，其充填体暴露高度在 35~60m，如图 4-40 所示。三维有限元模型的网格划分见图 4-41。整个充填体人工矿柱被划分成 465 个 8 节点立体单元，共 701 个节点。分别计算了数种不同条件的模型（见表 4-10），并进行了现场实测。充填体内垂直应力值的大小如图 4-42 所示，可见模型 6 和 7 的计算值与实测值很接近。

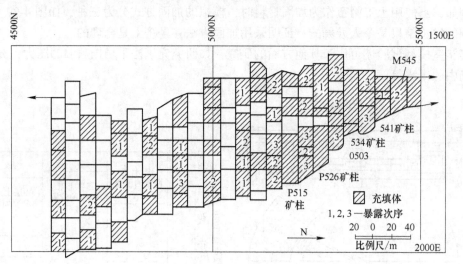

图 4-40　澳大利亚芒特·艾萨矿 1100 号矿体开采平面图[29]

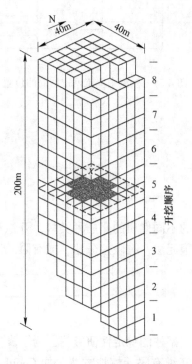

图 4-41　采场三维有限元网格划分

X—现场应力测试地点

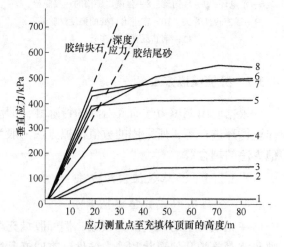

图 4-42　充填体内数值模拟计算值与实测值之比较

1~7—计算值；8—现场实测值

表 4-10 七种不同的计算模型

序号	充填体全高上分次暴露次数	充填材料	充填材料弹性模量	选取的静水压力	备 注
1	1	CHF	常量		
2	8	CHF	常量		
3	8	CHF	变量		CHF—胶结尾砂充填料;
4	8	CHF	常量	一半	CRF—胶结块石充填料
5	8	CHF	常量	全部	
6	8	CRF	变量	全部	
7	8	CRF	常量	全部	

B 三维有限差分法数值模拟

近年来，有限差分法 FLAC 软件在采矿工程、土木工程等领域得到了广泛的应用。如王晓波、宋卫东[30]等采用 FLAC3d 软件对大冶铁矿露天转地下开采时充填体与围岩相互力学作用机理进行研究，如图 4-43、图 4-44 所示，得到的研究结论为：充填体将支撑上覆散体岩层的部分重力，因此按经验公式法及经验类比法，确定胶结充填体的设计强度为 2.0MPa。

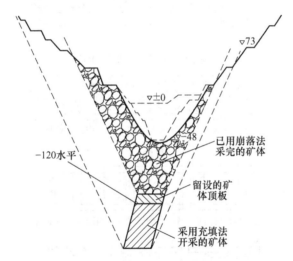

图 4-43 大冶铁矿露天转地下采用充填法开采的矿块位置示意图

4.3.2.2 二维数值模拟方法

A 二维有限元数值模拟方法

a 研究充填体的作用机理

陈俊彦等[31]曾使用二维有限元方法分析研究充填体的作用机理问题，所模拟的各种充填采矿法模型如图 4-45 所示。在模拟中，考虑了矿体埋藏深度分别为 500m 以内、500~1000m 以及 1500m 以上三种情形，假定垂直应力为原岩自重应力，水平应力与垂直应力之比在某个范围内变化，并考虑了几种不同的胶结充填材料，计算模型输入参数如表4-11 所示。

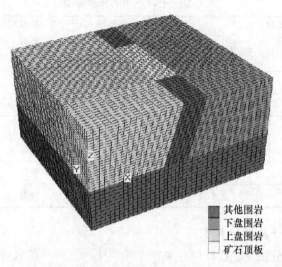

其他围岩
下盘围岩
上盘围岩
矿石顶板

图 4-44　大冶铁矿露天转地下充填法开采 FLAC3D 数值模拟模型

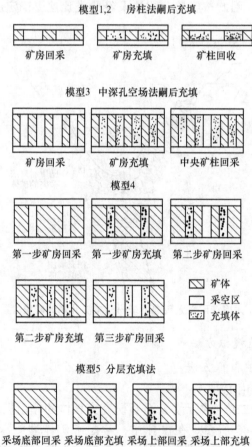

模型1,2　房柱法嗣后充填

矿房回采　　矿房充填　　矿柱回收

模型3　中深孔空场法嗣后充填

矿房回采　　矿房充填　　中央矿柱回采

模型4

第一步矿房回采　第一步矿房充填　第二步矿房回采

第二步矿房充填　第三步矿房回采

矿体
采空区
充填体

模型5　分层充填法

采场底部回采　采场底部充填　采场上部回采　采场上部充填

图 4-45　各种充填采矿法模型

表 4-11　计算模型输入参数

充填材料	弹性模量/MPa	泊松比	密度/kg·m⁻³	内聚力/kPa	内摩擦角/(°)
类型一					
胶结尾砂（1∶30）	41.4	0.15	1513	41.37	30
胶结尾砂（1∶30）	317.2	0.25	2001	117.2	35
胶结尾砂（1∶30）	585.0	0.28	2103	586.0	35
类型二					
胶结块石 1	852.0	0.28	2159	620.0	35
胶结块石 2	979.0	0.30	2214	656.0	35
胶结块石 3	1517.0	0.33	2214	931.0	35
胶结块石 4	1958.0	0.33	2214	1310.0	38
胶结块石 5	2344.0	0.30	2270	1448.0	38
类型三					
混凝土充填 1	2813.2	0.30	2270	2620.0	40
混凝土充填 2	4688.6	0.30	2270	2620.0	42
混凝土充填 3	5860.7	0.26	2270	2620.0	42
混凝土充填 4	8205.0	0.26	2297	3171.7	43

从模拟研究中得出的主要结论有以下几点：

（1）在房柱采矿法中，使用嗣后充填方法处理采空区，即使是使用高弹模、高强度的充填材料，也不会对采场围岩立即产生支撑效果，因为采场围岩在采场开采过程中已经完成了应力释放、应力转移等应力重新分布的过程。

（2）在中深孔空场采矿法中，充填体为矿柱回收创造了更好的开采条件，并且由于充填体对围岩提供了侧限压力，增加了围岩的稳定性。

（3）充填体对围岩的支撑作用，在静水压力或水平应力大于垂直应力的条件下，比在以垂直应力为主时更明显。因此，对于埋深不大的浅部矿体，充填体对采场围岩能有效地起支撑作用，而对于埋深较大的深部矿体，这种支撑作用较小。

（4）充填体对围岩的支撑作用，只有在采场围岩不断变形闭合的情况下才会逐步显示出来。因此，在上向水平分层充填法采场，当回采工作面不断向上发展时，其下面的充填体已在起着某种支护围岩的作用。

山口梅太郎等人[32]通过数值模拟方法，也认为充填体对采场围岩的支护作用，主要在于阻抗围岩的变形和位移。

b　研究充填体的稳定性

与物理模型研究中的情况相同，许多数值模拟研究也集中在二步回采时充填体暴露一侧或多侧后的稳定性方面。Barrett 等[33]所采用的模型如图 4-46 所示，其研究结论主要为：充填体的稳定性取决于充填体的强度以及充填体的几何形状，即充填体所允许的暴露高度与充填体的长、宽方向的尺寸有关，充填体下半部分的暴露比其上半部分的暴露对其稳定性威胁更大。

Rao 等[34]模拟了在矿房非胶结充填的条件下回收矿柱的问题，如图 4-47 (a) 所示。为此，非胶结充填体靠近需要回收矿柱的一侧应进行注浆加固，然后用空场采矿法回收矿柱。数值模拟研究结果认为，如果矿柱高 100m，即使充填体注浆带的强度足够高，则非胶结充填体注浆带宽 5m 仍不能保证充填体的稳定。

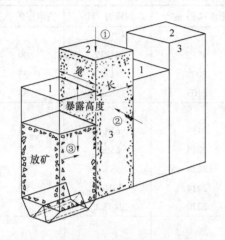 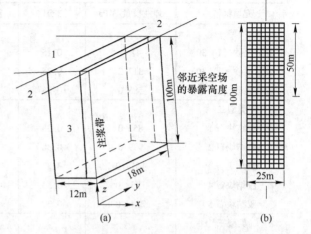

图 4-46　模拟胶结充填体旁的矿柱回收　　　图 4-47　模拟注浆加固非胶结充填体后再回收矿柱

1—第二步矿房（即矿柱）；2—第一步矿房；　　　（a）非胶结充填体示意图；（b）计算模型网格图

3—作用于胶结充填料上的次生荷载　　　　　　　1—矿体；2—岩壁；3—已充填的采场

①—松动矿房顶板的压力；②—矿柱回收引起的岩壁

闭合；③—临近采场爆破或充填传递的荷载

　　Beauchamp 等[35]进一步研究了使用粉碎的炉渣作为注浆材料加固非胶结充填体以回收矿柱。这种注浆材料以炉渣为主，按水灰比不同含有一定量的普通硅酸盐水泥，并添加适量的钠膨润土以保持水泥悬浮。实验室测定的注浆炉渣特性见表 4-12。根据这种模拟研究，得出了注浆壁的厚度和允许最大暴露高度间的关系，如图 4-48 所示。

表 4-12　注浆炉渣的力学性质

水灰比	膨润土添加量/%	单轴抗压强度/MPa	弹性模量/GPa
1.0∶1	2	3.50~6.30	0.41~2.13
1.5∶1	3	0.89~3.60	0.09~0.51
2.0∶1	4	0.39~0.59	0.03~0.08

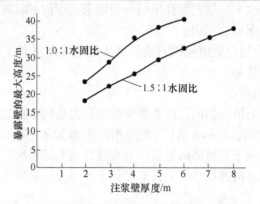

图 4-48　注浆壁厚度与最大允许暴露高度的关系

　　c　研究采场围岩中的应力状态

　　用数值方法分析采场围岩中的应力状态并确定合理的回采顺序，主要是针对倾斜或急倾斜的中厚以下的矿体。对于水平或缓倾斜的矿体以及厚大的急倾斜矿体，其围岩中的应力状态类似于煤矿开采时的情形。

Jeremic[36]分析了急倾斜薄矿体使用分层充填法开采时采场围岩中的应力分布情况，指出在采场工作面顶板中存在较大的应力集中。这种情况也见于瑞典Nasliden矿的研究报告中[37]。该矿还由于矿体直接上盘存在一层蚀变带，当采场工作面逐渐向上推进接近顶柱时，在高应力作用下，蚀变带将变形破坏并塌落入采场工作面，直接威胁采场安全，如图 4-49 所示。

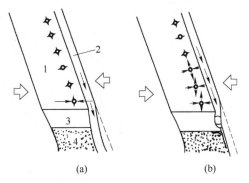

图 4-49　上盘蚀变带对采场顶板稳定的影响
（a）采场上盘开始弯曲变形；（b）采场上盘开始断裂破坏
1—矿体；2—蚀变带；3—采场；4—充填体

d　研究深部开采及岩爆控制

众所周知，南非金矿的开采深度是目前世界上地下开采矿山中开采深度最大的。南非 Gold Fields 集团所属黄金矿山目前开采深度都已超过 3000m，计划开采到 4500m 以下。深部开采遇到的主要问题是岩石应力高和井下温度高。因此，现在南非深部金矿基本上都使用水力充填法开采，由于矿体呈近似水平或微倾斜产出，典型的充填采矿法方案如图 4-50 所示。

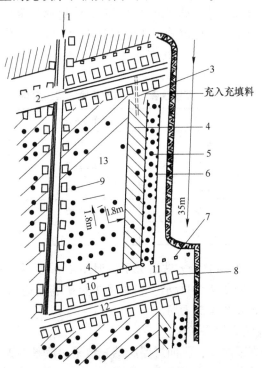

图 4-50　脱泥尾砂充填采场布置图[38]
1—150mm 充填管道；2—高压胶管；3—可移动软管；4—胶板砂门子；5—液压支柱；6—胶垫防爆挡墙；
7—0 55m×1.53m 废石垛；8—1.65m×1.1m 废石垛；9—尾砂充填料管柱；
10—绞车；11—矿柱；12—耙矿巷道；13—尾砂充填料

充填体在采场中的作用之一是限制顶底板的闭合，这取决于充填体的力学特性。如使用非胶结充填材料，则现场实测的充填体限制顶底板闭合的能力如图 4-51 所示。

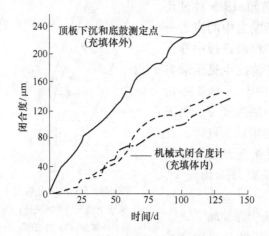

图 4-51　充填体限制采场顶底板的闭合

充填体在采场中的作用之二是控制岩爆。一般来说，围岩能量释放量超过 $40MJ/m^2$，就会导致岩爆严重程度的增大，而围岩能量释放量是围岩弹性闭合度与原岩应力的函数。因此，充填体限制了围岩的闭合就减少了岩爆发生的可能性。通过计算得知，如果 80% 采空区充填，在 3000m 深度，当回采宽度为 1m 时，能量释放量将小于 $40MJ/m^2$。

充填体在采场中的作用之三是改善工作面作业环境，降低工作面温度，有利于通风防尘等。例如，一个充填 80% 的采区，其作业环境比未充填的采区显著改善，现场实测结果的比较列于表 4-13 中[38]。

表 4-13　充填改善采场作业环境的实测数据

指　标	单　位	充填 80% 的采区	未充填的采区
风　量	m^3/s	16.6	18.8
进风温度	℃	28.3~26.8	29.5~29.9
带走总热量	J/kg	2640	6350
工作面风速	m/s	0.88	0.31
粉尘量	粒/mL	127	158

Curtunca 等[39]用二维有限差分方法研究了类似图 4-48 所示的充填法采场中充填体的作用问题，取采场横剖面如图 4-52 所示。当采场中集矿巷道边沿有木垛支护时，采场区域的主应力及剪应力分布如图 4-53 所示。

e　研究下向进路胶结充填采矿法。

作为充填采矿法的方案之一，下向进路胶结充填采矿法是在人工假顶保护下进行巷道式回采作业，因而操作复杂，生产成本高，主要用于开采矿岩特别破碎、矿石价值高的富矿体。

在我国，黄金矿山和有色金属矿山都有不少使用下向进路胶结充填法的实例。金川镍矿是使用这种方法的典型矿山，其机械化下向进路连续回采胶结充填采矿法见图 4-54。在

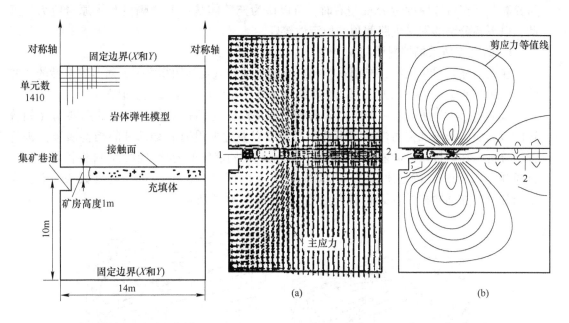

图 4-52　模拟采场区域的几何模型

图 4-53　采场区域内主应力及剪应力分布
（a）主应力分布；（b）剪应力分布
1—巷道边沿木垛；2—充填体

数值分析中所模拟的进路连续回采步骤如图 4-55 所示，通过分析计算得出如下结论：

（1）在第一分层进路回采中，随回采进路逐条向盘区中央推进，靠近中央的进路的顶底板稳定性有所改善，但中央部位的进路的侧壁稳定性明显变差。

（2）由于第一分层的充填体承受了较大的应力，第二分层的回采进路人工假顶的稳定性是整个盘区回采作业过程中最差的。

（3）随着采深的增加，由于充填体承受的应力有所减小，进路人工假顶的稳定性有

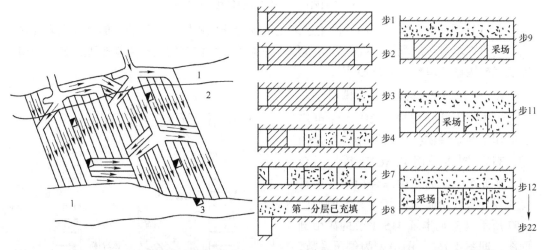

图 4-54　金川二矿下向进路连续回采胶结充填采矿法

1—贫矿；2—富矿；3—矿石溜井

图 4-55　模拟的进路连续回采步骤[40]

所提高。当充填体厚度达 15m 左右时，可以认为充填体基本上"隔离"了原岩应力，因此，以下各分层的回采进路假顶的稳定性较好。

f　研究充填采场挡料墙的安全性

在水力充填采矿法中，充填采场挡料墙是采场的重要结构物之一，对其安全性的研究除了采用实验室物理模拟方法和现场实测方法外，也广泛采用数值模拟方法。

Cowling 等[41]使用通用的应力分析程序对混凝土砖结构的各种形式的挡料墙（如普通的直面墙，带有加强肋柱的直面墙、弧形墙以及边壁设有联结部件的挡料墙等）进行强度分析。在大量试验的基础上，得出混凝土砖结构墙体的力学参数为：弹性模量 4GPa，抗拉强度 0.8MPa，泊松比 0.2，内摩擦角 45°，内聚力 1.0MPa。在上述参数条件下，直面墙和带有加强肋柱的直面墙中的主应力分布如图 4-56 所示。

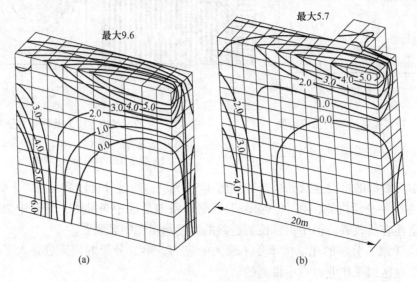

图 4-56　充填法采场挡料墙中的主应力分布
(a) 直面墙；(b) 带有加强肋柱的直面墙

数值分析方法还广泛应用于优化盘区或采场的开采顺序，选择适当的采场围岩支护方法，优化充填材料的配比，或是分析其他多种类型充填材料的支撑力学机理，如所报道的钾盐尾矿用做充填料时的情形[42]。

B　二维有限差分法数值模拟

二维有限差分法 FLAC2D 软件也广泛应用于充填采矿技术研究中。如余伟健、高谦[46]等采用 FLAC2D 软件对金川二矿充填采矿的矿山综合稳定性进行优化设计与评价研究，其计算剖面如图 4-57 所示（参见本章 4.5.1 节的矿山剖面图，即图 4-75），图中 λ 为侧压系数。计算范围为 1050m×1050m，垂直方向底部边界为 +650m 水平，上部边界为地表

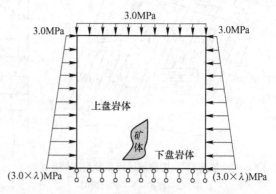

图 4-57　金川二矿深部开采 FLAC2D 模拟模型

+1700m 标高。计算范围划分成 18225 个单元和 18496 个结点。根据矿区多次地应力测试，经统计分析得到地表水平应力约为 3MPa。模型的边界条件为：左、右为应力边界，底部为位移边界，顶部为应力边界（应力为 3MPa）。

数值模拟研究得到的结果如图 4-58 所示。图中，R_{ER} 为围岩与充填体平均能量释放率，R_{SD} 为地表岩层平均沉降率，R_{DC} 为采场围岩平均收敛率，R_{AF} 为矿岩与充填体平均屈服率；影响因素 1 为侧压系数 λ，2 为一期充填体刚度比，3 为一期充填体强度比，4 为矿岩接触带刚度系数，5 为矿岩接触带强度系数，6 为 1250m 中段下降距离。7 为 1150m 中段下降距离，8 为 1250m 中段回采方向，9 为 1150m 中段回采方向，10 为开采水平回采比例，11 为一次回采进路条数，12 为二期充填体刚度比，13 为二期充填体强度比。得出的研究结论为：对 R_{ER} 来说，影响因子大于 5.0 的为一类（主要）影响因素，介于 3.0~5.0 的为二类影响因素，介于 2.0~3.0 的为三类影响因素，介于 1.0~2.0 的为四类影响因素；而对 R_{SD}、R_{DC} 和 R_{AF} 来说，影响因子大于 10.0 的为一类（主要）影响因素，介于 5.0~10.0 的为二类影响因素，介于 3.0~5.0 的为三类影响因素，介于 1.0~3.0 的为四类影响因素。

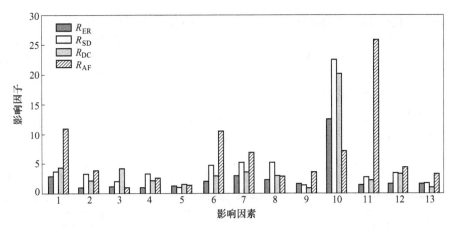

图 4-58　数值模拟得出的矿山整体稳定性的影响因素及其指标

4.3.3　现场实测方法

现场实测方法是充填力学研究中最重要的方法之一。由于实验室物理模型的某些必然的局限性，以及数值模拟方法中力学模型的必不可少的某些简化和输入参数具有一定的主观因素，理论上的模拟分析和计算结果需要通过现场实测来验证。因此，国内外的科研工作者和矿山工程技术人员都极为重视现场实测工作。

4.3.3.1　充填体开挖试验

焦家金矿在上向分层充填采矿法中，为了解胶结充填材料的离析程度和充填体的分层情况，在采场充填体中做了开挖试验。对于胶结块石来说，由于是在已充入采场的块石中再注入胶结尾砂，其分层程度更为严重。Gonano 等[16]报道了在澳大利亚芒特·艾萨矿的一个胶结块石充填采场中进行开挖试验的情况，如图 4-59 所示。

4.3.3.2　现场钻孔取样试验

可用现场钻孔方法套取充填体柱芯，然后在实验室进行物理力学参数测定。例如，

Thomas 等[14]曾描述了一种现场钻孔取样的方法，如图 4-60 所示。

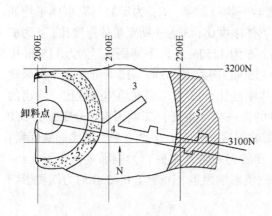

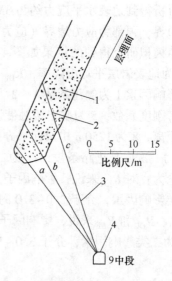

图 4-59　胶结块石充填现场开挖试验图

1，3—胶结块石地带；2—松散砂石地带；4—开挖的
试验沟；5—无块石胶结料地带

图 4-60　充填体现场钻孔取样方法之一例

1—需要取样的非胶结水砂充填料；2—穿过充填
体的直径 64mm 的钻孔；3—直径 100mm 的
冲击岩石钻孔；4—取样平巷

4.3.3.3　现场测定充填体的力学性质

　　与岩体力学性质的现场测定方法类似，也可在现场对充填体进行压缩、剪切及表面承载能力等试验。通常的试验方法如图 4-61 所示。

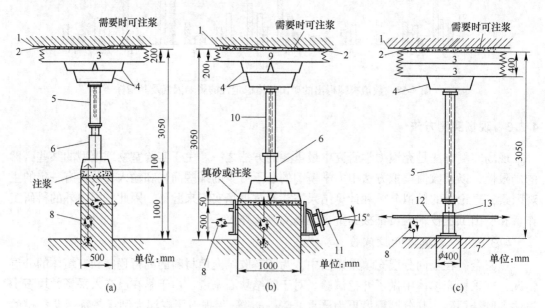

图 4-61　现场测试充填体的力学性能试验方法

(a) 单轴压缩试验；(b) 直剪试验；(c) 承载能力试验

1—进路顶板；2—填塞物；3—墩木；4—钢板；5—万能轴；6—1MN 千斤顶（安全工作荷载 1.2MN）；7—充填料；
8—表面位移计及遥控数字式调整装置；9—墩木或注浆；10—铰接式万能轴；11—1MN 千斤顶（1 个或
2 个备用）；12—锚固在影响范围之外的参考平面；13—1MN 千斤顶（安全工作荷载 1.1MN）

4.3.3.4 研究充填体内和采场围岩中的应力和位移分布情况

为了研究充填体的支护作用以及采场围岩在充填后的稳定性，一般情况下应同时在现场测定充填体内和围岩中的应力及位移分布。从目前的现场测试技术水平出发，常用的办法是在分层充填的过程中分别在充填体内和围岩中埋设一些观测仪器，然后遥测读取数据。广泛使用的观测仪器有压力盒、应力计、应变计、全位移压力计、伸长仪等。Tesarik等[43]曾报道了在一种梯段式分层充填采矿法中进行系统的现场观测的情形。梯段式分层充填采矿法如图 4-62（a）所示，在矿体某一横剖面上测试仪器的埋设情况如图 4-62（b）所示。所埋设的仪器种类、数量及安装情况见表 4-14。

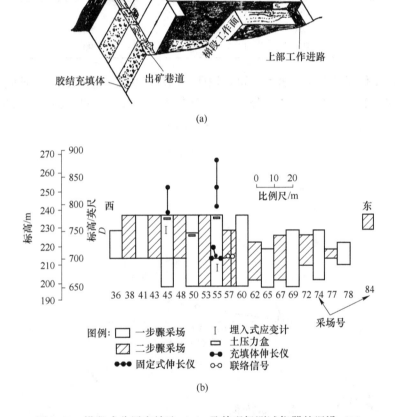

图 4-62 梯段式分层充填法（a）及其现场测试仪器的埋设（b）

表 4-14 测试仪器及安装方式

仪器名称	安 装 地 点		安装角度/(°)	锚装深度/m
	采场号	标高 /英尺		
应力计	西帮壁	740	90	2.8
	D57	700	90	16.8
埋入式应力计	D45	755	0	
	D55	700	0	

续表 4-13

仪器名称	安 装 地 点		安装角度/(°)	锚装深度/m
	采场号	标高 /英尺		
钻孔伸长仪	D45	780	0	6.2, 15.1
	D55	780	0	4.4, 10.6, 19.7
	D57	700	90	3.0, 6.1
	D57	650	0	16.5, 30.4
充填体伸长仪	D45	755	0	5.3
	D45	700	90	5.1
	D50	750	90	6.1
	D55	700	90	5.1
	D55	700	56	8.5
土压力盒	D45	780	90	
	D50	740	90	
	D55	780	90	

在考虑测试仪器的安装位置时，可根据研究宗旨的的需要，将大部分仪器安设在某一剖面上（图 4-62（b）），也可将大部分仪器安设在某一平面上（图 4-63）。在许多时候，应

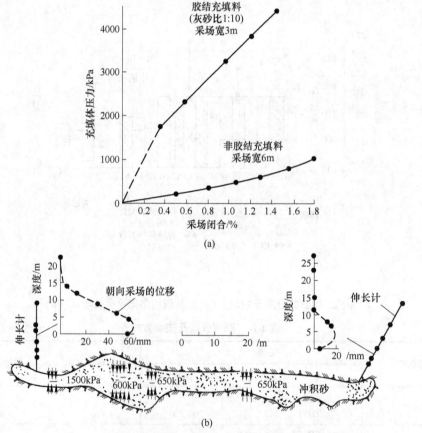

图 4-63 Carson 矿分层充填法采场某一平面上测定的应力和位移[48]

（a）测定的采场围岩位移；（b）采场平面图及测定的压力

同时兼顾某一剖面和某一平面。

4.3.3.5 研究充填料的脱水及挡料墙承受的压力

除膏体充填料外，通常浓度的水力充填料进入采场后，都要经过脱水密实过程。充填料的脱水性能直接影响到充填体的质量、回采与充填的循环作业时间、充填体潜在的液化可能性，以及挡料墙所承受的压力等。因此，许多矿山都曾进行过充填料脱水及挡料墙压力的现场实测工作。Grice[45]报道了澳大利亚芒特·艾萨矿业公司的一个高155m，面积为17.5m×25m的大型采场，其下半部90m已充填好，挡料墙设在距采场顶板65m处的出矿巷道水平；该采场上半部分用空场法回采后，使用胶结块石充填料进行快速充填，由于巨大的料浆压力，挡料墙的中央被冲开了一个大洞。原设计的典型挡料墙形式如图4-64所示。为此，在另一个类似的采场进行了充填料的液态压力测试工作。采场结构和所安设的测试仪器见图4-65。所测得的充填体内的水压力与充填体高度的关系见图4-66。从试验的几种结构的挡料墙中得到一条有意义的结论：密封好的挡料墙承受孔隙水压力的能力要远远超过密封不严的挡料墙。一般情况下，挡料墙的设计厚度可按图4-67中的曲线进行选择。

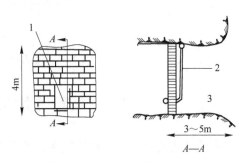

图 4-64 原设计的典型挡料墙
1—充填前密封的窗口；2—排气弯管；3—采空区

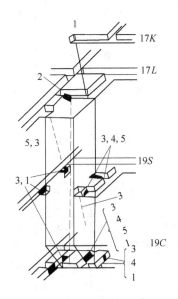

图 4-65 采场结构及水压力测试
1—流量计；2—测高仪；3—孔隙压力计；
4—地压仪；5—流体温度计

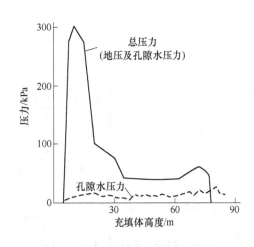

图 4-66 充填体高度与实测水压力的关系曲线

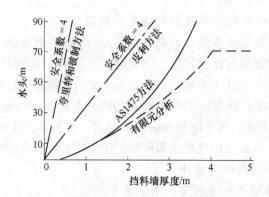

图 4-67 充填采场挡料墙的设计曲线

4.4 胶结充填体的所需强度设计

国内外使用胶结充填采矿法的矿山为数不少，并且随着环保要求的严峻以及深部矿床开采条件的恶化，其使用比重将不断上升。作者调查统计了国内外矿业文献中报道的矿山实际使用的胶结充填体的强度设计情况，并将其归纳整理列于表 4-15 中[46,48]。

表 4-15　矿山实际使用的胶结充填体的设计强度

国别	矿　山	高/m	长/m	房宽/m 柱宽/m	胶结充填体强度的设计方法	充填材料	水泥含量/%	养护时间/d	强度值/MPa
中国	凡口铅锌矿	40	35	7~10 4~8	经验类比法	尾砂、棒磨砂	11.0	28	2.5
	金川镍矿	60	51	50	经验类比法	戈壁集料	9.5	28	2.5
	锡矿山矿	18~36	20~30	10 8	工程分析法	尾砂，碎石	10.0	28	4.0
	焦家金矿				经验类比法	尾砂	9.0	28	1.0
	新城金矿	30，40	20~30	8 7	经验类比法	尾砂	8.0	28	1.5
	柏坊铜矿	30	15	4~8 4~6	经验类比法	碎石，河砂	10.0	28	4.0
加拿大	吉科矿	122	50~80		限制充填体暴露面积	尾砂，碎石	3.3	28	1.75
	鹰桥矿	80			经验类比法	尾砂，碎石	3.2	28	0.6
	洛各比矿	45	72	11 11	有限元分析法	尾砂	8.5	28	1.2
	基德克里克矿	60~90	4~5	4~5	经验类比法	尾砂，碎石	5.0	28	4.1
	诺里达矿	65	11	25，25	经验类比法	尾砂	10.0	28	0.95
	福克斯矿	120	22	30.5 13.5	岩石力学分析法	尾砂，矸石	3.0	28	0.45

续表 4-15

国别	矿 山	高/m	长/m	房宽/m	柱宽/m	胶结充填体强度的设计方法	充填材料	水泥含量/%	养护时间/d	强度值/MPa
澳大利亚	芒特·艾萨矿	100	40	30		经验类比法	碎石，尾砂	10.5	28	2.2
	芒特·艾萨矿	40	10	30	30	经验类比法	尾砂	10.5	28	0.85
	芒特·艾萨矿	50~100		30 8~10	10	岩土力学分析法	废石，尾砂	7.0	28	3.0
	布劳肯希尔矿	35		20		数值分析法	尾砂	9.1	28	0.78
芬兰	奥托昆普矿	20	6	8	8	经验类比法	尾砂，碎石	7.5	90	1.75
	洼马拉矿	50	40~70	5~30		经验类比法	尾砂	5.5	240	1.5
	客里迪矿	20	60			经验类比法	碎石	7.0	30	2.15
	威汉迪矿	100	60			经验类比法	尾砂，火山灰		365	1.05
独联体各国	捷克利矿	50	55	9~12		覆盖岩层承重理论	碎石，砂	9.0	28	5.0
	杰兹卡兹甘矿	10~12		9~12	8~10	覆盖岩层承重理论	尾砂	12.0	28	15.0
	共青团矿	4	25	6~7	8	覆盖岩层承重理论	尾砂，砂	10.0	28	6.75
	灯塔矿	10~40	45	8	8~24	覆盖岩层承重理论	砾石，砂	10.0	28	8.0
	季申克矿	40	40	15	15	覆盖岩层承重理论	砂，炉渣	10.0	28	5.0
瑞典	卡彭贝里矿	4.5	6	4	4	经验类比法	尾砂	15.0	28	2.0
印度	I.C.C. 矿山	30	10	6		经验类比法	尾砂	7.0	28	11.0
日本	小坂矿	3.5	30	30		经验类比法	尾砂，炉渣	3.0	28	0.5
意大利	夸勒纳矿					岩土力学分析法	碎石	11.0	28	10.2
南非	黑山矿物公司	70	28	45	45	经验类比法 和物理模拟	尾砂	7.5	28	7.0
	黑山矿物公司	70	28	45	45	数力模拟分析法	尾砂	5.0	28	4.0

从表 4-15 可以得出以下几点看法：

（1）各矿山实际使用的胶结充填体的设计强度相差甚大，与各个国家的采矿工业水平及传统的设计思想有关。如前苏联的某些矿山均将胶结充填体设计成需承受覆盖岩层的重力，因而充填体的强度设计较高，在 5.0~15.0MPa 的范围内。

（2）胶结充填体的设计强度一般在 0.5~4.0MPa 之间，其中绝大多数在 1.0~2.5MPa 之间。总体上说，北美、澳洲、北欧等国家所设计的胶结充填体的强度较低；南非的深部矿井开采所设计的胶结充填体强度较高；我国矿山使用的胶结充填体强度也较高。

（3）由于各矿山所使用的胶结充填体强度的测定方法不同，表 4-15 中所列的强度值在很大程度上缺乏可比性。如加拿大诺里达矿水泥含量为 10% 的胶结尾砂，养护 28d 后的强度值是 0.95MPa；而前苏联共青团矿水泥含量同样为 10% 的胶结尾砂和砂，养护 28d 后的强度值是 6.75MPa。

4.4.1 确定胶结充填体所需强度的方法

从表 4-15 还可以看到，确定胶结充填体所需强度的方法很多。针对某个具体的矿山来说，如何确定一个恰当的强度值，既涉及矿山开采条件、矿山岩体力学、充填技术水平以及充填材料的强度特性等诸多技术方面的问题，也涉及矿山开采的成本及效益等经济方面的问题。

4.4.1.1 胶结充填体作为自立性人工矿柱

不考虑胶结充填体支撑采场围岩的力学作用时，可按"充填体是一自立性人工矿柱"这一概念来确定充填体的所需强度。在这种情况下，可将胶结充填体的高度与强度视为一对主要矛盾。

A 经验公式法[47]

将表 4-15 中的充填体设计强度与充填体的高度绘制成图 4-68，然后用归纳法进行分析，可得到矿山实际使用的胶结充填体的强度与充填体高度的关系曲线为一半立方抛物线：

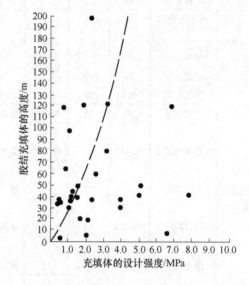

图 4-68 胶结充填体高度与其强度关系的经验曲线

$$H^2 = a\sigma_c^3 \qquad (4\text{-}18)$$

式中 H——胶结充填体人工矿柱的高度，m；

σ_c——胶结充填体的设计强度，MPa；

a——经验系数，建议充填体高度小于 50m 时，$a = 600$；充填体高度大于 100m 时，$a = 1000$。

例如，若充填体高度为 40m，取 $a = 600$，由式（4-18）得 $\sigma_c = 1.39$MPa。这个设计强度值比较符合现场实际情况。必要时，可根据实际开采条件将计算结果乘以一个大于 1 的安全系数。

B Terzaghi 模型法

Terzaghi 在 1943 年描述了一种方法，用来决定沉陷带上沙土体中的应力分布[49]。由于胶结充填材料的强度特性接近于固结土，故这种方法也可用于分析充填体中的应力分布，并用于研究设计胶结充填体的所需强度等方面的问题[50]。

该方法假定：

（1）矿柱在深度上是无限的；

（2）在任一给定的矿柱深度上，各应力分量是常量；

（3）矿柱与围岩间的摩擦力得到了充分利用。

虽然上述假定带有某种局限性，但可以大大简化分析过程。设有一充填体人工矿柱，其断面为矩形，长 L 宽 B，如图 4-69 所示（取坐标原点在充填体顶部）。

根据假定，在距充填体顶部为 y 处，垂直应力分量 σ_v 与水平应力分量 σ_h 均为常量，且存在如下关系：

$$\sigma_\mathrm{h} = k\sigma_\mathrm{v} \qquad (\mathrm{a})$$

式中，k 为该深度处的侧压力系数。在充填体与围岩接触带上，剪应力 τ 为：

$$\tau = c + \sigma_\mathrm{h}\tan\varphi$$
$$= c + k\sigma_\mathrm{v}\tan\varphi \qquad (\mathrm{b})$$

式中，c 和 φ 为充填材料的内聚力和内摩擦角。

现在，考虑充填体中某一薄层上各力的平衡，在垂直方向上可得一微分方程：

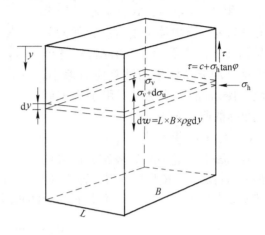

图 4-69　Terzaghi 模型的受力分析简图

$$\frac{\mathrm{d}\sigma_\mathrm{v}}{\mathrm{d}y} + A\sigma_\mathrm{v} = D \qquad (4\text{-}19)$$

式中：

$$A = \frac{2L + B}{LB}k\tan\varphi$$
$$D = \gamma - \frac{2c(L + B)}{LB} \qquad (\mathrm{c})$$

其中，γ 为充填体的堆密度。

当 A 和 D 独立于 y 时，注意到在 $y = 0$ 时有 $\sigma_\mathrm{v} = 0$，则式（4-19）的解为：

$$\sigma_\mathrm{v}(y) = \frac{D}{A}\left[1 - \mathrm{e}^{(-A*y)}\right] \qquad (4\text{-}20)$$

若 A 和 D 与 y 有关，或 A、D 有一个与 y 相关，则式（4-19）只能用数值方法求解。对式（4-20）可做如下讨论：

当 $B \to \infty$ 时，则图 4-69 所示的模型可简化成为一个二维模型。此时有：

$$\left.\begin{aligned} A_2 &= \frac{2}{L} - k\tan\varphi \\ D_2 &= \gamma - \frac{2c}{L} \end{aligned}\right\} \qquad (4\text{-}21)$$

当 $B = L$ 时，则模型的横断面为一正方形，也即真实的三维模型。此时有：

$$\left.\begin{aligned} A_3 &= \frac{4}{L}k\tan\varphi \\ D_3 &= \gamma - \frac{4c}{L} \end{aligned}\right\} \qquad (4\text{-}22)$$

例如，当 $L = 40\text{m}$，$k = \nu/(1 - \nu)$，（其中 ν 为充填材料的泊松比，$\nu = 0.20$），$c = 0.2\text{MPa}$，$\varphi = 41°$，$\gamma = 2.3\text{t/m}^3$，则用式（4-21）、式（4-22）计算的充填高度与充填体中垂直应力间的关系见图 4-70。由图可见，Terzaghi 三维模型计算的充填体中的垂直应力偏小。因此，Terzaghi 二维模型可用于确定胶结充填体的所需强度。

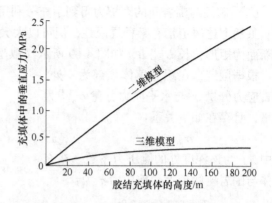

图 4-70　Terzaghi 模型计算之一例

C　Thomas 模型法

Thomas 等在论及设计胶结充填采场底部的挡料墙时，提出应考虑一种成拱作用。这种作用主要是由于水砂充填材料与围岩壁间的摩擦力所致[14]。因此，作用在充填体底部的垂直应力可表示为：

$$\sigma_\text{v} = \frac{\gamma h}{1 + (h/w)} \tag{4-23}$$

式中　σ_v——作用在充填体底部的垂直应力；

　　　γ——充填料的堆密度；

　　　h——充填体的高度；

　　　w——充填体的宽度。

式（4-23）的适用范围是充填体的长度不小于充填体高度的 1/2。

分析式（4-23），可见该模型只考虑了充填体的几何尺寸和充填料的堆密度，而没有考虑充填材料的强度特性。因此，卢平曾提出下述修正模型[48]：

$$\sigma_\text{v} = \frac{h}{(1 - k)(\tan\alpha + \frac{2h}{w} \times \frac{c_1}{c}\sin\alpha)} \tag{4-24}$$

式中　$\alpha = 45 + \varphi/2$；

　　　k——侧压力系数，$k = 1 - \sin\varphi_1$；

　　　c，φ——充填体的内聚力与内摩擦角；

　　　c_1，φ_1——充填体与围岩间的内聚力和摩擦角。

其余符号的意义同式（4-23）。

取 $w = 40\text{m}$，$\gamma = 2.3\text{t/m}^3$，$c = c_1 = 0.2\text{MPa}$，$\varphi = \varphi_1 = 41°$，由式（4-23）及式（4-24）计算的充填体高度与作用在充填体底部垂直应力的关系如图 4-71 所示。

除了上述经验公式法及模型法外，还可进行各种物理模拟研究、数学力学模型分析及数值方法计算，以及从理论上论证胶结充填体所需强度的适当范围。

D　比较与讨论

若胶结充填体所需强度只要等于或稍大于充填体中的最大垂直应力即可满足生产要求，则 Terzaghi 模型及 Thomas 模型均可直接用于确定胶结充填体的所需强度。

澳大利亚芒特·艾萨矿业公司对一个胶结充填人工矿柱中的垂直应力分布进行了实测，结果已示于图 4-42 中。其采场结构为：高 80m，长和宽均为 40m，碎石加胶结尾砂充填，充填料物理力学特性为：堆密度 $\gamma = 2.36\text{t/m}^3$，内聚力 $c = 0.40\text{MPa}$，内摩擦角 $\varphi =$

40°，弹模 $E = 1150MPa$，泊松比 $\nu = 0.15$。在上述条件下分别采用经验公式法（式（4-18））、Terzaghi 模型法（式（4-20）~式（4-22））和 Thomas 模型法（式（4-23）和式（4-24））来确定胶结充填体的所需强度，并取胶结充填体的所需强度与充填体中的最大垂直应力相等，则可得到一组曲线，其与芒持·艾萨矿实测结果的比较见图4-72。

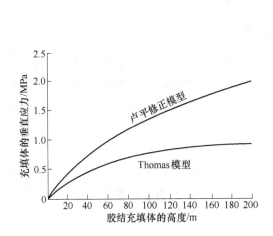

图 4-71 Thomas 模型法计算之一例

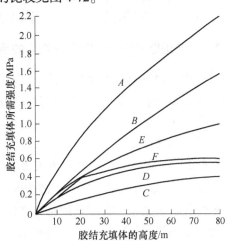

图 4-72 模型计算值与现场实测值比较
A—经验公式法；B—Terzaghi 二维模型；C—Terzaghi
三维模型；D—Thomas 模型；E—卢平修正的
Thomas 模型；F—芒特·艾萨矿实测结果

考虑到 F 曲线是现场实测结果，而胶结充填料在输送进入采空区的过程中将有某种程度的离析、不均匀和水泥流失等因素，因此，对于确定胶结充填体的所需强度来说，曲线 A、曲线 B 和曲线 E 都是可行的。对比现场实测曲线 F，若按 A、B、E 这三条曲线来设计胶结充填体的所需强度，其安全系数为 1.6~3.0。这符合一般的设计准则和安全规程。

4.4.1.2 胶结充填体作为采场支护结构物

在这种情况下，胶结充填体被看作是矿床开采工程结构的一部分，主要用于支护采场围岩。考虑到充填体的可压缩性以及胶结充填体的刚度较小（约为岩体的 0.1%~1%），确定胶结充填体所需强度时，应把充填体设计成一种"可让性支架"结构，而不应设计成一种"刚性支架"结构，以至于认为充填体需要承受从采场工作面直至地表的全部覆盖岩层的重力。

由于胶结充填体支护采场围岩的力学作用基本上取决于各个矿山的开采地质条件和采场围岩的物理力学性质，故此时确定胶结充填体的所需强度比胶结充填体作为自立性人工矿柱时要复杂和困难得多。常用的设计方法有三种：

（1）经验类比法。这种方法通常的做法是，将设计矿山的开采与充填条件与类似的生产矿山进行比较，从而选择一个认为较适当的充填体所需强度值，必要时留有一定的安全系数。该方法由于简便易行，应用颇为广泛。如表 4-14 中所列的 30 个矿山中有 18 个采用了经验类比法确定胶结充填体的所需强度，其中也包括胶结充填体作为自立性人工矿柱时的情形。

（2）数力模型法。在上节中分析水砂充填的支护作用时，曾列举了几个理论分析模型。这些数力模型可直接用于确定胶结充填体的所需强度[51]。

（3）数值分析法。数值分析方法是较理想的确定胶结充填体所需强度的工具。因此，无论是采用经验类比法还是数力模型法来确定胶结充填体的所需强度，均应进行数值分析计算，以相互检验所确定的胶结充填体强度是否合理。

4.4.2　下向进路式充填法胶结充填体的所需强度

当使用下向进路式充填采矿法时，由于在下一分层开采时，上分层的充填体将成为作业空间的直接顶板，故一般可参照建筑梁结构设计的方法来分析计算胶结充填体的所需强度。在实际生产中，一些矿山也研究、总结出了各自的充填体强度设计模型，典型的有金川公司二矿和焦家金矿等。

4.4.2.1　金川公司二矿胶结充填体强度可靠度理论计算模型

韩斌等[52]提出了基于可靠度理论的下向进路胶结充填体强度确定方法。该方法采用不确定性分析方法来分析计算胶结充填体的强度，可使许多不确定性因素定量化，能够反映各种类型随机参数的随机性，同时也可给出相应可能承担的风险，即失效概率。这种方法更加符合现场实际。

基于可靠度理论的下向进路胶结充填采矿法充填体强度确定方法，主要分下述4个步骤进行：

（1）根据可靠度理论，建立极限状态方程：

$$z = g(h, l, E_J, E_L, q, \sigma_R)$$

$$= \sigma_R - \frac{\left[\dfrac{3(1-\nu^2)E_J}{E_L M}\right]^{\frac{1}{2}} ql^3 h^{-\frac{3}{2}} + 3\left[\dfrac{3(1-\nu^2)E_J}{E_L M}\right]^{\frac{1}{4}} ql^2 h^{-\frac{3}{4}} + 3ql}{\left[\dfrac{3(1-\nu^2)E_J}{E_L M}\right]^2 lh^{\frac{1}{2}} + \left[\dfrac{3(1-\nu^2)E_J}{E_L M}\right]^{\frac{1}{4}} h^{\frac{5}{4}}} \quad (a)$$

$$= 0$$

式中　σ_R——进路承载层抗拉强度，MPa；

　　　h——承载层厚度，m；

　　　l——进路1/2宽度，m；

　　　E_J——进路侧帮岩体（或充填体）弹性模量，MPa；

　　　E_L——进路承载层弹性模量，MPa；

　　　q——承载层所受均布载荷，MPa；

　　　ν——承载层泊松比；

　　　M——进路高度，m。

（2）确定各随机参数的特征值。式（a）中 h、l、E_J、E_L、q 均可作为随机参数，可通过现场调查和实验室测量获得。

（3）进路承载层稳定性可靠概率的确定。

（4）进路承载层强度的计算。将 h、l、E_J、E_L、q 的相关参数代入蒙特卡洛法、改进的JC法分析程序，并初步确定一强度值，就可以计算出相应的承载层稳定性可靠概率指标，然后以计算出的可靠概率指标为参照，逐次调节充填体强度值并反复运算，即可求得承载层稳定性可靠概率为所要求值时对应的充填体强度值。

根据金川公司二矿的实际情况，取进路宽度5m、承载层厚度1m、ν 为0.16、M 为4m，则根据式（a）建立的该矿极限状态方程为：

$$z = g(h, l, E_J, E_L, q, \sigma_R)$$

$$= \sigma_R - \frac{0.8549 \left(\dfrac{E_J}{E_L}\right)^{\frac{1}{2}} q l^3 h^{-\frac{3}{2}} + 2.774 \left(\dfrac{E_J}{E_L}\right)^{\frac{1}{4}} q l^2 h^{-\frac{3}{4}} + 3ql}{0.8549 \left(\dfrac{E_J}{E_L}\right)^{\frac{1}{2}} l h^{\frac{1}{2}} + 0.9246 \left(\dfrac{E_J}{E_L}\right)^{\frac{1}{4}} h^{\frac{5}{4}}} \qquad (b)$$

$$= 0$$

各参数通过现场测量统计和实验室测定统计获得，统计结果见表4-16。

表 4-16　随机变量参数

参　数	分布模型	均值	均方差	变异系数	备　注
h	正态	1m	0.100	0.10	承载层抗拉强度与其弹性模量相关
L	正态	5m	0.421	0.084	
q	正态	0.07MPa	0.021	0.30	
E_J	正态	7280MPa	2184	0.23	
E_L	正态	待定	待定	0.23	
σ_R	对数正态	待定	待定	0.23	

对于下向进路胶结充填采矿法而言，一条进路一般在一个月内就可采完。因此，承载层稳定性可靠概率达到90%，则完全可以满足井下生产的要求。故将承载层稳定性可靠概率确定为90%。将表4-15中的参数代入蒙特卡洛法、改进的JC法分析程序，调节充填体强度值3~5次，即可求得承载层稳定性可靠概率为90%时承载层所需的抗拉强度值，计算结果见表4-17。由表4-17可见，采用蒙特卡洛法计算所得结果相对较高，JC法所得结果次之。上述两种方法都没有考虑承载层弹性模量与其抗拉强度两个随机变量之间的相关性，因此所得结果偏于保守；而改进的JC法则考虑到了上述两个随机变量的相关性，能够更加准确地反映实际情况。因此，推荐充填进路承载层抗拉强度取1.55MPa。

表 4-17　不同计算方法得出的进路承载层所需抗拉强度

可靠度计算方法	蒙特卡洛法	改进的 JC 法	JC 法
承载层所需抗拉强度/MPa	1.73	1.55	1.60

上述结论是在一定参数条件下获得的（主要包括随机变量的均值和方差），还须针对影响承载层稳定性可靠概率的各主要参数进行敏感性分析。该实例中重点考察承载层所受均布载荷、进路宽度进路侧帮弹性模量与承载层抗拉强度之间的关系，所要考察的随机变量均值按一定区间取值，其余随机变量的均值、均方差及变异系数的取值均按表4-16确定。敏感性分析的结果如图4-73所示。

据图4-73，可以认为：

（1）进路宽度是影响承载层强度的主要因素，在满足铲运机对进路宽度要求的前提

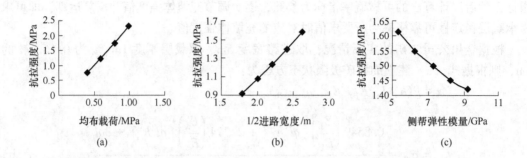

图 4-73　均布荷载、进路宽度及侧帮弹性模量与承载层抗拉强度的关系[52]
（a）均布荷载与承载层抗拉强度要求之间的关系；（b）进路宽度与承载层抗拉强度要求之间的关系；
（c）侧帮弹性模量与承载层抗拉强度要求之间的关系

下，当充填进路宽度控制在 4m 时，承载层抗拉强度可下降至 1.07MPa。

（2）当承载层厚度确定后，承载层所受载荷是影响承载层稳定性可靠概率的另一个主要因素，因此采矿设计应尽可能避免形成可能的应力集中区。

（3）进路侧帮充填体（或矿体）弹性模量对承载层抗拉强度有一定影响，当进路侧帮弹性模量较大时，承载层所需强度相对较小。

4.4.2.2　焦家金矿下向进路高水固结充填体强度计算模型

焦家金矿目前应用的充填采矿法有 3 种[53]：

（1）上向水平分层充填采矿法。上向水平分层充填采矿法一般在规模较小的 3 号脉中使用。采场沿矿体走向布置，采场宽度为矿体水平厚度，采场长度为 10~15m，中段高度 40m，分层回采高度 2~2.5m，分层高度 3~4m。采场底部预留 8~10m 高的底柱，第一分层充填高水泥配比的胶结尾砂作为浇底。分矿房矿柱两步回采，矿房为先行采场，充填低水泥配比的胶结尾砂，矿柱为后续采场，充填分级尾砂。

（2）上向水平进路充填采矿法。焦家金矿主矿体厚度比较大，以上向进路机械化水平分层充填法为主。在矿体厚度小的区段，回采进路沿走向布置，采场宽度为矿体水平厚度，采场长度为 30~90m 不等，中段高度 40m，分段高度 10m 左右。采场预留 7~10m 高的底柱或无底柱回采，第一分层施工钢筋混凝土假底或充填高水泥配比的胶结尾砂浇底。采场分层高度 3~3.5m，进路宽度 3~4m。在矿体厚度大的区段，回采进路垂直走向布置。

（3）下向水平进路充填采矿法（图 4-74）。在矿体比较破碎而品位较高的部位，采用下向进路水平分层胶结充填法，用高水材料固结尾砂充填。该采矿法成功解决了矿体比较破碎而品位较高矿块的回采难题，其特点是：自上而下在人工假顶下分层分进路回采，本分层回采并充填结束后，再用进路回采下一分层。

杨宝贵等[54]根据剪切滑移条件，提出了高水固结充填体的强度计算模型，见式（4-25）。在模型中考虑了充填体自身重力、在滑动面上阻止充填体下滑的抗剪阻力、充填体两侧受到围岩或其他充填体的作用等因素，称为高水充填模型，据认为比较适合焦家金矿的实际。

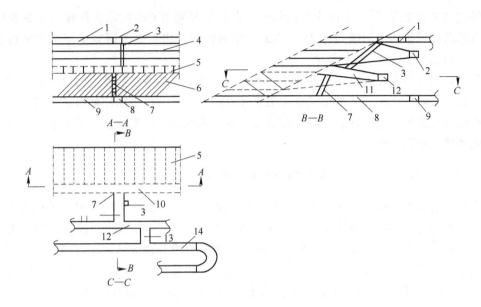

图 4-74 焦家金矿下向进路充填采矿法[53]

1—回风巷；2—穿脉；3—通风充填井；4—充填体；5—设计进路；6—未回采矿体；

7—出矿溜井；8—出矿巷；9—中段平巷；10—下盘沿脉平巷；11—分层联络道；

12—下向分段平巷；13—分段联络巷；14—主斜坡道

$$\sigma_v > \frac{\dfrac{1}{100}h\gamma\sin\alpha - \dfrac{c}{\cos\alpha} - \dfrac{2}{L}hc_1}{\tan\varphi + \dfrac{1}{L}hk\tan\varphi_1} \tag{4-25}$$

式中 $\alpha = 45° + \varphi/2$；

$h = H - (W\tan\alpha)/2$；

k——侧压系数，$k = 1 - \sin\varphi_1$；

H——充填体的高度，m；

W——充填体的宽度，m；

γ——充填体的容积密度，kg/m³；

L——充填体的长度，m；

c_1，φ_1——充填体与围岩间的黏结力和摩擦角；

c，φ——充填体的黏结力和内摩擦角。

4.5 深部矿体充填法开采

对于深部矿床开采遇到的各种安全问题和工程技术问题，国内外都很重视，进行了一系列研究工作。在南非，井下黄金矿床开采最深已达到 4000 余米，其遭遇的岩爆、采矿场（和巷道）的破坏以及高温等都很严重，矿山采用一些监测仪器和设备进行现场测量和记录，并采用尾砂充填等方法进行控制[55]；在国内，很多学者和研究人员也对深井开采问题进行了研究，如中国矿业大学谢和平、彭苏萍、何满潮等进行了深井开采多方面的理论研究与工程实践[56]，中南大学周科平、古德生等采用GIS技术和模糊自组织神经网络来模拟深部采矿岩爆的倾向性[57]，东北大学唐世斌、唐春安等研究了深部采矿热应力作用下岩石的破裂过程[58]，等等。

国内外的这些研究工作，对深部矿山的安全生产，对某些可能发生的地质灾害进行评价或预报有很好的作用。从矿山安全和工程技术角度来说，对于深部金属矿床的开采，充填采矿法是许多矿山的首选。因此，需要进一步开展深部矿床充填法开采控制矿山地质灾害方面系统的研究工作。

4.5.1　金川公司二矿区深部矿体大面积无矿柱充填法开采

金川有色金属公司二矿区是深部矿体大面积无矿柱充填法开采的典型例子，其主要安全问题是矿体上覆岩层的整体稳定性。该矿区岩体断裂发育，主要以挤压性断裂为主，如F1、F16断层，此外还存有两组"X"形扭性断裂，一组为南北方向，规模小、数量多；另一组近东西向，规模较大、数量少。矿区的主要矿体是1号矿体，长1.6km，最大水平宽度为200m，平均宽98m；矿体厚大，倾角65°~75°，延深千余米，如图4-75所示。

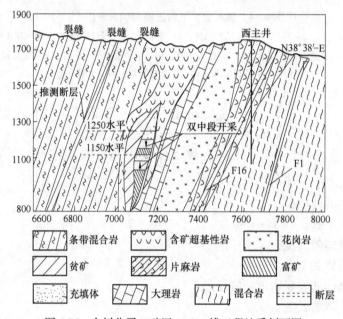

图4-75　金川公司二矿区19-20线工程地质剖面图

目前，开采深度距离地表为500~700m，全部采用下向进路胶结充填采矿法开采，面积已由$5×10^4m^2$扩大到近$10×10^4m^2$，悬顶充填体约$1000×10^4m^3$，随着地下开挖的深度和规模不断扩大，大范围的岩体移动、变形和破坏问题已经产生[59,60]，如图4-76所示。

根据金川二矿区地表裂缝的特征，选择了5条具有代表性的长、大裂缝安装了IGG-1型三维裂缝计，同时还安装了5个简易裂缝计，用以监测裂缝宽度的变化。其中，3号裂缝计在一年内观测得到的地表开裂、变形的发展变化见图4-77。

金川公司二矿区与国内外的大学、研究单位合作，进行了长期的试验研究和观测[62~64]，大面积不留矿柱下向进路胶结充填采矿已积累三十多年的经验，得出的结论有：

（1）大面积下向胶结充填法开采所造成的上部岩体破坏和移动是较小的，充填体是

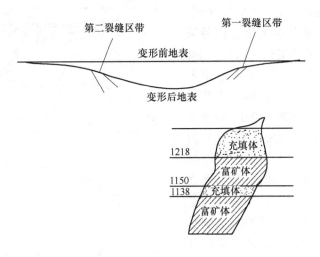

图 4-76 地表沉降、裂缝与矿体的相对位置示意图

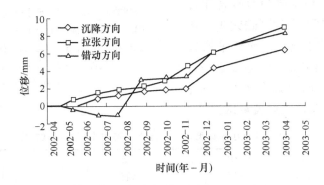

图 4-77 实测的 3 号裂缝计位移-时间曲线[61]

能够阻止上部岩体及围岩大的变形和破坏的。

（2）数值模拟分析结果表明，留临时的间隔矿柱，从应力、位移、塑性变形等方面综合考虑，比不留间隔矿柱要好些。但当临时间隔矿柱开挖后，两者最终效果相差不大，且矿柱中存在高应力区，大部分进入塑性破坏阶段，给后期回采带来极大困难。

（3）金川二矿区采用无矿柱连续回采方案是可行的，由矿体中央向两侧开挖的回采顺序效果最好。

（4）充填体是否接顶，对采场围岩中的最大应力、最大位移和塑性区的大小有较大影响，但对矿山整体稳定性的影响并不大。

（5）上、下中段同时回采与从上往下依次回采相比，两者位移相差不大，但上下中段同时回采时的塑性区比从上往下依次回采时明显偏大。另外，上下中段同时回采时，两中段交界部位的应力值也相当大，会给最后一步开挖造成一定困难。

4.5.2 冬瓜山铜矿深部矿体阶段空场嗣后充填法开采

冬瓜山铜矿深部矿体开采的主要安全问题被认为是岩爆[65]。冬瓜山铜矿床具有"深"（矿床埋藏深）、"高"（地应力高，最大地应力达 30~40MPa）、"大"（目前国内已探明储量最大的铜矿床）、"富"（铜、硫矿石品位较高，还伴生有金、银等有用组分）等特点，共有铜硫、铁矿体140多个，其中主矿体1个（编号Ⅰ），其储量占总储量的98.8%。主矿体水平投影走向长1810m，最大宽度882m，最小宽度204m，平均宽度500m，最大厚度100.67m，最小厚度1.13m，平均厚度34m，矿体走向 NE35°～40°，矿体两翼分别向北西、南东倾斜，倾角最大可达30°～40°；矿体沿走向向北东侧伏，侧伏角10°左右。矿体埋藏较深，赋存于-690～-1007m之间。矿体直接顶板主要为大理岩，矿体底板主要为粉砂岩和石英闪长岩。矿体主要为含铜磁铁矿、含铜蛇纹石和含铜矽卡岩。主矿体平均含铜1.01%，含硫19.7%，含金0.29g/t。矿床的典型地质剖面图如图4-78所示，矿、岩体的主要力学性质见表4-18。

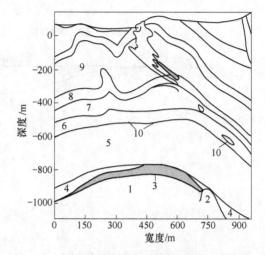

图4-78   冬瓜山铜矿床典型地质剖面图（58线）
1—石炭泵石英闪长岩；2—矽卡岩；3—矿体；
4—黄龙组大理岩；5—栖霞组大理岩；6—现峰
组硅质灰岩和石榴子石矽卡岩；7—龙潭组黏土
页岩和粉砂岩；8—大龙组硅质页岩和泥质硅
质灰岩；9—殷坑组角岩夹大理岩；
10—花岗闪长斑岩

表4-18   冬瓜山铜矿典型矿、岩体主要力学特性测试数据

岩　性	栖霞组大理岩	黄龙组大理岩	粉砂岩	石英闪长岩	矽卡岩	石榴子石矽卡岩	含铜磁黄铁矿
弹性模量/GPa	22.31	12.80	40.40	44.21	49.90	50.88	51.48
泊松比	0.257	0.329	0.209	0.264	0.312	0.250	0.253
单轴抗压强度/GPa	74.04	50.388	187.17	306.58	190.30	170.48	304.0
单轴抗拉强度/GPa	8.96	3.40	19.17	13.90	17.13	12.07	9.12
脆性系数	8.26	14.82	9.76	22.06	11.11	14.11	33.33
内摩擦角/(°)	45.28	39.51	51.01	57.01	56.21	58.91	53.02

由图4-78和表4-18可见，冬瓜山铜矿在-800m以下的矿体、石英闪长岩、矽卡岩等均为抗压强度较高或很高的矿、岩体。据研究，岩爆的发生在很大程度上取决于岩体高抗压强度，故冬瓜山矿深部存在发生岩爆的天然条件。在生产实际中，位于-745～-916m水平的井、巷工程在开挖时发生了数次较弱～中等强度的岩爆。为控制岩层压力和防止重大岩爆发生，使用充填采矿法是最有效的措施之一，南非深井黄金矿山开采的现场经验和数值模拟分析已证实了这一点；古德生、李夕兵等认为[65]，在深部硬岩开采条件下，采空区充填的质量和采空区被充满的比率，对控制岩爆起着至关重要的作用。

该矿设计年生产能力3Mt，选用的采矿方法为"阶段空场嗣后充填采矿法"。如图4-79所示，采场沿矿体走向布置，采用隔一采一的回采顺序：矿房采场长82m，宽18m，采用嗣后全尾砂胶结充填；矿柱采场长78m，宽18m，采用嗣后全尾砂充填。

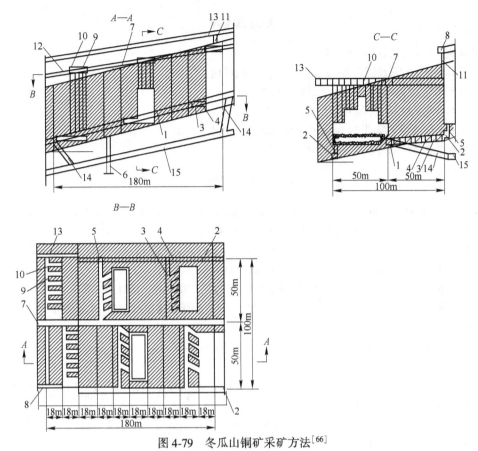

图 4-79 冬瓜山铜矿采矿方法[66]

1—出矿水平出矿穿脉；2—出矿水平回风穿脉；3—出矿巷道；4—出矿进路；5—出矿回风天井；6—溜井；

7—凿岩水平凿岩穿脉；8—凿岩水平回风巷道；9—凿岩巷道；10—凿岩硐室；11—凿岩回风天井；

12—充填天井；13—凿岩充填水平采准斜坡道；14—出矿水平联络斜坡道；15—出矿水平采准斜坡道

根据全尾砂充填料实验室试验结果，全尾砂-20μm 极细颗粒含量达到 37.84%，-0.074mm 为 72.42%，尾砂含硫量为 5.67%~6.44%。为进行全尾砂胶结充填，地表建有 6 套运行机理相同但互相独立的充填料浆制备系统，单套充填料浆制备系统生产能力为 80~100m³/h。充填时从立式砂仓中放出浓度为 70%的全尾砂，按设计比例加入水泥，通过 φ2.0m×2.1m 的高浓度搅拌槽充分搅拌后成为浓度为 72%~74%的充填料浆。各采场充填倍线为 3.0~3.9，充填料浆采用自流输送[67]。

本章学习小结：通过本章的学习，了解到地下采场稳定性的评价方法有经验法、岩体工程分类法、模糊综合评判法等；充填体支撑采场围岩和矿柱的作用机理主要是抵抗和减小围岩或矿柱的闭合或侧向位移，充填体支撑采场围岩和矿柱作用机理的研究方法主要有实验室模拟研究、数值模拟研究、现场实测等；胶结充填体的强度设计主要有经验公式法、Terzaghi 二维模型法以及修正的 Thomas 模型法等；深部矿床开采使用高质量的充填体有助于控制大规模岩层移动或岩爆等地质灾害的发生。

复习思考题

4-1　简述地下采场稳定性的评价方法。

4-2　简述充填体支撑采场围岩和矿柱的一般力学作用机理。

4-3　简述干式充填体的承载特性与支护作用机理。

4-4　简述水砂充填材料的承载特性与支护作用机理。

4-5　简述充填体支撑采场围岩和矿柱作用机理的研究方法。

4-6　简述胶结充填体的所需强度设计方法。

参 考 文 献

［1］ W. R. Niemi, et al. Applied rock mechanics at Thompson mine：A study in particality ［J］. Vol. 2, proc. 13th World Mining Conference, New Dehli, India, 1986.

［2］ J. A. C. Diering, D. H. Laubscher. Practical approach to the numerical stress analysis of mass mining operations ［J］. Inst. of Min. Met. , Section A, Mining Industry, Vol. 96, Oct. 1987.

［3］ 徐庆. 铜坑矿 91 号矿体采场工程岩体稳定性判别 ［J］. 矿冶工程, 1987, 7 (1) .

［4］ 冶金部安全技术研究所. 焦家金矿采场稳定性评价与局部冒落预测 ［J］. 工业安全与防尘, 1986 (10) .

［5］ B. H. G. Brady, E. T. Brown. Rock Mechanics for Underground Mining ［M］. George Allen & Unwin, London, 1985.

［6］ G. E. Blight, I. E. Clarke. Design and properties of still fill for lateral support ［J］. Mining with Backfill, Proc. of Interna. Symp. , Lulea, Sweden, June, 1983.

［7］ Cai Sijing. A simple and convenient method for design of strength of cemented hydraulic fill ［J］. Mining with Backfill, Proc. of Interna. Symp. , Lulea, Sweden, June, 1983.

［8］ 郑永学. 矿山岩体力学 ［M］. 北京：冶金工业出版社, 1988.

［9］ 钱方明. 干式充填控制脉钨矿床采空区地压的研究 ［D］. 南方冶金学院学位论文, 1988.

［10］ H. Kratysch. 采动损害及其防护 ［M］. 马伟民等译. 北京：煤炭工业出版社, 1984.

［11］ 画眉坳钨矿, 江西冶金学院, 江西有色冶金研究所. 画眉坳矿区主矿带地压活动规律及采空区处理研究 (科研报告), 1982.

［12］ 江西有色冶金研究所, 江西冶金学院, 盘古山钨矿. 盘古山矿区下部中段地压活动及其控制方法研究总结报告 (鉴定会资料), 1985.

［13］ 土尔察尼诺夫. 开采急倾斜矿脉时岩石的移动与压力. 江西有色冶金研究所情报室译, 1972.

［14］ E. G. Thomas, et al. Fill Technology in Underground Metalliferous Mines ［M］. Interna. Acad. Serv. Ltd. , Ontario, Canada, 1979.

［15］ 刘可任. 充填理论基础 ［M］. 北京：冶金工业出版社, 1982.

［16］ L. P. Gonano, R. W. Kirkby. In situ investigation of cemented rockfill in the 1100 orebody, Mount Isa mine, QLD. Technical report No. 47, CSIRO, Australia, 1977.

［17］ E. Hoek, E. T. Brown. Underground Excavations in Rock ［M］. Inst. of Min. & Met. , London, 1980.

［18］ Tong Guangxu, Han Maoyuan. Assessment on support ability of the fill mass ［J］. Mining with Backfill, Proc. of Interna. Symp. , Lulea, Sweden, June, 1983.

［19］ M. L. Jeremic. 岩体力学在硬岩开采中的应用 ［M］. 赵玉学等译. 北京：冶金工业出版社, 1990.

［20］ N. Krauland, et al. The Nasliden project-comparison of rock mechanics observation and measurements with FEM calculations ［J］. Application of Rock Mechanics to Cut-and-Fill Mining, Inst. Min. & Met. , London, 1981.

[21] E. T. Brown. 岩石工程的理论与实践 [J]. 蔡嗣经译. 国外金属矿山, 1988 (10~12).

[22] O. Moreno, et al. The support capabilities of rock fill—An experimental study [J]. Application of Rock Mechanics to Cut-And-Fill Mining, Inst. Min. & Met., London, 1981.

[23] 张玉清, 钱方明. 钨矿脉群开采中干式充填作用机理的相似材料模拟研究 [J]. 有色金属 (矿山部分), 1990 (5).

[24] J. D. Smith, et al. Large scale model tests to determine back fill strength requirements for pillar recovery at the Black Mountain mine [J]. Mining with Backfill, Proc. of Interna. Symp., Lulea, Sweden, June, 1983.

[25] R. J. Mitchell, J. J. Roettger. 底柱的分析和模拟 [J]. 充填采矿技术革新 (国家黄金管理局编译), 1991.

[26] B. O'Heam, G. Swan. 模拟法在 Faloon bridge 公司底柱假顶设计中的应用 [J]. 充填采矿技术革新 (国家黄金管理局编译), 1991.

[27] R. J. Mitchell. 内含加固材料的分级尾砂充填的稳定性 [J]. 充填采矿技术革新 (国家黄金管理局编译), 1991.

[28] M. A. Coulthard. Numerical analysis of fill pillar stability—three dimension lineary elastic finite element calculations. Technical report No. 47, Div. of App. Geomech., CSIRO, Australia, 1980.

[29] R. Cowling, et al. Experience with cemented fill stability at Mount Isa Mines [J]. Mining with Backfill, Proc. of Interna. Symp., Lulea, Sweden, June, 1983.

[30] 王晓波. 大冶铁矿充填体与围岩力学作用机理研究及应用 [D]. 北京科技大学, 2010.

[31] Junyan Chen, et al. Assessment of support performance of consolidated backfill in different mining geotechnical conditions [J]. Mining with Backfill, Proc. of Interna. Symp., Lulea, Sweden, June, 1983.

[32] U. Yamaguchi, J. Yamatomi. Consideration on the effect of backfill for the ground stability, Mining with Backfill [J]. Proc. of Interna. Symp., Lulea, Sweden, June, 1983.

[33] J. R. Barrett, et al. Determination of fill stability [J]. Mining with Backfill, the 12th Canadian Rock Mechanics Symposium, 1978.

[34] Y. V. A. Rao, V. S. Vutukuri. Some aspects of recovery of pillars adjacent to uncemented sandfilled stopes [J]. Mining with Backfill, Proc. of Interna. Symp., Lulea, Sweden, June, 1983.

[35] L. A. Beauchamp, et al. 用于矿柱回收的炉渣充填嗣后固结技术 [J]. 充填采矿技术革新 (国家黄金管理局编译), 1991.

[36] M. L. Jeremic. Influence of shrinkage and cut-and-fill mining on ground mechanics, South Bay Mine, Northeastern Ontario [J]. Mining Engineering, Vol. 36, Oct., 1984.

[37] N. Krauland. 瑞典在分层充填采矿法岩石力学方面的进展 [J]. 充填采矿技术革新 (国家黄金管理局编译), 1991.

[38] N. Kamp. 南非 Gold Fields 集团所属矿山的充填工作 [J]. 充填采矿技术革新 (国家黄金管理局编译), 1991.

[39] R. G. Gurtunca, I. H. Clarke. 用数值模拟法评价充填体用作深部采矿作业局部支护的效果 [J]. 充填采矿技术革新 (国家黄金管理局编译), 1991.

[40] 汪家林. 电算在金川下向进路连续回采胶结充填法中的应用 [R]. 北京钢铁学院, 金川有色金属公司科研报告, 1988.

[41] R. Cowling, et al. 改进充填特性的计算机模拟 [J]. 充填采矿技术革新 (国家黄金管理局编译), 1991.

［42］ R. J. Beddoes, et al. 在钾盐矿分层充填采矿法中作充填料的盐尾矿的现场检测［J］. 充填采矿技术革新（国家黄金管理局编译），1991.

［43］ D. R. Tesarik, et al. Cannon 金矿 B-North 矿体的仪器观测和模拟［J］. 充填采矿技术革新（国家黄金管理局编译），1991.

［44］ K. H. Singh, D. G. F. Hedley. Review of fill mining technology in Canada［J］. Application of Rock Mechanics to Cut-And-Fill Mining, Inst. Min. & Met., London, 1981.

［45］ A. G. Grice. 澳大利亚 Mount Isa 矿业有限公司的充填研究［J］. 充填采矿技术革新（国家黄金管理局编译），1991.

［46］ 余伟健，高谦，充填采矿优化设计中的综合稳定性评价指标［J］. 中南大学学报（自然科学版），2011，42（8）：2475-2484

［47］ 蔡嗣经. 胶结充填体的强度设计［J］. 江西冶金学院学报，1985（3）.

［48］ 卢平. 确定胶结充填体强度的理论与实践［J］. 黄金，1992，13（3）.

［49］ K. Terzaghi. Theoretical soil mechanics［M］. J. Wiley & Sons, New York, 1943.

［50］ 蔡嗣经. 胶结充填体强度设计的几个理论模型［J］. 江西冶金学院学报，1985（3~4）.

［51］ 蔡嗣经，等. 胶结充填采矿法采场围岩与充填体相互作用研究［J］. 江西有色金属，1992，6（2）.

［52］ 韩斌，张升学，邓建，王贤来. 基于可靠度理论的下向进路充填体强度确定方法［J］. 中国矿业大学学报，2006，35（3）：372-376.

［53］ 赵传卿. 新型尾砂固结材料的物理力学特性研究及其应用［D］. 北京科技大学学位论文，2008.

［54］ 杨宝贵，孙恒虎，庄百宏. 高水固结充填体的自立［J］. 有色金属，2000，52（2）：7-9.

［55］ 苏林芳，蔡嗣经. 南非深部黄金开采对安全和效益的技术要求（译文）［J］. 国外金属矿山，2001，26（2）：43-46.

［56］ 谢和平，彭苏萍，何满潮. 深部开采基础理论与工程实践［M］. 北京：科学出版社，2006.

［57］ 周科平，古德生. 基于 GIS 的岩爆倾向性模糊自组织神经网络分析模型［J］. 岩石力学与工程学报，2004，23（18）：3093-3097.

［58］ 唐世斌，唐春安，等. 热应力作用下的岩石破裂过程分析［J］. 岩石力学与工程学报，2006，25（10）：2071-2077.

［59］ 赵海军，等. 充填法开采引起地表移动、变形和破坏的过程分析与机理研究［J］. 岩土工程学报，2008，30（5）：670-676.

［60］ 李晓，等. 充填法开采引起的地裂缝分布特征与现场监测分析［J］. 岩石力学与工程学报，2006，25（7）：1361-1369.

［61］ 金铭良. 金川镍矿的大面积开采稳定性分析与对策［J］. 岩石力学与工程学报，1995，14，（3）：211-219.

［62］ 蔡美峰，孔广亚. 金川二矿区深部开采稳定性分析和采矿设计优化研究［J］. 中国矿业，1998，7（5）：33-36.

［63］ 杜国栋，等. 充填采矿法引起的地表变形数值模拟研究［J］. 金属矿山，2008（1）（Series No. 379）：39-43.

［64］ 蔡嗣经，张禄华，周文略. 深井硬岩矿山岩爆灾害预测研究［J］. 中国安全生产科学技术，2005，1（5）：17-20.

［65］ 古德生，李夕兵，等. 现代金属矿床开采科学技术［M］. 北京：冶金工业出版社，2006.

［66］ 彭怀生，王春来. 大型矿山的无废开采设计［C］. 第八届国际充填采矿会议论文集，北京，2004：27-31.

［67］ 王发芝. 冬瓜山铜矿深部采场充填技术［J］. 矿业研究与开发，2008，28（4）：4-5.

5 全尾砂膏体胶结充填材料的制备

本章学习重点：(1) 膏体充填材料基本特性；(2) 膏体充填料特性测定；(3) 全尾砂浓缩脱水原理；(4) 膏体充填料浆制备理论。

本章关键词：膏体充填材料，膏体充填料浆性能测试，全尾砂浓缩脱水，膏体充填料浆制备

全尾砂粒级较细，其浓缩脱水是膏体制备技术的关键所在。膏体充填材料种类繁多，而膏体浓度变化范围较窄，这为膏体充填料浆的制备带来一定的难度。膏体制备涉及的设备较多、工序较为繁杂，简洁实用的膏体制备工艺一直是膏体充填技术的发展方向。

5.1 全尾砂膏体胶结充填材料的基本特性

常用的充填材料分为三类，即胶凝材料、惰性材料与改性材料，如表5-1所示。胶凝材料本身发生水化反应，使充填材料胶凝而固化，充填所用的胶凝材料主要是硅酸盐材料及其替代品。惰性材料主要包括尾砂与废石，不具备水化反应活性，是充填材料的主要组成部分，构成了充填体的骨架。改性材料是为了改善充填料浆性能、提高充填质量而添加的外加剂，常用的有絮凝剂与减水剂等。

表 5-1　常用的全尾砂膏体胶结充填材料

类　别	充　填　材　料
胶凝材料	水泥、粉煤灰、磨细的炉渣、矿渣、石膏、石灰、磨细的烧黏土等
惰性材料	废石、碎石、尾砂、戈壁集料、风砂、山砂、河砂、水淬渣等
改性材料	絮凝剂、减水剂、早强剂、速凝剂、增稠剂、泵送剂、加气剂等

5.1.1　水泥及其替代品

水泥是最常用的胶凝材料。了解水泥特性，对于水泥的正确使用以及膏体制备具有重要意义。为了改善膏体的性能，还需要添加一些改性材料。

5.1.1.1　水泥的种类及其性能

矿山充填常用的水泥品种为三大类，主要有普通硅酸盐水泥、矿渣硅酸盐水泥、火山灰质硅酸盐水泥。按规定龄期的抗压强度和抗折强度来划分水泥的强度等级，可分为32.5、32.5R、42.5、42.5R、52.5、52.5R 六个等级。普通硅酸岩水泥各龄期的强度值如表5-2所示。

表 5-2 普通硅酸盐水泥各龄期的强度值

强度等级	抗压强度 /MPa		抗折强度 /MPa	
	3d	28d	3d	28d
32.5	11.0	32.5	2.5	5.5
32.5R	16.0	32.5	3.5	5.5
42.5	16.0	42.5	3.5	6.5
42.5R	21.0	42.5	4.0	6.5
52.5	22.0	52.5	4.0	7.0
52.5R	26.0	52.5	5.0	7.0

普通硅酸盐水泥的密度为 $3.0 \sim 3.15 t/m^3$，堆密度 $1.0 \sim 1.6\ t/m^3$。矿渣水泥与火山灰水泥的密度为 $2.85 \sim 3.0\ t/m^3$，堆密度 $0.8 \sim 1.15 t/m^3$。按照不同的工程应用条件，选择不同的堆密度值。如在计量设备的能力计算时，普通硅酸盐堆密度可取最小值（$1.0 t/m^3$）；计算水泥仓的容量时，取平均值（$1.3 t/m^3$）；计算水泥仓的荷载时，取最大值（$1.6 t/m^3$）。

水泥的细度通常采用比表面积来表示。普通水泥的细度为 $3000 \sim 3500 cm^2/g$，高标号水泥的细度指标达到 $4000 \sim 6000 cm^2/g$。充填所用的水泥标号多数为 32.5，少数为 42.5。一般要求水泥的初凝时间不得早于 45min，终凝时间不得迟于 10h。

水泥贮存时间过长，将会降低水泥活性。贮存 3 个月时，水泥活性降低 8% ~ 20%；贮存 6 个月时，活性降低 4% ~ 29%；贮存一年后，活性降低 18% ~ 39%。

5.1.1.2 水泥替代品

在胶结充填材料成本中，水泥费用约占 60% ~ 80%，因此降低胶结充填成本的一个重要途径就是寻找水泥替代品，以降低水泥单耗或者水泥单价。国内外的研究及应用表明[1,2]，冶炼厂的水淬渣、火力发电厂的粉煤灰、铝厂的赤泥等，都是性能良好的水泥替代品。尤其是粉煤灰，除了可部分替代水泥以外，还可以改善浆体的流动性能、提高浆体的悬浮性，因此应用更为广泛。

A 胶固料

矿山充填胶固料（或 C 料）是一种新型胶凝材料，从其历史根源、所用原材料和固化原理等方面看，可归为碱激发或化学激发胶凝材料，核心技术是活性激发材料或激发剂的选择与组分配比。胶固料主要以高炉钢渣为原料，通过添加少量激发材料，使工业废渣的潜在活性得到活化，从而产生水硬胶凝作用。与水泥相比，胶固料具有对细粒部分宽容性较大、成本低、固化时间短、同样的强度比水泥单耗少等优点，近十余年来，在金属矿山得到普遍应用。

在灰砂比、料浆浓度、龄期均相同的情况下，胶固料的试块强度比水泥高 1 倍左右。此外，胶固料和水泥的早期抗压强度相差不大；但是，胶固料的后期抗压强度比水泥高。因此，当后期强度要求较高时，选用胶固料效果会更好。

目前，水泥的主要技术指标是从建筑的特性出发而制定的，并不完全适合矿山充填。矿山胶固料是一种绿色环保的胶凝材料，有希望替代水泥，成为矿山充填的专属胶凝材料。

B　粉煤灰

粉煤灰是由潜在活性材料、碳粉及部分惰性物质组成的火山灰物质，主要成分有 SiO_2，Al_2O_3，Fe_2O_3 和 CaO 等。大量研究表明，粉煤灰潜在活性高、矿物化学成分稳定性好、颗粒细、有害物质少，是水泥最佳的掺和料。充分利用粉煤灰，不仅能够变废为宝、节约能源，而且还能够显著改善生态环境。

5.1.1.3　高效减水剂

减水剂是在膏体用水量不变条件下显著提高其流动性，或在保持其流动性不变的条件下大量减少其用水量。依据其化学组成的不同，可分为六类，即木质素磺酸盐类、多环芳香族磺酸盐类、糖蜜类、腐殖酸类、水溶性树脂类和复合类减水剂。

减水剂多数为表面活性剂，吸附于水泥颗粒表面使颗粒带电。颗粒间由于带相同电荷而相互排斥，使水泥颗粒被分散，从而释放颗粒间多余的水，达到减水目的。另外，加入减水剂后，在水泥表面形成吸附膜，影响水泥水化速度，使水泥晶体生长更完善，网络结构更为密实，从而提高膏体的强度及密实性。在充填料中，掺入水泥重量 0.2%~0.5%的普通减水剂，在保持和易性不变的情况下，能减水 8%~20%，提高强度 10%~30%。在保持水灰比不变的条件下，能使充填料的塌落度增加 50~100mm。

表 5-3 是金川二矿区所做的减水剂试验结果[3]。由表可见，流动度随减水剂添加量的增加而提高，膏体浓度越高，其流动度提高的幅度越大；添加减水剂显著提高膏体的塌落度，使原来无法泵送的膏体可以实现泵送。膏体浓度越高，减水剂对改善膏体和易性的增幅越大。

表 5-3　不同减水剂添加量的充填料浆和易性试验结果

浓度	减水剂添加量/%	膏体和易性参数测试结果			减水剂对膏体和易性参数增减比例		
		流动度/cm	塌落度/cm	扩散度/cm	流动度/%	塌落度/%	扩散度/%
78	0	12.1	24.5	52	0.0	0.0	0.0
	1	12.3	25.8	56	1.7	5.3	7.7
	2	12.7	28.5	76	5.0	16.3	46.2
	3	13.1	29.0	99	8.3	18.4	90.4
79	0	11.9	23.5	39	0.0	0.0	0.0
	1	12.2	25.5	48	2.5	8.5	23.4
	2	12.5	27.5	61	5.0	17.0	56.4
	3	13.0	28.0	87	9.25	19.2	123.0
80	0	11.7	22.0	35	0.0	0.0	0.0
	1	11.7	23.5	40	4.5	6.8	14.3
	2	12.2	27.0	55	8.9	22.7	57.1
	3	12.7	28.0	63	13.4	27.3	80.0

浓度	减水剂添加量/%	膏体和易性参数测试结果			减水剂对膏体和易性参数增减比例		
		流动度/cm	塌落度/cm	扩散度/cm	流动度/%	塌落度/%	扩散度/%
81	0	10.0	17.5	31	0.0	0.0	0.0
	1	10.8	24.0	43	8.0	37.1	38.7
	2	11.8	27.0	54	18.0	54.3	74.2
	3	12.2	27.5	56	22.0	57.1	80.6
82	0	8.3	10.0	20	0.0	0.0	0.0
	1	9.5	16.0	27	14.5	40.0	35.0
	2	11.3	23.5	36	36.4	135.0	77.5
	3	11.5	25.0	45	38.5	150.0	125.0

5.1.2　尾砂的基本特性

尾砂的物理化学性质对其浓密脱水、沉降以及对膏体的凝结性能影响极大。全尾砂粒级越细，其沉降速度越慢、浓缩效果差、充填体强度低，为膏体制备带来一定的技术难题。

5.1.2.1　尾砂的物理性质

不同尾砂的性能差异很大，所以到目前为止，尾砂还没有一个通用、明确的分类。例如，有的学者按照尾矿的组成矿物，将尾砂分为 8 类，即镁铁硅酸盐型、钙铝硅酸盐型、长英岩型、碱性硅酸盐型、高铝硅酸盐型、高钙硅酸盐型、硅质岩型、碳酸盐型尾砂；而有的学者按照尾砂的粒度组成来分类，见表 5-4。从上述分类来看，按照尾砂粒度组成的分类方法比较科学实用。

表 5-4　尾砂粒度组成分类表

类　别	判定标准（占比）	尾砂名称
尾矿砂	>2.0mm　10%~50%	尾砾砂
	>0.50mm　>50%	尾粗砂
	>0.25mm　>50%	尾中砂
	>0.10mm　>75%	尾细砂
尾矿土	<0.005mm　>30%	尾矿泥
	<0.005mm　15%~30%	尾重亚黏土
	<0.005mm　10%~15%	尾轻亚黏土
	<0.005mm　5%~10%	尾亚砂
	<0.005mm　<5%	尾粉砂

随着选矿技术的进步，矿石粉磨细度越来越小，相应地，尾砂细度也逐渐下降。超细尾砂通常指平均粒径小于 0.03mm，且 -0.019mm 的含量一般大于 50%，+0.074mm 的含

量小于 10%，+0.037mm 的含量小于 30%。

全尾砂中的细泥含量过多，很难使渗透系数达到 100mm/h 以上。为此，需采用水力旋流器进行分级。尾砂分级的指标通常以 0.037mm 为界限，但各矿山也可以根据自己的实际情况和生产条件具体确定。矿山尾砂充填的脱泥界线可为 0.02mm，一般充填用沉砂中 0.02mm 以下的细粒含量约占 5%~10%。

当采用全尾砂充填时，必须提高充填浓度，使充填料浆在采场不脱水，或者减少脱水量。此时，渗透性能对充填体的凝固速度影响较小。

5.1.2.2 尾砂的化学性质

尾砂的化学成分，一般以 SiO_2、TiO_2、Al_2O_3、FeO、MgO、CaO、Na_2O、K_2O、Fe_2O_3、CO_2、SO_3 等主要造岩元素的含量来标度。各种未选净的金属元素，可从选矿工艺参数中获得。

尾砂作为惰性充填材料，在国内外均得到了广泛的应用。但尾砂中 MgO 的含量较高时，可能会影响充填体的强度。若尾砂材料中含有 S、P、C 等，应注意在充填体发挥作用的期限内，不应使这些组分极大地降低充填体的强度或危害井下劳动条件和环境。

金属矿山大多数含有黄铁矿，其尾砂中的硫含量应予以控制。因为尾砂与空气和水接触后，其中的硫化矿物氧化将生成 SO_4^{2-} 离子，对水泥或其他胶凝材料有破坏作用。当其浓度达到 1500~10000mg/L 时，便可生成难溶的硫铝酸盐晶体和二水石膏，其体积膨胀在 2 倍以上，使充填体内产生内应力，导致充填体破坏。国内的生产实践证明，已氧化的高硫尾砂试块，不论在空气中养护或是在水中养护，大多自行崩解。一般认为，尾砂含硫超过 1%~3%，可能对充填体后期强度产生有害影响；而尾砂中含有已发生氧化的硫化物时，其有害影响更加显著。由于影响尾砂中允许含硫量标准的因素相当复杂，因而很难定出一个用于胶结充填的尾砂允许含硫量的标准。为此，对于含硫量高的尾砂用于胶结充填时，应该慎重，必须通过试验来查明该尾砂的硫含量，并评价胶结充填体在有效期限内产生负面影响的程度。另外，尾砂中最好不含使充填体强度降低的矿物，如云母类矿物。

5.1.2.3 尾砂的沉降特性

在水中，尾砂因重力作用发生自由沉降，其速度主要与颗粒粒径有关。同一物料在相同的温度下，颗粒越粗，其沉降速度越快；反之，颗粒越细，其沉降速度越慢。表 5-5 给

表 5-5 尾矿库中尾砂的沉积效果

粒度/mm	流量/L·s^{-1}	沉积难易程度	沉积效果	
			100m 以内的沉积量	100m 以外的沉积量
0.05~0.037	>20	很好沉积	占原尾砂中该粒组的 50%	达到原尾砂中该粒组的含量
	<20		超过原尾砂中该粒组的含量	—
0.037~0.02	>20	能沉积	小于原尾砂中该粒组含量的 50%	超过该粒组含量的一倍以上
	<20		超过原尾砂中该粒组含量 50%	
0.02~0.005	>20	不易沉积	沉积量很少	—
	<20		—	小于该粒组含量的 50%
<0.005			很难沉积	

出了尾矿库中尾砂颗粒的沉积效果，表明+0.037mm 的颗粒很好沉积，而-0.005mm 的颗粒则很难沉积。

尾砂沉降速度慢，导致尾砂浓度小，而溢流水的固含量较大，增大了水资源用量以及尾泥处理的难度。目前主要技术手段是添加絮凝剂。常用的絮凝剂主要是聚丙烯酰胺。絮凝剂投加到水中后，水解成带电胶体，与其周围的微小尾砂颗粒组成双电层结构的胶团。这些胶团体积不断变大，达到一定程度时（粒径大约为 0.1mm 时），便从水中分离出来，这就是我们所观察到的絮状沉淀物（絮凝体）。

例如，某矿山尾砂的絮凝效果如图 5-1 所示。实验结果表明，与不添加絮凝剂相比，添加后全尾沉降速度大幅增加，最大增幅约为 5 倍[4]。絮凝沉降在实验开始的最初 10min 内效果显著，之后沉降速度变化较大，呈先升后降的趋势；100min 之后，沉降速度较小，呈现压密现象。絮凝剂使用存在一个最佳值，当絮凝剂增加到一定程度后，沉降速度增幅不明显，甚至还有下降现象。

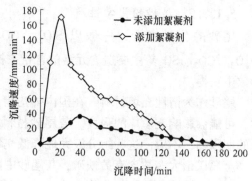

图 5-1   尾矿絮凝沉降速度变化规律

5.2   膏体主要性能的测试方法

膏体需要测试的项目较多，主要包括尾砂粒级组成、凝结时间、抗压强度以及流变参数等。由于膏体流变参数的测试原理已经在第 3 章进行了叙述，这里不再赘述。

5.2.1   尾砂粒级组成的测试方法

对于材料的细粒级物料含量，膏体具有一定的要求，因此，充填骨料的粒级测试非常重要。按照不同的测试原理，可分为振动筛分、水力筛分与激光筛分法。室内常用的主要有振动筛分法与激光筛分法，前者用于粗粒级材料的筛分，用于 400 目以上的材料。后者用于细粒级材料的筛分，通常小于 1mm。

5.2.1.1   振动筛分法

振动筛分法的设备主要包括筛面与振筛机。振筛机在振动器的作用下，产生圆形、椭圆形或直线轨迹的振动。由于筛面的振动使筛面上的物料层松散并离开筛面抛起，使细粒级物料能透过料层下落而通过筛孔排出，并将卡在筛孔中的颗粒振出，除产生筛分作用外，且使物料向前运动。

筛网的规格是根据筛面单位面积的孔数而定的（表 5-6）。使用英制计量单位的国家和地区，以孔/英寸或线/英寸来表达丝网目数，目数可以说明丝网的丝与丝之间的密疏程度。目数越高，丝网越密，网孔越小。反之，目数越低，丝网越稀疏，网孔越大。如 150 目/英寸，即 1 英寸内有 150 根网丝。网孔越小，材料的通过性越差；网孔越大，材料的通过性就越好。振动筛分法具有故障处理方便、筛分效率高等特点，实验室与现场使用广泛。

表 5-6　标准筛规格表

目数	孔径/mm	目数	孔径/mm	目数	孔径/mm
4	5.0	60	0.301	300	0.0500
8	2.5	80	0.200	400	0.0385
10	2.0	100	0.154	500	0.0308
18	1.0	150	0.100	600	0.0250
30	0.600	200	0.074	700	0.0200
50	0.335	250	0.061	800	0.0150

5.2.1.2　激光粒度仪

激光粒度仪是根据光的散射原理来测量粉体颗粒大小的，是一种比较通用的粒度仪。其特点是测量的动态范围宽、测量速度快、操作方便，尤其适合测量粒度分布范围宽的粉体。对粒度均匀的粉体，比如磨料微粉，要慎重选用。激光粒度仪主要依据 Fraunhofer 衍射和 Mie 散射两种光学理论工作。

A　激光粒度仪的原理

米氏散射理论表明，当光束遇到颗粒阻挡时，一部分光将发生散射现象，散射光的传播方向将与主光束的传播方向形成一个夹角 θ。θ 角的大小与颗粒的大小有关，颗粒越大，θ 角就越小；颗粒越小，θ 角就越大。即小角度（θ）的散射光是由大颗粒引起的，大角度（θ）的散射光是由小颗粒引起的。进一步研究表明，散射光的强度代表该粒径颗粒的数量。这样，测量不同角度上的散射光的强度，就可以得到样品的粒度分布了。

激光粒度仪具有经典的光学结构，它由发射、接受和测量窗口三部分组成。光发射部分主要是为仪器提供单色的平行照明光，接收部分是仪器光学结构的关键，测量窗口主要是让被测样品在完全分散的状态下通过测量区，以便仪器获得样品的粒度信息。

B　激光粒度仪的操作方法及注意事项

自动测试前，可根据测试要求，对进水时间、分散时间、测试时间、排水时间以及排气泡次数、冲洗次数、搅拌速度等控制参数进行设置。同时，还可以灵活选择是否自动进水，分散时是否超声、搅拌，以满足不同样品的特殊测试要求。

（1）样品准备。样品必须能够准确反映待测物质，确保使用的样品是具有代表性的。若样品储存在容器中，测量前样品应充分混合，确保大小颗粒都被取样。

（2）光学系统的洁净度。激光散射测量是一种高分辨的光学检测手段，样品池检测窗是测量区域的主要组成部件，窗口的灰尘和污染物质会散射激光，杂质散射光会随样品的散射光一起被测量，从而影响测量的精度。

（3）基本测量。一个完整测量过程包括电子背景测量、光学背景测量和对光、加入样品、开始粒径测量、完成测量。进入测量过程后，软件界面的左下方会有对话框指示测量的进程。

1）测量背景：由于受到设备电子背景噪声、测试光路中镜面灰尘以及分散介质中的杂质颗粒影响，颗粒区的测量数据会有一定的偏差。通过"测量背景"能纯化粒径测量，上述的背景信息和数据会从样品测量数据中减去，以得到精确的数据。

2）设置测量参数：一般常见物质的光学参数在软件中有记录，可以直接选用；若是新的物质，软件库中没有记录，则需要操作人员自行添加样品光学参数。

3）加入样品：在背景测量结束后，出现加入样品提示。

4）开始测量：按下"Start"键开始测量。

（4）查看结果。测量完成，测量信息被软件收集和分析，并保存下来。

5.2.2　膏体凝结时间测试

膏体凝结时间是极其重要的技术指标，包括初凝时间与终凝时间。膏体的凝结时间是在借鉴水泥、砂浆与混凝土的基础上形成的。

5.2.2.1　初凝时间与终凝时间的定义

膏体从和水开始到失去流动性，即从可塑状态发展到固体状态所需要的时间，称为膏体的凝结时间。膏体的凝结状态分为初凝和终凝两种。所谓初凝，是指从膏体加水拌和到膏体达到人为规定的某一可塑状态所需的时间。初凝表示膏体开始失去可塑性并凝聚成块，此时不具有机械强度。终凝是指从膏体加水拌和到膏体完全失去可塑性，达到人为规定的某一较致密的固体状态。终凝表示胶体进一步紧密并失去其可塑性，产生机械强度，并能抵抗一定外力。

膏体凝结时间对矿山充填作业极为重要。膏体凝结时间越短，其早期强度越高。为了确保管道输送的安全，膏体凝结时间又不宜过短，否则可能导致堵管事故发生；凝结时间过长（缓凝），则不利于矿山生产，因为缓凝会延长采充周期，降低生产效率。总之，在保证膏体顺利输送的前提下，采场内膏体的凝结时间越短越好。

影响膏体凝结时间的因素有很多，如灰砂比、质量浓度、颗粒级配与添加剂等。在不同的质量浓度条件下，膏体的凝结时间均随灰砂比的降低而增加。即膏体物料配比中的灰砂比越大，膏体的凝结时间越短。这是因为，膏体内水泥含量越多，在相同时间内膏体内部水化反应产物就越多，达到某一强度所需的时间就越短，相应的凝结时间就越短。

在同等条件下，膏体质量浓度越大，其水灰比越小，凝结时间缩短。随着膏体质量浓度的增加，膏体的凝结时间呈现减小的趋势。相比灰砂比而言，膏体质量浓度对其影响相对较为平缓。

在质量浓度和水泥用量一定的条件下，超细物料含量的增加，会导致膏体凝结时间的延长和强度的降低。这是由于超细物料比表面积大、孔隙率高，它消耗的水量自然也大。吸水率大，导致膏体质量浓度降低，凝结时间就越长。

影响膏体凝结性能的添加剂有促凝剂与缓凝剂。在充填工艺中，缓凝剂使用较少。在一定范围内，膏体的凝结时间随着促凝剂添加量的提高而不断缩短，说明添加促凝剂后能显著缩短膏体凝结时间。

5.2.2.2　砂浆凝结时间测定仪的原理与使用

混凝土与砂浆的凝结时间判据都是达到指定贯入阻力的时间，但混凝土的贯入阻力较大，为2.5MPa；砂浆的贯入阻力只有0.5MPa。目前，膏体凝结时间测定还没有形成专用技术标准。由于膏体充填体强度没有混凝土高，接近于低强度砂浆，且膏体材料与建筑砂浆的粒度相似，可借鉴砂浆凝结时间的测定方法来测定膏体的凝结时间。

砂浆凝结时间测定仪是通过手柄施加压力，使试针垂直向下运动，将试针插入试模内样品；由于样品随着时间延长而凝结，使试针受到不同的贯入阻力，从而在压力显示器上显示不同的压力值（图5-2）。砂浆凝结时间还没有区分初凝时间与终凝时间，只是笼统地测定凝结时间。

考虑到膏体管道输送以及事故处理要求，根据相关工程经验，膏体物料的凝结时间不低于8h。

5.2.2.3 砂浆凝结时间测定仪操作步骤

（1）制备好的膏体装入容器内，低于容器上口10mm，轻轻敲击容器并予抹平，将装有膏体的容器放在室温条件下养护。

（2）膏体表面泌水不清除，测定贯入阻力值。用截面为30mm²的贯入试针与膏体表面接触，在10s内缓慢而均匀地垂直压入，向下行程为25mm。贯入杆至少离开容器边缘或任何已有贯入部位12mm。每次贯入时记录仪表读数N_p。

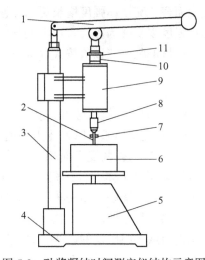

图5-2 砂浆凝结时间测定仪结构示意图
1—手柄；2—试针；3—立柱；4—底座；
5—压力显示器；6—试模；7—接触片；
8—钻夹头；9—支架；10—主轴；11—限位螺母

（3）实际的贯入阻力值在成型2h后开始测定（从搅拌加水时起算），然后每隔半小时测定一次，至贯入阻力达到0.3MPa后，改为每15min测定一次，直至贯入阻力达到0.5MPa为止。

（4）将实验数值代入式（5-1），可得到膏体贯入阻力值。

$$F_p = \frac{N_p}{A_p} \tag{5-1}$$

式中，F_p为贯入阻力值，MPa；N_p为贯入深度为25mm时的静压力，N；A_p为贯入试针截面积，30mm²。

贯入阻力值计算精确至0.01MPa。由测得的贯入阻力值，可按下列方法确定膏体的凝结时间。

（1）分别记录时间和相应的贯入阻力值，根据实验所得各阶段的贯入阻力与时间关系绘图，由图求出贯入阻力达到0.5MPa时所需的时间，此值即为膏体的凝结时间测定值。

（2）膏体凝结时间测定应一个试样测试一次，共两次测试，以两次测试结果的平均值作为该膏体的凝结时间值。两次实验结果的误差不应大于30min，否则应重新测定。

5.2.3 膏体抗压强度测试

膏体的抗压强度测试主要借鉴于水泥、砂浆与混凝土的测定原理与方法，但也有一些区别。在不加粗骨料时，全尾砂膏体与砂浆相似；当添加粗骨料时，与混凝土相似。

5.2.3.1 充填体抗压强度的概念

根据充填体的龄期不同，充填体的抗压强度值有三种，即早期强度、中期强度与远期强度。对于砂浆与混凝土而言，早期强度、中期强度与远期强度分别对应于7d、14d与28d的强度值。但对于膏体，早期强度可能是3d的强度，有利于缩短回采周期。对于远期强度而言，充填体强度增长更加缓慢，强度值在 56d 甚至 90d 还在增长，因此，充填体的远期强度以 90d 为宜。

充填体的强度测试值按式（5-2）计算：

$$p = \frac{F}{A} \tag{5-2}$$

式中　p——充填体抗压强度，MPa；

　　　F——充填体破坏时的压力峰值，N；

　　　A——充填体的受压面积，mm^2。

对于全尾砂膏体而言，充填体的试模常采用内壁边长为 $7.07cm \times 7.07cm \times 7.07cm$ 的三联试模，受压面积为 $50cm^2$。对于粗骨料膏体而言，由于粗骨料通常为小于 25mm，考虑到粗骨料的尺寸效应，试模采用 $10cm \times 10cm \times 10cm$ 的单联试模，受压面积为 $100cm^2$。三个试模组成一组龄期的试块，每组龄期的强度值取其平均值。

5.2.3.2　试件的制作及养护

（1）试模内涂一层薄机油，充填料浆分两层装入试模，并用捣棒每层捣 12 次。面层捣实以后，沿试模内壁用刮刀插捣 6 次，然后抹平。

（2）制作完成试件后，将试件放到标准养护箱进行养护，进行编号拆模，并养护至相应的龄期，再进行抗压试验。

（3）充填料浆的标准养护条件为温度（20 ± 3）℃、相对湿度 90% 以上。养护期间，试件彼此间隔不小于 10mm。

5.2.3.3　试验步骤

试件取出后，将试件擦干，测量尺寸（精确至 1mm）。将试件放在压力机下面的中心位置，开动压力机进行加压，加压速度为 $0.5 \sim 1.5kN/s$。试件强度不大于 5MPa 时，取下限；试件强度大于 5MPa 时，取上限，直至破坏，记录破坏荷载。

5.3　膏体充填材料的制备方法

在膏体充填材料中，全尾砂、水泥、水是三种必不可少的材料。全尾砂须经过脱水浓密后才能使用，否则达不到膏体的浓度要求。在膏体搅拌机内，全尾砂以浆体或者滤饼的形式加入，水泥以干式或者水泥浆形式加入，根据浓度监测的情况再决定是否加水。

5.3.1　尾砂浓密方法

选厂浮选尾砂的含水量很大，需要排出大量的水才能满足高浓度的制备要求。但全尾砂的含泥量高，渗透性差，并且在脱水过程中要避免细泥物料的流失。因此，全尾砂的高效脱水技术成为全尾砂充填料制备工艺的一项非常关键的环节，一直是国内外致力于研究解决的技术难题[5]。

工业上应用的全尾砂脱水工艺流程有：

（1）旋流、沉降、过滤三段脱水流程；

（2）浓密、沉降、过滤三段脱水流程；

（3）浓密、过滤两段脱水流程；

（4）浓密、沉缩两段脱水流程；

（5）浓缩一段脱水流程。

其中浓缩一段脱水流程是一种能耗低、效率高的短流程全尾砂脱水工艺。

5.3.1.1　全尾砂浓密脱水

浓缩设备有多种，充填系统中一般用的是浓密机。传统浓密机的底流不能满足膏体充填的浓度要求，近年来随着絮凝沉降以及机械浓密等技术的发展，出现了能够获得较高底流浓度的膏体浓密机。

浓密机利用尾砂浆中固体颗粒的絮凝沉降和压缩浓密来实现连续浓密。尾砂颗粒沉降过程如图5-3所示[6]。选厂尾砂浆和絮凝剂溶液同时进入给料井中，在絮凝作用下，尾砂浆中颗粒凝聚、吸附成团；在自由沉降区（B区）中，颗粒靠自重而迅速下沉；当到达压缩区（D区）时，尾砂颗粒已经汇集成紧密接触的絮团，然后继续下沉到浓密区（E区）。由于刮板的运输，使E区形成一个锥形表面，浓密物受到刮板的压力，进一步被压缩，挤出其中水分，最后由排料口排出底流产物。

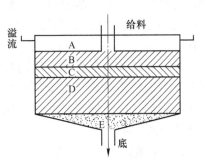

图5-3　浓密机尾矿颗粒沉降过程

尾砂颗粒由B区沉降至D区时，中间还要经过C区。在C区，一部分尾砂颗粒能够因自重而下沉，一部分颗粒受到密集尾砂颗粒的干扰而不能自由下沉，形成了介于B、D两区之间的过渡区。A区为澄清区，其中的澄清水从溢流堰流出。

由此可见，在5个区域中，A、E区是浓密的结果，B、C、D区是浓密的过程。浓密机应该有足够的深度，该深度应该包括上述五个区所需要的高度。

A　全尾砂絮凝沉降原理

全尾砂絮凝沉降靠的是尾矿浆中固体颗粒的重力沉降和絮凝沉降来实现的，如图5-3中的B、C区。

重力沉降是指利用固液密度差实现固体下沉，液体上升，从而完成固液分离和高浓度浆体浓缩的过程。重力沉降固液分离是一个物理过程，根据操作目的及要求的不同，可分为澄清、浓密、分离三个过程。澄清的目的在于回收液体，要求获得清澈的液体，基本上不含固体；浓密的目的在于回收固体；分离是对以上两种作业即澄清与浓密要求同时兼顾的作业。由于重力浓密工艺简单，能耗小，因此得到了广泛的应用。重力浓密理论包括描述浓密过程中液相对运动定量力学关系的数学模型，是浓密机设计的理论基础。

为了加快沉降速度、降低溢流水含固量，可通过添加絮凝剂的方法来加速全尾砂的沉降浓缩。影响絮凝沉降的重要因素有尾砂入料浓度、絮凝剂用量、絮凝剂溶液浓度等。此外，絮凝剂的类型、尾砂浓度、絮凝剂单耗、温度、尾砂浆pH值、絮凝剂溶液浓度、助凝剂、接触次数等，对絮凝沉降也有一定的影响。

絮凝沉降的原理是利用高分子聚合物——絮凝剂的作用，使小颗粒矿物形成大的絮团，加快其沉降速度。在浓密机内形成絮凝层，并采用在絮凝层下部给矿方式，可使浓密机工作效率提高数十倍。

絮凝是由线形的高分子化合物在微粒间架桥联结而引起的微粒聚合。常见的絮凝剂有无机盐类絮凝剂和高分子絮凝剂，在全尾砂絮凝中多用高分子絮凝剂。高分子絮凝剂的作用机理是高分子聚合物吸附在胶粒上，影响粒子间的相互作用。聚合物的吸附可以使胶体稳定性增强，也可以引起胶体的絮凝。絮凝剂的使用有个最佳用量问题，即在一定浓度范围内，多投加高分子絮凝剂就会提高絮凝效果，但如果投加量超过了最佳范围，不管是絮体生成量还是沉降速度，反而都开始降低。此外，絮凝剂溶解度对浓密效果也有影响，絮凝剂是长分子链的有机物质，溶解越充分其暴露在外面的活泼基团也越多，因此会更多地吸附料浆中的悬浮颗粒。

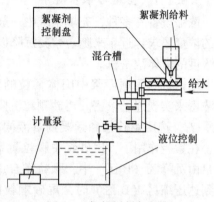

图 5-4　絮凝剂制备系统

絮凝剂制备质量直接影响到膏体浓密机的效能和絮凝剂的消耗量。絮凝剂的品种较多，选用何种絮凝剂，应根据矿浆的性质决定。絮凝剂制备系统见图5-4。

B　全尾砂压缩浓密原理

全尾砂絮凝浓密是靠絮凝沉降和压缩浓密来实现快速脱水的。絮凝沉降解决了浓密机的处理能力，而压缩浓密提高了底流浓度，确保了液固分离的效果，如图5-3中D区和E区。

在絮凝沉降阶段，絮凝剂把尾砂颗粒有效的结合在一起，形成团状结构。絮团进入浓密区的过程中，由于给料速度和浓密机机壁的限制，在机体内部形成沿水平方向的环流。在下沉过程中，絮团同时受到垂直向下的重力和水平方向的环流力作用，絮团之间相互挤压、碰撞，絮团变小甚至破裂。此外，耙架转动使得絮团周围形成漩涡，絮团在漩涡的搅动下，形状和大小都发生变化。当絮团变小到一定程度时，絮团中包裹的水分快速脱离，沿着导水杆形成的导水通道，向上逃逸；而尾砂向下运移，从而提高了底流的重量浓度。

5.3.1.2　全尾砂过滤脱水

与浓密脱水不同，过滤脱水依靠机械外力，使全尾砂实现快速脱水。常见的过滤方法有真空过滤、压滤、离心过滤等。

（1）真空过滤是指过滤面的两侧受到不同的压力作用，一侧为大气压，另一侧则与真空源相通。真空过滤的推动力就是两者的压力差，即真空度。在此压差作用下，悬浮液中的固体颗粒被截留在滤布表面形成滤饼，滤液被真空吸走，从而达到过滤的目的。真空过滤机就是根据这个原理制作的，分为间歇操作和连续操作两种。间歇过滤的真空过滤机可过滤各种浓度的悬浮液，连续操作的真空过滤机适于过滤固体颗粒较多的稠厚悬浮液。

（2）压滤是指在过滤介质一侧施加正压力（压强）来实现过滤作业。压滤的原理是在过滤介质一侧施加压力，使滤布两边形成压力差，从而实现固液分离。加压过滤机就是利用压滤的原理制成的。加压过滤机的工作压力是真空过滤机的10倍左右，所以其滤饼水分低，运输方便，耗能少。一般来说，在超细尾砂的液固分离中，压滤应用得相对较多。

（3）离心过滤是以离心力为推动力来完成过滤作业的，兼有离心和过滤的双重作用。离心过滤一般分为滤饼形成、滤饼的压紧和滤饼压干三个阶段，但是根据物料性质的不同，有时可能只需进行一个或两个阶段。离心过滤是在具有过滤介质（如滤网、滤布）的有孔转鼓中加入悬浮液，固体粒子截留在过滤介质上，液体穿过滤饼层而流出，最后完成滤液和滤饼分离的过滤操作。按严格定义，离心过滤仅是指滤饼层表面留有自由液层，即经过滤形成的滤饼层内始终充满液体的阶段。这在工业上很少应用。工业上所应用的离心过滤，包括自由液面渗入滤饼层内部液体的脱除，有时还包括洗涤滤饼的水的脱除。离心过滤的设备有离心过滤机、连续沉降-过滤式螺旋卸料离心机等。

5.3.2 水泥的添加方式

矿山多用添加水泥的膏体充填，其目的是根据采矿工艺的需要，形成符合设计强度的充填体。世界各国膏体充填系统中有多种多样添加水泥的方式，可根据各矿山具体条件来选用[7,8]。添加水泥的地点有地面泵站、井下泵站和充填工作面；添加水泥的方式分添加干水泥和添加水泥浆。

不同的水泥添加方式有不同的优缺点，详见表5-7，只有在实践中根据具体情况各取所需。例如在地表添加干水泥最为简便，可省去水泥管道输送系统和添加装置，但每一循环充填作业结束后都要及时清洗管道，而且清洗水容易流入充填采场。井下干加水泥虽能提高充填浓度和充填强度，但输送系统复杂，技术难度大。井下添加水泥浆简便可靠、容易操作，但需增加一套与膏体并行的管路系统和制浆装置等。

表 5-7 水泥添加方式的比较

添加方式	工艺特点	优 点	缺 点	适用条件
坑内由添加装置直接添加干水泥	1. 干水泥由地面风力输送到井下贮仓； 2. 建立井下贮仓向采场风力输送设施； 3. 安装干水泥添加装置； 4. 需要坑内专用的收尘、排尘设施	1. 绝大多部分管路不需要清洗； 2. 添加干水泥后膏体固含量进一步提高	1. 需建立复杂的风力输送与添加系统； 2. 工艺环节多、管理复杂； 3. 水泥添加不便调节控制	垂深大、水平管路长的系统
坑内向搅拌机中添加干水泥	1. 干水泥由地面风力输送到井下贮仓； 2. 设有站内中间泵站； 3. 需要坑内专用的收尘、排尘设施	1. 地表泵站至坑内泵站之间的管路不需要清洗； 2. 水泥添加量便于调节； 3. 比直接搅拌均匀，膏体质量好	1. 需建立复杂的风力输送与添加系统； 2. 收尘、排尘管理复杂	
坑内由添加装置直接添加水泥浆	1. 水泥地表制浆后专线输送到井下添加点； 2. 需要在管路安装加湿装置	1. 膏体充填管路基本上不需清洗； 2. 系统布置简单	1. 水泥浆输送管道要经常清洗； 2 膏体浓度会降低； 3. 水泥添加量受限制	

添加方式	工艺特点	优　点	缺　点	适用条件
地表向搅拌机中添加干水泥	1. 地表搅拌机加强通风防尘； 2. 充填系统简化，只有一条膏体管路	1. 水泥添加量调节控制简便； 2. 系统布置简单，省去水泥专用管路及专用添加装置； 3. 无需水泥制浆装置	1. 膏体管道要经常清洗； 2. 充填料不能在管道中停留时间过长； 3. 增加防尘设施	垂深小、水平管路短的系统
地表向搅拌机中加水泥浆	1. 水泥单独制浆； 2. 充填系统简化，只有一条膏体管路	1. 水泥添加量调节控制简便； 2. 系统布置简单，省去水泥专用管路及专用添加装置； 3. 搅拌均匀，防尘简单	1. 膏体管道要经常清洗； 2. 充填料不能在管道中停留时间过长； 3. 增加水泥制浆设施	

注：坑内直接添加干水泥比直接添加水泥浆的充填体强度高 20%~30%，但系统复杂，管理难度大。

5.3.2.1　地表添加干水泥

常规的自流充填系统都是在地表添加干水泥。一般在水泥仓底部安装有叶轮给料机或螺旋给料机，往往和冲板流量计配合使用，将给料调节和准确计量结合起来，按要求定量向搅拌槽供给水泥，与其他充填料一起搅拌。这种添加干水泥方式工艺简便可靠，但对高固体浓度的充填物料，由于水分少、连续搅拌时间短，搅拌不充分将影响充填质量。地表添加干水泥方式，如果采用强力间断搅拌机搅拌，会获得更好的效果。我国凡口铅锌矿全尾砂高浓度自流充填系统采用地表添加干水泥方式，由水泥仓下的双管螺旋给料机喂料、冲板流量计计量，与全尾砂滤饼及水一起进入双轴桨叶式搅拌机进行混合。

在国外，地表向搅拌机添加干水泥的膏体充填系统有美国幸运星期五（Lucky Friday）银铅锌矿、摩洛哥哈贾尔（Hajar）铜矿、澳大利亚卡林顿（Calington）多金属矿等。

5.3.2.2　井下添加干水泥

从地表水泥仓底部给料装置开始布置一条单独的、与膏体输送并行的管路来向井下小型水泥仓风力输送干水泥，再由井下水泥仓风力输送到喷射装置，与膏体混合后喷入采空区。此喷射装置距膏体充填管排出口大约 30m 处并装在膏体充填管上。

德国格隆德铅锌矿粗骨料膏体充填系统采用了井下添加干水泥方式。由于长距离膏体管路中未加水泥，因此，充填作业结束后不必清洗管道，充填料可暂时滞留在管道中长达 48h，且不影响下一循环充填作业。据有关资料介绍，膏体在管道中最长时间停留可达 5d。南非库基 3 号金矿也是采用了向坑内泵站膏体搅拌机中添加干水泥的方式。

长距离风力输送干水泥特别是井下环境中输送，是一项复杂的技术。据北京有色冶金设计研究总院对全国水泥厂和矿山考察，地表风力输送干水泥的最长管线为 800m 左右，井下尚无干水泥风力输送系统的先例。

井下输送干水泥要解决的问题是：

(1) 风力净化问题。压缩空气中往往含有油和水，一般的油水分离器还不能完全达到净化标准。管路中的干水泥与油和水接触，不仅造成干水泥的浪费，也会造成管路堵管，造成严重的后果。

（2）井下除尘与污风排放。干水泥靠风力做载体输送到目的地之后，固体物料沉降而污风必须除尘、排放，在井下狭小、潮湿的环境中处理这些问题并不容易。

（3）风力输送管道磨损特别是弯管磨损问题比较突出。

（4）风力添加干水泥的计量管理问题难以解决。在地面试验时，通过一定管径和压力的生产调控不易掌握，因风力输送速度快，可能造成水泥给量不够，也可能因给料过量使喷射器堵塞。

5.3.2.3 地表添加水泥浆

地表添加水泥浆是从水泥仓定量给出水泥，再与清水在搅拌机中先行混合，制成一定浓度的水泥浆，之后再送入膏体搅拌机与全尾砂等充填骨料混合。金川全尾砂膏体泵送充填工业试验中，利用高浓度搅拌机制备水泥浆，再流入双轴叶片式搅拌机与全尾砂、细石集料混合制备膏体。这种方式的水泥与充填骨料混合比较充分，膏体质量有保证。

5.3.2.4 井下添加水泥浆

（1）坑内制浆。德国格隆德矿既有坑内添加干水泥的工艺，也有坑内添加水泥浆（坑内制浆）工艺。坑内制浆方法是利用风力把水泥输送到井下小型水泥仓，再经风力转送到井下接力泵站内的 1 台 CMK-139 水泥制浆机，制备好的水泥浆直接用软管添加到搅拌机中，与地面输送来的膏体混合。这种水泥添加方式会使膏体浓度降低 1%~2%，但水泥搅拌混合均匀。

（2）地面制浆。由于风力输送干水泥到井下存在上述问题，如采用地面制浆向井下输送水泥浆可解决这些问题。但产生新的问题是水泥浆输送管道的清洗和有效管理，处理不当会使管壁挂浆并逐渐缩小管径，甚至使管道报废。奥地利布莱堡（Bleibrg）铅锌矿全尾砂膏体泵送充填系统也采用了水泥地面制浆井下添加方式，水泥在地表制浆后输送到井下充填管的排料口附近，通过喷射装置排入膏体充填管内，与膏体混合后填入采场。

5.3.3 膏体制备方法

膏体制备的方法分为间歇制备与连续制备两种。间歇制备方法来源于混凝土制备，具有物料配比精度高，适合于所有物料均为干料；连续制备方法在是间歇制备的基础上发展而来的，生产能力大，但物料配比波动幅度大，适合于原材料为浆体的膏体制备。

5.3.3.1 膏体间歇制备方法

在膏体搅拌技术与工艺的发展过程中，首先应用的是混凝土间歇式搅拌设备，所以也被称为传统式搅拌设备。

A 膏体间歇制备工艺流程

间歇式膏体搅拌工艺又称为周期作用式搅拌，其装料、拌和、卸料等工序皆为周期性循环作业。将已拌好的料浆卸空后，方可将新料倒入搅拌机内，进行下批次的拌制作业。间歇搅拌作业流程如图 5-5 所示。间歇式搅拌方式主要包括自落式搅拌机、卧式间歇式搅拌机等。在我国，自落式搅拌机主要应用在某些废石或混凝土充填的小型矿山，设备搅拌效率低、质量差，且不适合搅拌黏性高的全尾砂料浆，因此在膏体充填中应用较少。

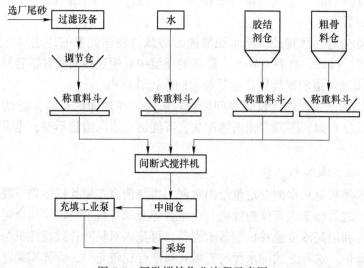

图 5-5　间歇搅拌作业流程示意图

膏体料浆第一段搅拌工艺，可采用建筑工程中通用的卧式搅拌机进行间歇式搅拌。作业时，干物料分别储存、分别计量，按配比加入搅拌机。在一般情况下，有 2~3 台卧式搅拌机顺序运行，几台间歇式搅拌机的生产能力总和与第二段连续式搅拌机的生产能力相匹配。可将第一段搅拌的间断作业与第二段搅拌的连续作业衔接起来，将第二段连续搅拌好的膏体料浆不间断地给入膏体输送泵的受料斗。也可以使用 1 台卧式搅拌机，下方配备大容量中间仓来储存合格膏体，再给充填工业泵喂料。

B　膏体间歇搅拌的特点

与连续搅拌相比，间歇搅拌方式的特点如下：

（1）构造简单，而且体积小，制造容易，成本低。

（2）在拌和过程中，容易精确地量配材料、改变材料的成分和调整工作循环的时间，易于控制配比和保证拌和质量。

间歇式搅拌具有物料计量准确、可靠、搅拌质量好等优点。通过搅拌器的受力及能量消耗，与事先进行了黏度标定的膏体进行比较，一旦发现不符合黏度要求的膏体，可通过添加不同粒级的物料或清水来调整，因此可控制不合格的膏体进入井下管路。这一点是连续式搅拌机难以做到的。它特别适合于充填质量要求高、凝固时间短的矿山企业。

间歇式搅拌工艺主要借鉴于混凝土制备技术，在煤矿充填中应用较多。而金属矿山的尾砂含水率波动较大，储存与供料难度大，使得制备出来的膏体浓度难以保证。另外，间歇式搅拌系统要求各供料设备周期性地启动和关停，对控制与计量设备的可靠性要求较高。因此，间歇式搅拌工艺在金属矿山应用较少。

5.3.3.2　膏体连续制备方法

在金属矿山的膏体制备中，连续制备占据主导地位。形成这一现象的主要原因是，金属矿的全尾砂以浆体形式供应较多，此时，全尾砂浆体供应是连续的，难以适应间歇制备的计量与控制环节。

A　连续制备工艺流程

制备膏体时，连续搅拌作业要求按设计的各种物料定量，同时连续地给入搅拌机，并连续定量加入清水。经过连续搅拌机不间断的混合、搅拌、排料，进入膏体输送泵的受料斗。连续搅拌作业流程如图 5-6 所示。

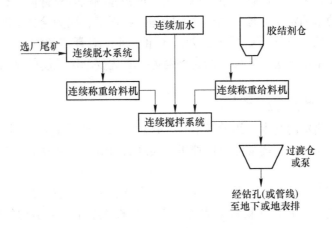

图 5-6 连续搅拌作业流程示意图

根据采矿工程工艺要求和物料配比，连续搅拌作业分为一段搅拌流程和两段搅拌流程：

（1）一段搅拌流程。只用一台连续搅拌机混合物料，并不间断地送入膏体输送泵的受料斗。这种流程用于单一全尾砂浆泵送。

（2）两段搅拌流程。适用于膏体混合料的搅拌，特别是加入粗骨料时，必须采用两段搅拌。其第一段搅拌可采用间断搅拌机或连续搅拌机，第二段搅拌多为具有搅拌、贮存及输送功能的连续搅拌机。故第二段搅拌机一般容积较大，国外常用 $5 \sim 20 m^3$，国内目前最大为 $10 m^3$。

B　膏体连续混合搅拌的特点

影响搅拌质量的主要因素是物料颗粒成分、大小、形状、密度、含水量与结块成团倾向性等物理性质，还有给料方式、搅拌方式和搅拌时间等。膏体混合搅拌具有以下几个特点：

（1）与普通砂浆相比，膏体充填料浓度高、黏度大、粒级配比范围广、流动性差。

（2）根据工艺条件及给排料的要求，搅拌机采用固定容器连续混合式，即槽体固定，主搅拌器在槽体内水平配置旋转，需要时可在排料端另设辅助搅拌器。

（3）以对流混合为主，同时由旋转搅拌器产生剪切作用来破坏成团物料的凝聚结构，使物料在对流中产生错动、分散与集聚，达到较好的搅拌效果。

（4）搅拌器与槽壁间隙较小，对物料有切断和磨碎作用，并且不易使硬块卡住搅拌器，又避免物料粘结槽壁，使物料始终处于有效搅拌区的运动状态中。

膏体搅拌质量和生产能力要保证满足充填工艺要求，必须控制混合物料给入条件，最重要的是连续给料必须均匀稳定。当加入多种物料时，应严格按照设计要求配比、同步均衡给料。对粉尘污染严重的某些物料如水泥、飞灰等，可预先密封浆化，再与其他组分混合。

由于连续搅拌机一般都缺少对给料的前后混合能力，也难以在极短时间内（从给料到排料）纠正不合格膏体进入输送泵的进料斗。因此，对混合物料给料设备的选择与给料控制就显得十分重要。这一点往往被人们所忽视，更有的人认为可以延长搅拌时间或改二段搅拌为三段搅拌来提高混合质量，或采用先进的检测仪表对膏体进行精确测定，包括对膏体十分敏感的水的定量监控。然而这可能是一种误解，因为给料不准或未按设计要求给料，搅拌时间再长，搅拌段数再多也无济于事，即使对膏体的浓度、流量测定十分准确，也不一定能制备出满足工艺要求的合格膏体。首先要精确控制的是给料端，其次才是排料端。

5.3.3.3　膏体搅拌的原理

混合搅拌机对物料的基本作用就是混合，这种混合主要是通过物料的运动来实现的，因此混合搅拌机的作用机理类似液体搅拌机，表现为对流、扩散及剪切三种基本作用方式的混合：

（1）对流是指颗粒物料的团块从一个位置转移到另一个位置的过程。

（2）扩散是指由于颗粒在物料整体新生表面上的分布作用而引起的少量颗粒位置分散迁移的过程。

（3）剪切则指在颗粒物料团内开辟新的滑移面而产生的混合过程。

虽然混合搅拌机的结构形式不同，但大多数混合机在操作时，以上三种作用并存。在混合搅拌操作中，物料颗粒随机分布，受混合搅拌作用，物料同时开始流动混合与分离。一旦混合作用与分离作用达到其一平衡状态，混合作用便已完成。

本章学习小结：通过本章的学习，使我们了解到膏体充填料主要组分水泥、全尾砂以及添加剂的基本性质；在实验室使用激光粒度仪测定全尾砂的粒级组成，使用砂浆阻力测定仪测定膏体的凝结时间，使用压力机测定膏体固化后的强度；使用絮凝浓密或者过滤的方式，对选厂全尾砂进行浓缩脱水；使用连续或者间歇搅拌方式来制备膏体充填料浆。

复习思考题

5-1　充填材料的组成分类及其作用。列举几种常用材料。

5-2　尾砂的物理化学性质对全尾矿膏体充填工艺的影响。

5-3　膏体充填材料的测试项目及其测试方法。

5-4　工业上应用的全尾砂脱水工艺流程。

5-5　膏体充填系统中的各种水泥添加方式及其特点。

5-6　膏体连续搅拌作业的特点。

参 考 文 献

[1] 李茂辉，杨志强，王有团，等．粉煤灰复合胶凝材料充填体强度与水化机理研究 [J]．中国矿业大学学报，2015，44（4）：650~655．

[2] 胡家国，古德生．粉煤灰作为水泥替代品用于胶结充填的试验研究 [J]．矿业研究与开发，2002，22（5）：5~7．

[3] 杨志强，王永前，高谦，等．泵送减水剂对尾砂-棒磨砂膏体料浆和易性与充填体强度影响研究

[J]. 福州大学学报（自然科学版），2015（1）：129-134.

[4] 杨根祥. 金尾砂胶结充填技术的现状及其发展 [J]. 中国矿业，1995（2）：40-44.

[5] 杨守志，孙德堃，何方箴. 固液分离 [M]. 北京：冶金工业出版社，2003.

[6] 吴爱祥，王洪江. 金属矿膏体充填理论与技术 [M]. 北京：科学出版社，2015.

[7] 刘同有. 充填采矿技术与应用 [M]. 北京：冶金工业出版社，2001.

[8] 刘同有，黄业英. 第六届国际充填采矿会议论文选集 [M]. 长沙矿山研究院，1999.

6 膏体胶结充填管道输送

本章学习重点：（1）膏体管道输送系统的组成；（2）膏体管道输送在线监测；（3）膏体充填料的输送方式；（4）管道系统的维护与安全。

本章关键词：膏体管道输送系统组成，输送在线监测，管道输送原理，管道输送系统的维护

膏体充填的最终目的是将充填物料制备成膏状充填料浆，并通过管道输送到井下采场或采空区。膏体的含水率很低，可达到管道输送的浓度极限。膏体充填管道输送系统沿程阻力较大，泵压输送是其主要技术手段，但在深井中，自流输送方式也成为可能。膏体输送还需要对输送浓度、流量、压力等指标进行实时监控，以保证系统安全稳定运行。膏体充填系统的管道较长、管道压力较大，其管道系统的日常安全维护非常重要。

6.1 全尾砂膏体管道输送系统

管道系统包括充填钻孔、管道与充填巷道。充填钻孔与管道是专用设施，需要单独设计与安装。充填巷道常常借用通风或者出矿巷道，包括平巷、斜坡道与天井，只要不影响通风或者出矿的正常进行即可。

6.1.1 充填钻孔及其施工

充填垂直钻孔是充填料浆管道输送的咽喉工程，且磨损较快，所以其施工技术要求严格，以延长使用寿命。根据钻孔所穿过的岩层的稳定程度，充填钻孔的横断面结构有四种形式，依照成本由低到高的排序是钻孔作充填管、钻孔内装充填管、套管作充填管、套管内装充填管[1]。

四种钻孔的使用条件为：直接将裸露的钻孔作为充填管时，要求钻孔穿过的岩层完整且弱结构面较少；钻孔内装充填管时，由于充填管为明管，工作寿命短，适合使用期限不长、充填量较小的情况；当浅地表第四系表土层或者岩层破碎时，必须加入套管护壁，此时可将套管作为充填管使用；为了延长钻孔寿命，通常在套管内插入充填管，需要时可以即时更换充填管[2]。

钻孔施工质量直接关系到钻孔的寿命，为此，要求钻孔施工时必须做到以下几点：

（1）钻孔应尽可能垂直。钻孔垂直度的好坏，直接关系到钻孔的使用寿命。所以在钻孔施工中，必须采用专用仪器测量偏斜率，以指导施工，偏斜率应控制在1%以内。

（2）施工钻孔直径应大于成孔直径（即设计的钻孔直径）100~150mm，以保证有足

够的套管壁后注浆厚度。

（3）下套管前必须用高压清水冲洗钻孔，以减少碎石对套管的磨损。

（4）套管必须导正于中心。

（5）套管间用梯形螺纹管箍连接，套管长度以 150~200mm 为宜，以保证套管间连接的牢固性。

（6）必须采用特种油井水泥高压固管。特种油井水泥凝结硬化迅速，并产生一定的机械强度，具有良好的固管与固井作用。固管结束后应保证套管内无异物、畅通。

（7）为了延长套管的使用寿命，套管应尽可能选取高强度、耐磨、抗腐蚀、加厚的管材，如双金属复合管、堆焊管、16Mn 钢管内衬铸石管、夹套式铸石管、加筋铸石管等。

6.1.2　管道系统及其附件

管道系统包括管道、阀门、管接头等，管道的安装也有特殊的要求。

6.1.2.1　管道

目前，充填管材主要包括耐磨无缝钢管、双层金属耐磨复合钢管以及陶瓷双层耐磨复合钢管等。16Mn（Q345）耐磨无缝钢管是目前矿山较为常用的充填管道，其承压较大，价格适宜，耐磨性能一般。双层耐磨金属复合钢管与陶瓷双层耐磨复合钢管，外层为无缝钢管，内层为高耐磨金属材料与陶瓷，耐磨性能达优质无缝钢管的 5~7 倍以上，但价格较高，且重量较大，管道敷设较为困难。此外，采场附近的管道由于压力较低，且需经常拆卸搬运，因此一般选用高分子特塑钢编复合管，其承压较低，但重量轻，阻力小[3]。

常用充填管道的管件有短管（三尺管）、弯管、三通管、平口、偏口、伸缩管、闸板以及法兰盘等。

管道厚度计算公式繁多，均是基于不同的强度理论所得。对于充填工艺浆体输送管道壁厚的计算公式，推荐一种采用较为普遍的计算公式：

$$t = \frac{kpD}{2[\delta]EF} + C_1T + C_2 \tag{6-1}$$

式中　t——输送管的公称壁厚，mm；

p——钢管允许最大工作压力，MPa；

$[\delta]$——钢管的抗拉许用应力，MPa，常取最小屈服应力的 80%；

D——管道外径，mm；

E——焊缝系数；

F——地区设计系数；

T——服务年限，a；

C_1——年磨钝裕量，mm/a；

C_2——附加厚度，mm；

k——压力系数。

6.1.2.2　阀门

阀门是浆体输送管道的主要控制部件，其寿命和可靠性直接影响到整个输送系统运行的好坏。

在考虑阀门强度时，既要计算静压，又要计算动压，并充分考虑浆体水击的作用，注意其稳定性。现场使用较多的阀门有球阀、旋塞阀、刀阀、胶管阀、蝶阀、电磁阀等种类。

阀门的功能很多，不同类型的阀门对应的功能不同。（1）换向阀，具有多向可调的通道，可适时改变膏体料浆的流向；（2）调节阀，主要用于调节料浆的流量、压力等；（3）截止阀，可以切断料浆的流动；（4）逆止阀，主要作用是防止料浆倒流，防止泵及驱动电动机反转，常与柱塞泵、隔膜泵等配合使用；（5）安全阀，控制管路压力不超过规定值，对人身安全和设备运行起重要保护作用，在管路输送系统中起"保险丝"的作用。

按照压力不同，阀门又可分为真空阀、低压阀、中压阀、高压阀、超高压阀。（1）真空阀为工作压力低于标准大气压的阀门；（2）低压阀为公称压力小于 1.6MPa 的阀门；（3）中压阀是公称压力为 2.5~6.4MPa 的阀门；（4）高压阀是公称压力 10.0~80.0MPa 的阀门。不同压力的阀门其耐压强度不同，设计时应参照管路内料浆的压力进行正确的阀门选择。

阀门的控制可采用多种传动方式，有手动、气动、电动、液压等方式。（1）手动阀门结构简单、操作简便，但不适合管路输送的自动控制。（2）气动和液压阀门结构紧凑、启闭迅速，适用于腐蚀、易燃易爆等环境，但长距离控制较为困难。（3）电动阀适合长距离控制，但要避免腐蚀、易燃易爆等环境。

6.1.2.3　管接头

充填管道连接的方式有以下四种：

（1）管箍接头。适用于充填钻孔套管的连接，也叫外接头。通过一根短管，使用螺纹来连接两根套管（同径或异径），连接处通过螺纹密封，用于套管的加长。管箍接头使用方便，应用广泛。

（2）法兰盘接头。适用于不需经常拆卸且不经常发生堵管的管段的连接。法兰连接是把两个管道先各自固定在一个法兰盘上，然后在两个法兰盘之间加上法兰垫，最后用螺栓将两个法兰盘拉紧使其紧密结合起来的一种可拆卸的接头。法兰连接使用方便、强度高、密封性能好，而且能够承受较大的压力，是水平管路管道连接广泛采用的一种方式。

（3）焊接接头。适用于中段间充填钻孔深度不超过 100m 套管的连接。焊接接头是将两根管道用焊接进行组合，具有结构简单、接头强度大、致密性好、节省金属、生产率高及成本较低等优点；但其抗剪能力差，不具备补偿位移的能力。当钻孔深度增加时，管道难免会产生一定的偏斜，因此，焊接接头仅适用于深度较小的垂直钻孔。

（4）柔性管接头。适用于膏体充填水平管道的连接。柔性管连接方式不同于法兰盘连接的压紧密封，而是自紧式，利用管道中的介质（浆体、膏体）压力传递给胶圈，胶圈又压紧端管，所以说柔性连接从根本上改变了密封的受力状态。介质压力越大，密封性能越强。当无压力时，依靠胶圈的弹性实现密封。在膏体输送中，绝不允许管道有漏水泄浆现象，否则会使膏体因浓度增高而失去可泵性，最终造成管道的堵塞。因此，柔性管接头仅适用于压力较大的水平管段。

柔性管接头方式具有设计先进、密封可靠、质量轻、体积小、节约钢材、安装拆卸简单方便、耐冲击抗振动等优点。柔性管接头连接使管道成为柔性连接，使充填管道具有很好的减振作用。

6.1.2.4 采场内管道敷设

管道一般敷设在巷道的底板或者顶板。敷设在巷道底板，有利于管道日常巡检与更换，但缩小了巷道的作业断面，往往会干扰其他作业正常进行。另外，管路敷设在巷道底部时，易受干扰，经常出现忽高忽低的情况，不利于管道的清洗，并且容易堵塞管道。而管道敷设在巷道顶板上，可以避免上述的缺陷。同时，采用锚杆、悬吊支架或者钢绳将充填管道悬吊在巷道顶板上，容易调整管道的高度与长度。

6.2 管道输送系统的在线监测

管道输送系统在线监测是充填工艺的重要保障，是实现精准生产的必要环节。在线监测的指标包括浓度、流量、压力、液位等，其中前三项是需要重点监测的参数。

6.2.1 浓度在线监测

目前市场上的工业浓度计所采用的方法主要有 γ 射线法、压差法、超声波法等。

（1）超声波法应用于超声波浓度计，其工作原理是利用超声波通过料浆后声学的衰减与料浆浓度的关系进行测量。超声波浓度计是非接触测量，由于矿浆中的气泡会使超声波产生散射，干扰测量，故测量前必须消除矿浆中的气泡。一般常用的超声波浓度计测量矿浆浓度的误差在 2% 以内[4]。

（2）压差法一般应用于静压力浓度计。其原理是有一定高度差的矿浆，其静压力差与密度成正比，通过对液柱静压力的测定即可得出矿浆的密度。常用的静压力浓度计包括压差静压力浓度计和连续吹气静压力浓度计。静压力浓度计构造简单，成本较低，可以在线测量和控制，测量误差在 2% 以内[5]。

（3）γ 射线法应用于放射性浓度计，又名核密度计。放射性浓度计由三部分组成，即放射源、放射性探测器和测量仪表。将放射源置入一个铅罐内，安装在被测管道的一侧，探测器安装在被测管道的另一侧（对称）。放射源发出的 γ 射线穿过被测管道的管壁及矿浆到达探测器，当管内矿浆的密度发生改变的时候，探测器接收的射线能量也发生变化。其辐射强度会按照式（6-2）的规律衰减。探测器接收射线的强弱信号后，送给微机处理。矿浆密度不同，衰减强度不同，微机根据式（6-3）计算出矿浆的密度，进而得知矿浆浓度（式（6-4））：

$$N = N_0 \times e^{-\mu d\rho} \tag{6-2}$$

$$\rho = -1/\mu d \times \ln N/N_0 \tag{6-3}$$

$$c = \frac{\rho_{矿}(\rho - 1)}{\rho(\rho_{矿} - 1)} \tag{6-4}$$

式中　N——穿过被测介质后的计数率，个/s；

　　　N_0——穿过被测介质前的计数率，个/s；

　　　d——被测介质厚度，cm；

　　　$\rho_{矿}$——料浆中干尾矿密度，t/m³；

　　　ρ——物料密度，t/m³；

　　　μ——γ 射线质量吸收系数；

c——矿浆重量浓度。

核密度计属于非接触在线测量仪器，测量精度高、响应速度快，只要保证测量段管道充满矿浆、无气泡、无结垢，其浓度测量误差为 ±1%，但其成本也相应较高。目前，核子工业密度计是充填生产中使用最广泛的浓度计。

6.2.2 流量在线监测

流量在线监测设备主要包括电磁流量计、靶式流量计、质量流量计，其中电磁流量计在充填中的应用最为广泛。

电磁流量计测量原理如图 6-1 所示，其原理是法拉第电磁定律，即导电液体在磁场中做切割磁力线运动时，导体产生感应电势，感应电势 E 为：

$$E = KBvD \qquad (6-5)$$

式中　K——仪表常数；

　　　B——磁感应强度；

　　　v——测量管截面内平均流速；

　　　D——测量管的内径。

测量流量时，矿浆流过垂直于流动方向的磁场，感应出一个与平均流速成正比的电压。该电压通过两个与矿浆直接接触的电极检出，并通过电缆传送至转换器进行放大，转换为标准模拟信号输出。

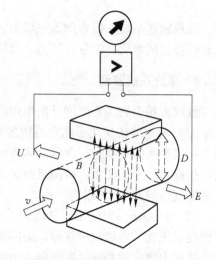

图 6-1　电磁流量计工作原理图

电磁流量计的测量原理有不依赖流量的特性，如果管路测量区内有一定的湍流与漩涡产生，会影响测量的稳定性和精度。因此，电磁流量计要安装在管路最低点或管路的垂直段，且要求矿浆必须满管流动。

电磁流量计对于外部环境的要求为：

（1）当外部温度变化很大或受到高温辐射时，须有隔热、通风措施。

（2）当安装在室外时，应避免雨淋、暴晒，须有防潮、防晒措施。

（3）避免腐蚀性气体环境。

（4）为了安装、维护需要，应有宽裕的空间。

（5）流量计安装场所应避免有磁场及强振动源，如管道振动大，在流量计两边应有固定管道的支座。

6.2.3 压力在线监测

要了解料浆沿程阻力分布特征与变化规律，必须测定不同物料配比、不同浓度、不同管径、不同流速的浆体或膏体沿水平管流动的压力损失。为了测定压力损失，须在管道上安装压力传感器，两个相邻压力传感器的压力差就是该管段的压力损失。

德国 WIKA 公司生产的插入式远传压力传感器和中国原航天工业部 701 研究所生产的 JP9J 应变式压力传感器量程分别为 0~3.0MPa、0~4.0MPa、0~5.0MPa、0~8MPa。其测量时读数稳定，测量值可信。

进行压力监测时，需要使浆体与压力测试原件隔开。常用的监测仪表为隔膜式压力表（见图6-2）。隔膜压力表由各种通用型压力仪表和不同结构的隔膜隔离器组成一个封闭系统，内充密封液。当矿浆的压力作用于隔膜时，则隔膜产生变形，压缩封闭系统中的密封液。由于密封液的固有性质，使压力仪表中的弹性元件产生相应的弹性变形，变形不同，则压力不同。当隔膜的刚度足够小时，则压力仪表指示的压力就近于矿浆的压力值。压力仪表一般包括机械式与数显式，隔膜式压力表为机械式。

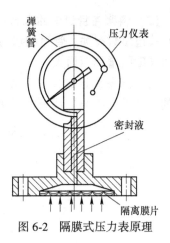

图6-2 隔膜式压力表原理

6.3 膏体管道输送方式及其原理

膏体管道输送方式主要有两种，一种是依靠料浆重力作用的自流方式，另一种是借助外力的泵压输送方式。相对而言，自流方式应用较早，其理论较为成熟。而泵压输送是最近十几年才出现的，在长距离管道输送方面应用范围较广，是管道输送技术的发展方向[6]。

6.3.1 管道输送能量耗散

为了能够直观地说明管路输送的能量耗散，可将充填系统简化为垂直段和水平段，如图6-3所示。假设充填系统管道直径不变，垂直高度为H，以膏体、空气界面为界，膏体料浆在垂直管道中的高度为H_1，下降高度为H_2，水平管道长度为L。膏体料浆在自流系统中流动的动力来自料浆在垂直管段所产生的静压头。根据能量守恒定律，静压头产生的重力势能用于克服膏体料浆在管道中的沿程阻力损失。根据以上分析，得出式（6-6）：

$$\rho g H_1 = h_w \qquad (6-6)$$

式中 ρ——膏体的密度，kg/m^3；

g——重力加速度，m/s^2；

h_w——管道的阻力损失，Pa。

其中管道的沿程阻力损失是管道的沿程阻力损失和局部阻力损失之和，即：

$$\rho g H_1 = (1 + \alpha) i_1 \cdot (L + H_1) \qquad (6-7)$$

式（6-7）可变为：

$$H_1 = \frac{(1 + \alpha) \cdot i_1 \cdot L}{\rho g - (1 + \alpha) i_1} \qquad (6-8)$$

式中，i_1为水力坡度，Pa/m；α为局部阻力系数。

由式（6-8）看出，料浆在垂直管道中的高度H_1主要由三个因素所决定：

（1）料浆的密度。膏体的密度越大，则组成料浆的固体颗粒含量越多，对管道形成的阻力越大。

（2）料浆在管道中的水力坡度。水力坡度与固体物料物理化学性质、膏体料浆的特性和管道参数有关。管道的水力坡度直接影响控制 H_1 的大小，从式（6-8）看出，H_1 随着水力坡度的增加而增大。

（3）水平管道的长度。由上式中得出，当料浆的密度与料浆在管道中的水力坡度一定的条件下，H_1 与 L 成线性递增关系。

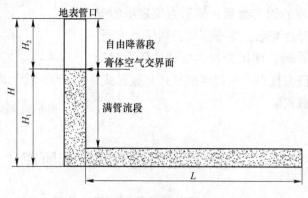

图 6-3　充填系统简化图

根据 H_1 与 H 的关系，可以把自流系统分为以下三种情况：

（1）当 $H_1 < H$ 时，料浆的压头过剩，膏体可以自流输送。

（2）当 $H_1 > H$ 时，料浆压头不足以克服沿程阻力损失，系统无法实现自流输送，此时，必须通过压力泵来补充动力，提高系统的压头。

（3）当 $H_1 = H$ 时，料浆的压头与沿程阻力损失相等，系统处于满管流状态，即处于自流输送与泵压输送之间的理想状态。

6.3.2　自流输送

由于有足够的高差，深井矿山为阻力较大的膏体充填料浆的自流输送创造了条件。膏体自流输送方式节约能源，工艺简单、设备少，应该是深井矿山充填系统的首选方案。该方案充分利用自然高差，可大幅度提高料浆的输送浓度，使深井矿山充填中的许多技术难题都基本得以解决，如非满管流问题、管道磨损问题、充填质量问题、排泥排水问题等。目前，膏体自流充填系统只在充填倍线介于 1.2~3 之间的少数矿山使用，将其使用范围扩大到深井矿山，具有十分重要的现实意义。

膏体自流充填系统能否正常运转，取决于以下控制性因素：

（1）由于料浆的输送方式为自流输送，因此充填材料 -0.046mm 的细颗粒含量不宜过高，必须保持在 20% 以下。否则，料浆的浓度过大，会导致摩擦阻力损失过高而无法自流输送，甚至出现堵管事故。

（2）充填质量浓度必须准确控制在某一合理范围内。与膏体泵送充填不同，料浆浓度过高将无法实现自流输送。但浓度也不能太低，否则会失去膏体自流输送的意义。

（3）充填材料各组分的含量要严格控制，特别是外加剂的用量应更准确。外加剂用量过少，会造成料浆流态不能转化（由固转液），从而发生堵管事故。灰浆（指水泥或其替代品）浓度及其他材料供料也不能波动太大，以免造成充填体质量不稳或由于搅拌不匀形成结块，造成堵管现象。

（4）料浆制备时，必须控制好搅拌质量，做到一级搅拌使材料混合充分、均匀，二级搅拌对流态实现转化。因此，一级搅拌要保证搅拌时间和搅拌强度，二级搅拌要保证搅拌速度及搅拌力度。

（5）系统要求对管路进行精确、严格、自动的监测和控制，发现流动不畅或堵管现象，要及时打开清洗水，将大块或粘块冲洗至采场，以免造成停产。

（6）充填前，要准确了解充填量，充分考虑地表储料仓中的料浆量，不能过量制浆。如果由于对采场了解不足造成过量制浆，会造成充填材料的严重浪费，同时对环境形成污染。

另外，在生产实践中，应尽量避免以下情况发生，这也是自流输送系统的缺点：

（1）料浆流速过快导致管道磨损加剧。在自由下落带中，料浆的最终速度很高，可能达到50m/s甚至更高。高速流动的砂浆向管壁迁移冲刷导致管路的高速磨损，如果垂直管段略有偏斜，管路局部的磨损将更加严重。

（2）料浆与空气交界面冲击过大导致管道破裂。料浆在空气与砂浆交界面因碰撞产生的冲击压力是很大的，这种巨大的冲击力可导致管路的破裂。减小冲击力的最好办法是缩短甚至消除料浆的自由降落区域，这样可降低料浆的最大自由下落速度，避免巨大冲量的发生。

（3）弯管处磨损严重。垂直管段内存在着自由降落区域，使垂直管和水平管的交界处产生了巨大的压力。同时，料浆的流向在此处发生突然的转变，料浆对管壁的法向冲击力非常大，因此加快了管道的局部磨损，管壁穿孔现象十分严重。

6.3.3 泵压输送

由于充填浓度较高，膏体在管路内呈柱塞状流动，且膏体塑性黏度与屈服切应力均较大，导致膏体输送时沿程阻力损失较高。所以，当充填倍线较大或地表管线较长时，多采用泵压输送。

膏体泵压输送能否顺利进行，一般采用可泵性来衡量。可泵性反映了膏体在泵送过程中的流动性、可塑性和稳定性，是一个综合性指标。其中，流动性取决于质量浓度和粒级组成；可塑性是克服屈服应力后，产生非可逆变化的一种性能；稳定性是抗沉淀、抗离析的能力，这是膏体泵压输送能否顺利进行的核心。

膏体的可泵性取决于在泵压作用下的流变特性，既反映了黏性流的屈服应力（τ_0）和黏度（μ），又反映粉粒散体效应的摩擦角和内聚力。根据实验数据分析，其总的趋势是：τ_0、μ小，流动性好；τ_0、μ适当，可塑性好；τ_0、μ大，稳定性好。

6.3.3.1 膏体泵送的过程控制要求

（1）输送时对管壁的摩擦阻力要小。影响物料对管壁摩擦阻力大小的因素有很多，如物料级配、浓度、流速、管径、管材、温度等。其中，级配、浓度、流速是主要影响因素。判断摩擦阻力大小时，有一种较为直观的判断是比较壁面粗糙度与滑移层（输送时在壁面形成的一层厚度很薄、黏度很低的液体层）的相对大小，当滑移层不能完全覆盖粗糙表面时，壁面滑移就无法形成，摩擦阻力也就较大[7]。

（2）输送过程中不得产生离析现象。要使膏体稳定不离析，则要保持膏体的物料配比恰当，同时要选择稳定性良好的级配，要使膏体悬浮液的稳定性好，不致离析沉淀。如果输送过程中发生离析，粗颗粒沉降至管底，会发生严重的堵管现象。

（3）在泵送过程中，膏体料浆的塌落度、流量、泌水性等不产生大的变化。塌落度过大，料浆易离析沉降；塌落度过小，料浆流动性小，输送阻力大。膏体流量是维持泵压稳定的关键因素，尽可能保持膏体流量稳定。膏体泌水率过大，会产生沉降；泌水率过小，输送阻力偏高。因此，膏体各项性能指标的稳定是膏体泵送持续顺利运行的重要保证。

6.3.3.2　膏体泵送对塌落度的要求

塌落度的大小直接反映了膏体料浆流动性的好坏与流动阻力的大小。塌落度过小，则泵送阻力过大，就会使得粗颗粒物料在速度改变处集聚形成堵塞，同时也会使泵无法吸入膏体，充盈系数小，影响泵的效率；塌落度过大，则会产生泌水、离析，也会使管路堵塞。膏体的浓度和粒级组成对塌落度影响明显。细粒物料在管道压力下有吸水性质，因而会造成膏体丧失部分水分，致使塌落度降低。在选取物料塌落度时，要考虑这一影响，膏体塌落度的选取要留有余地。

对于混凝土而言，泵送混凝土的塌落度在 12 ~18cm，水下混凝土在 16 ~22cm，自流平混凝土大于 22cm。这些都是流态化混凝土的范畴，可借鉴作为膏体流动性测量的标准。一般认为，膏体的塌落度范围为 15 ~25cm。其中，15 ~22cm 为小塌落度膏体，该塌落度范围膏体对脱水设备和泵送设备要求较高，尤其是当塌落度小于 20cm 时，工业应用相对较为困难。22 ~25cm 为大塌落度膏体，该塌落度范围膏体在我国应用相对较为广泛。

一般来说，膏体塌落度越大，流动性越好，表观黏度越小。同时，使其流动起来所需要的最小剪切应力即屈服应力也越小。

Pashias 等（1996）通过实验研究和理论分析获得了塌落度与屈服应力的经验关系式[8]。其实验装置是一个两端开口的圆筒，圆筒的高径比在 0.78~1.28 之间。测得塌落度值后，由式（6-9）计算得出膏体屈服应力：

$$\tau'_y = \frac{1}{2} - \frac{1}{2}\sqrt{S'} \tag{6-9}$$

式中　S'——无量纲塌落度，其值等于塌落度值与初始高度值的比值；

τ'_y——无量纲屈服应力，由式（6-10）计算：

$$\tau'_y = \tau_y/\rho g\delta \tag{6-10}$$

式中　τ_y——屈服应力，N/m^2；

ρ——料浆密度，kg/m^3；

g——重力加速度，m/s^2；

δ——圆筒高度，m。

6.3.3.3　膏体泵送对粗细颗粒配比的要求

膏体中固体含量特别是超细粒级（$-20\mu m$）含量要合适。细粒级（尤其指$-20\mu m$ 的细粒）与水形成混合浆体黏附在粗粒惰性材料的表面，并充填其间孔隙，使膏体质量浓度更高，难以发生沉降，因而提高了膏体的稳定性。实验证明，细颗粒与粗颗粒直接会形成一种网状絮凝结构，因而可以提高膏体的稳定性；如果细粒含量偏少，则难以形成絮网结构,浆体易发生泌水而导致堵管。由长期生产实践和理论分析可知,细颗粒膏体的体积与粗骨料孔隙体积之比不应小于1,才能保证膏体的稳定性与可泵性。另外,超细颗粒具有部分润滑减阻作用,有助于降低泵压。

6.3.3.4 泵送外加剂

为了防止膏体拌和物在泵送管路中离析和堵塞,使膏体泵送顺利通行,通常在膏体中加入泵送外加剂,以调节膏体输送中的各种性能表现。泵送剂的种类很多,包括减水剂、塑化剂、加气剂以及增稠剂等。生产中,一般按膏体拌和物的水泥量和水灰比的不同,根据实际情况选用。例如,在低水灰比的膏体拌和物中,为改善其流动性,可采用减水剂;为保持拌和物在连续泵送中的工作性,降低泵送压力,则可选择塑化剂;防止一般膏体拌和物因物料级配改变而可能引起的管路堵塞而选用加气剂;至于聚氯乙烯之类的增稠剂,则用于避免拌和物在泵送过程中发生离析堵塞。

近年来,随着膏体泵送技术的普及,泵送外加剂的使用量在矿山逐年增加。单一组分的外加剂一般很难满足膏体泵送对外加剂性能的要求,常用的泵送剂通常是多种外加剂的复合产品。实际生产中,要通过实验确定要使用的泵送剂,以及其相互之间影响作用和用量等。

6.3.4 满管流输送技术

满管流输送是介于自流输送与泵压输送之间的一种输送方式。满管流输送时,垂直管段内没有空气,全部布满了膏体料浆。这是一种理想状态,表明垂直管段的重力势能被充分利用。长期的生产实践表明,不满管输送时,管壁磨损量大,管壁更容易被磨穿。

满管流动系统的最大优点是,管道局部冲击磨损率大大降低,从而减轻管道破损。满管流系统与自由下落系统管道的磨损情况对比见图6-4。由图中可见,满管流系统管道的磨损平整均匀,磨损率较低;而自由下落系统管道的磨损极其剧烈,往往会无规律出现,形成沟槽磨损形状,这些沟槽破损会导致管道裂口式损坏。

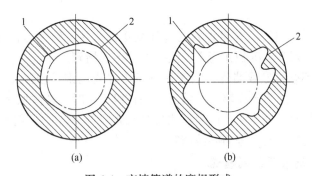

图 6-4 充填管道的磨损形式

(a) 满管流情况下的磨损形式;(b) 自由下落情况下的磨损形式

1—管道原来的内表面;2—磨损后的管道

一般来说,深井矿山的有效静压头远远大于摩擦损失(即重力势能远大于摩阻损失),因此要实现满管流动,应该从以下三个方面入手:

(1)提高料浆沿程阻力损失。实践证明,提高充填浓度与增大充填流量可以提高沿程阻力，而充填浓度的提高又可以改善充填质量，是深井充填技术首选方案。

（2）采用变径管道。管道直径的改变，其实质是改变料浆的工作流速，从而改变系统的沿程阻力。充填系统不一定采用同一种管径，可以根据具体条件适当缩小垂直管径或者增大水平管径，使系统的能量大部分消耗在垂直管段上。

（3）系统中添加耗能装置。在管道上增设耗能装置，增大系统的局部阻力损失，也是一个实现满管流的合理方案。

6.4　管道输送系统的维护与安全

管道输送系统是联系地面充填站与采场之间的主要设施，其安全与否直接影响到充填作业的正常进行。在日常生产过程中，管道输送系统出现的主要事故有堵管、爆管与管道磨损问题。

6.4.1　堵管事故的原因及预防

堵管事故是管道输送系统常见的故障，特别是新建的充填系统，或者使用年限较长的系统。

6.4.1.1　堵管事故的原因

（1）管道破损导致堵管。料浆对管道内壁产生的法向及斜向冲击力是造成管路磨损的内在原因之一。设计的不合理，会导致管道磨破。另外，在一些深井矿山中，系统存在一定的剩余势能，由此导致膏体在管内非满管流动，进而造成磨损加剧以致管道破坏。管道破损处会使泵压损失严重，进而使下游管道堵塞。钻孔泄漏也是常见的造成堵管的原因，当钻孔较深、不良岩层断裂破碎较多时，碎石对管道外侧磨损增加，钻孔小的套管经常被磨穿管壁，使管壁卷曲以及使破碎岩石进入管路而造成堵塞。

（2）料浆沉降或固结导致堵管。当料浆在管路内滞留时间过长时，发生沉降导致可泵性急剧降低；尤其是当料浆中含有水泥等胶凝材料时，长时间的停留会使料浆凝固而导致堵管。

（3）清洗不当导致堵管。含粗骨料的膏体泵送结束后，清洗方法不当会造成膏体离析，粗骨料沉积，特别容易沉积在弯管或接头处，造成堵管。

（4）膏体质量不合格导致堵管。当膏体制备中存在超细颗粒过少，会使输送阻力大大增加，可能出现因泵压不足而堵管的情况。细粒级不足时，膏体保水性能下降，可能会发生沉降堵管。另外，当膏体中带棱角石块过多或者搅拌不匀时，管路中膏体可能会发生大块沉积、局部结块等状况，进而导致堵管。

6.4.1.2　预防堵管事故的措施

除杂物进入管道造成堵塞外，大部分堵管则是由于料浆发生离析沉淀引起的。当料浆流动速度小于临界不淤流速时，管道中紊流脉动垂直方向的分速度已不能维持固体颗粒完全悬浮。在重力作用下，大而重的颗粒首先开始下沉，管道底部出现极慢速滑动和不移动的沉淀层，最终导致管道堵塞。

要避免浆体料浆发生离析沉淀，一是要把物料级配组合好，形成最佳粒级组成；二是浆体料浆输送速度适当大些，不要接近临界不淤流速；三是要用高浓度料浆输送；四是增加料浆中细颗粒物料的含量。以上几种方法，都能提高料浆的稳定性。稳定性提高了，离析沉淀也就能避免。

料浆中混进大块杂物，尤其是尺寸大于管道内径三分之一粒径的杂物，如大石块、铁丝、钢筋、钢球等，容易出现堵管现象。此时，必须采用两道以上振动筛加以滤除，否则充填作业将难以进行。

充填结束后，必须采用清水、压气或清水加压气同时使用，将充填管路清洗干净。若清洗不彻底，管道中残留下固体物料，下次充填时就易造成堵管。

为了避免将充填钻孔堵死而造成大的事故，应在钻孔底部装设事故排浆阀。一旦充填管线全部堵死，就必须尽快将事故排浆阀打开，并加以敲击振动，将钻孔底部的料浆全部放掉，再去处理水平管道。

6.4.2 爆管事故的原因及预防

在充填作业过程中，井下充填管道发生爆管事故的情况并不多见。充填爆管事故一般多发生在充填管路垂直段与水平段相连接的部位。一旦出现此类事故，势必会严重影响矿山的正常生产，甚至会伤及井下作业人员。充填管发生爆管事故的原因有以下几个方面：

（1）充填倍线过大。当充填系统的充填倍线超过最大允许充填倍线时，由于充填料浆形成的自然压头不足以克服充填系统的沿程阻力，料浆无法自流输送至充填采场，因此导致料浆在充填管道内淤积堵塞，并在堵塞的瞬间形成很大的静压力，从而造成管路中的薄弱部位（如哈佛接头、塑料管等）发生爆管事故。

（2）充填管道承受的压力过大。充填管道在刚投入使用时，管道能够承受较大的压力；但使用时间较长时，管道受到严重磨损，管壁变薄，管道自身强度还会降低；当充填管路承受的压力过大时，常常会造成管道破裂或爆裂。

（3）充填时管路中的水锤现象。在充填作业过程中，由于造浆系统的不稳定，造成充填流量突然增大或减小时，料浆流速将发生急剧变化，进而使得管道中压力急剧增大至超过正常压力的几倍甚至十几倍，这种现象即为水锤现象。水锤现象产生的巨大压力会使充填管发生爆裂。

（4）充填管路系统的连接质量。当充填管路系统连接质量差时，也会造成爆管事故。例如充填用的钢管焊接不严密，哈佛、法兰接头连接不牢固等，均可能造成管路爆裂。

为避免充填作业时发生爆管事故，可采取如下措施：

（1）合理布置充填管路。合理布置充填管路可以减小充填倍线和改变充填系统的压力分布，进而减小充填管路承受的压力。在开采深度较大的矿山，必要时可以在井下适当部位将充填管线断开以释放能量，从而达到降低充填管路承压的目的。

（2）对于充填倍线较大的采场充填作业，可以采用加压充填的方法，以防止充填料浆在管路中堵塞造成爆管。加压输送可以采用泵送，包括一级泵送和多级泵送。

（3）加强充填作业管理。进行充填作业时，应平稳控制砂浆浓度和充填流量，以确保料浆在充填管路中连续、均匀地流动，从而避免水锤现象引发的爆管事故。确保管路连接质量，尽量减少充填管路的上坡、下坡或拐弯等，可以减少充填管道的磨损，延长充填管道的使用寿命。

（4）对压力较大的地段，最好使用抗压强度较高的管材。对充填管路中的一些关键部位，可不定期进行管道壁厚无损检测，做到防患于未然。

6.4.3　管道磨损监测与预防

国内外凡是采用胶结充填的矿山，除了混凝土充填外，均采用管道输送充填物料。由于充填料浆输送速度和压力均较大，必然对输送管道内壁产生法向及斜向冲击力，管壁磨损由此产生，有时磨损会非常严重[9]。

为了保证安全顺利地输送充填料，必须了解输送管道的磨损率，随时掌握管壁厚度的变化情况，确保管壁安全使用厚度。为达到此目的，很多矿山常采用高灵敏度超声波测厚仪及金属探伤仪对充填管道长时期地定点监测。归纳分析大量监测数据，发现如下规律：

（1）充填料浆输送管道，其倾斜部分较水平部分磨损严重，弯管段比直管段磨损更为突出。弯管对料浆所产生的阻力损失相当于 $10\sim12m$ 水平管所产生的阻力损失。阻力越大，对管壁磨损越严重。

（2）在料浆流向急剧改变（即弯管曲率半径很小）之处，料浆对管壁的法向冲击力非常大，管壁穿孔现象十分严重。在实际生产中，出现过十多分钟就将弯管磨穿的事故。这种情况几乎全部出现在与垂直钻孔相连接的弯管上。因该处料浆压力最大，又遇到料浆流向急剧改变，弯管磨损必然更为严重。遇到这种情况，通常采用加大弯管曲率半径、加大管径或采用特制加厚耐磨的弯管来解决。

（3）正常情况下，就水平直管而言，充填管磨损程度以底部为最大，两侧次之，顶部最小。在实际应用中，为了延长水平管道的使用寿命，每过一段时间将管道底部与顶部转换方向使用，减磨效果显著。

降低充填管道磨损一直是采矿学术界和工程界共同关注的课题。依据前面提到的影响管道磨损的因素，降低管道磨损的技术措施包括以下几方面：

（1）降低料浆对管道的磨蚀。料浆对管道的损害包括磨损和腐蚀两方面，因此降低充填料对管道的损耗应从两方面做起。首先，要优化充填材料的粒级组成，确定对管道磨损较小的材料配比，尽可能减小充填骨料的直径，选择表面光滑的骨料，添加对管道磨损相对轻微的细粒级物料，如粉煤灰、尾砂等，适当减小刚度较大的骨料含量；其次，要全面掌握充填料浆的化学性能，调整充填材料的用量比例，减少腐蚀性较强的材料含量，调整料浆的 pH 值，料浆中避免混入空气，降低氧含量，以达到降低充填料浆对管道腐蚀的目的；同时，在料浆中加入减阻剂，可以减小对管道的磨损。

（2）了解充填料浆的性能，研制和采用耐磨抗腐蚀性能更好的新型管材和内衬，提高管道自身的抗磨耐腐能力。

（3）采用满管流输送系统，降低垂直管道料浆对管壁的冲击力。南非等国家的深井矿山采用满管流输送系统，可以大幅度地降低料浆对管壁的压力和冲击，提高管道的使用寿命。

（4）采用降压输送系统，降低料浆对管壁的压力。在相同的流速条件下，管道的磨损速度随料浆的压力增加而提高。当料浆的压力增大到一定程度，即使很小的料浆流速，也会对管道带来很高的磨损率。由此，采用减压输送系统，可以达到降低管道磨损率的目的。

（5）在水平管段，由于管道的磨损以底部最大、两侧次之，顶部最小，由此将充填管定期翻转，可以延长管道寿命。

（6）提高直立管道的安装质量，减少管道的倾斜及非同心度。理论分析和矿山的生产实践都已证明，如果垂直管道安装时其垂直度和同心度不好，就会大大提高管道的磨损速度。因此，必须提高管道安装质量，力争垂直度、同心度偏差在 ±0.5% 之内。

（7）充填倍线较小的矿山，要设法降低料浆的输送速度，减小对管道的磨损。

（8）在磨损率高的弯管部分，应采用丁字管或缓冲盒弯头，避免料浆对大直径弯管外侧磨出的窄长槽。

（9）全面提高钢管衬里的制造质量，确保衬里质量和涂层质量，防止衬里松脱随料浆一起流出，起不到保护管道的作用。

（10）使用中性水制备充填料浆和冲洗管道，避免使用矿井水。矿井水一般都有很强的腐蚀性，对无衬里钢管的腐蚀损失比砂浆对管道的摩擦损失量要大得多。

本章学习小结：通过本章的学习，了解全尾砂膏体管道输送系统的合理布置形式；了解全尾砂膏体充填料在线浓度、流量、压力检测的仪器；了解全尾砂膏体充填料的自流输送和泵压输送方式；了解膏体充填堵管、爆管、管道磨损的原因以及管道安全维护方法。

复习思考题

6-1 充填管道系统的组成及其在线监测指标。

6-2 充填钻孔与管道的设计与安装要求。

6-3 用管道输送能耗理论解释自流系统中满管流段高度的决定性因素及自流系统的三种状态。

6-4 自流输送的适用条件，克服自流输送中对管道的局部冲击磨损的措施。

6-5 简述泵压输送对充填料的要求，列举改善充填料可泵性的措施。

6-6 列举几种常见输送管道事故及预防措施。

参 考 文 献

[1] 孙勇. 充填钻孔使用寿命的影响因素及其延长措施 [J]. 采矿技术, 2006 (3): 207-208.

[2] 吴爱祥, 王洪江. 金属矿膏体充填理论与技术 [M]. 北京: 科学出版社, 2015.

[3] 刘晓辉. 膏体流变行为及其管流阻力特性研究 [D]. 北京科技大学, 2015.

[4] 崔祜林, 李云龙, 杨九水, 等. 超声波（矿浆）浓度计及工业应用 [J]. 现代矿业, 2015 (12): 228-229.

[5] 邓常烈. 第二讲 矿浆浓度测试 [J]. 金属矿山, 1986 (3): 55-60.

[6] 王佩勋. 矿山充填料浆水力坡度计算 [J]. 有色矿山, 2003, 32 (1): 8-11.

[7] 吴爱祥, 程海勇, 王贻明, 等. 考虑管壁滑移效应膏体管道的输送阻力特性 [J]. 中国有色金属学报, 2016, 26 (1): 180-187.

[8] Pashias N, Boger D V, Summers J, et al. A fifty cent rheometer for yield stress measurement [J]. Journal of Rheology (1978-present), 1996, 40 (6): 1179-1189.

[9] 马忠云, 陈慧雁. 气力输灰系统中磨损件的磨损失效机理分析及延寿技术研究 [J]. 电力建设, 2008, 29 (2): 80-82.

7 全尾砂膏体充填系统及其可靠性

本章学习重点：（1）膏体充填站的设施与设备；（2）膏体充填自动控制系统；（3）膏体充填系统的可靠性。

本章关键词：膏体充填系统，膏体充填站，膏体充填设备，自动控制系统，充填系统可靠性

7.1 膏体充填站

膏体充填站是膏体充填系统的核心，涉及充填质量与充填成本。膏体充填站由一系列充填设施与设备组成，前者包括水泥仓、砂仓、浓密机等，后者包括搅拌机、各类泵、物料控制设备、计量设备、收尘设备以及自动阀门等[1,2]。下面将对充填站的各类设施和设备进行介绍。

7.1.1 水泥仓

水泥是目前胶结充填中应用最为广泛的胶凝材料，同时也是充填材料中价格最为昂贵的，并对充填体强度影响最大。水泥贮存方式的正确与否，不仅关系到成本问题，而且也关系到环境保护和劳动条件。充填站通常采用散装水泥仓存放水泥，散装水泥仓有圆柱形和棱柱形两种，如图7-1所示，目前工业应用中以圆柱形水泥仓、钢结构居多。圆柱形水泥仓的仓底常做成截圆锥形，用钢板焊制（图7-1（a））；四棱柱形水泥仓的仓底则多为截四棱锥形，并用钢筋混凝土浇筑而成（图7-1（b））。前者锥体倾角不大于60°，后者锥体倾角不大于65°。

建造水泥仓应满足下列要求：密闭性好并且防潮，水泥进仓及出仓的机械化程度高，产生飞灰和污染少，水泥存仓品质稳定，仓容利用率高，仓内黏结现象少及出仓的流动性好等。现在大多采用散装水泥，水泥入仓以风力输送为主，如图7-2所示。筒式水泥仓的高径比一般取1.5~2.5。确定水泥仓的高度时，应考虑与输送水泥入仓设备的提升高度相匹配。

7.1.2 砂仓

为了提高充填浓度，也为了充分利用矿山固体废弃物，如尾砂、废石、戈壁集料、水淬渣、棒磨砂等，需要构筑砂仓来存贮这些物料。

对于尾砂而言，砂仓既可以调节选矿厂连续供砂和井下间断充填之间的不平衡，又可以起到调节砂浆输送流量和浓度的作用，以便制备出不同配比的砂浆来满足充填工艺的需要。一些矿山利用砂仓来存贮分级尾砂，一些矿山在改造底部结构与放砂系统后存贮全尾

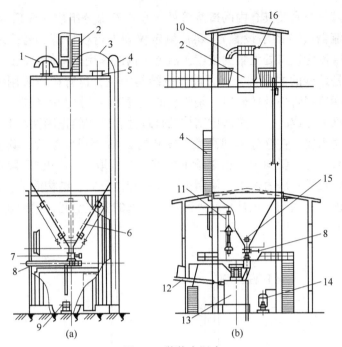

图 7-1　散装水泥仓

（a）圆柱-圆锥形水泥仓；（b）四棱柱-棱柱形水泥仓

1—仓顶呼吸器；2—收尘器；3—水泥气力输送管；4—爬梯；5—人孔；6—四条水泥气化管；
7—叶轮式给料机；8—螺旋给料机；9—气化管供风机；10—收尘器排风管；11—手拉葫芦；
12—尾砂浆管；13—搅拌桶；14—气水分离器；15—仓壁振打器；16—法兰

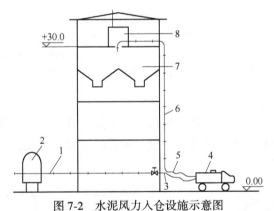

图 7-2　水泥风力入仓设施示意图

1—供风管；2—风包；3—供风高压管；4—水泥罐车；5—输送高压软管；
6—输送钢管；7—水泥仓；8—除尘器

砂，还有一些矿山用砂仓存贮高浓度全尾砂，在砂仓中进一步脱水。

常见的砂仓有：砂盆、圆形砂仓、矩形砂仓、卧式砂仓及立式砂仓几种形式。砂盆、圆形砂仓、矩形砂仓主要是用于贮存河砂、山砂、棒磨砂等粒径较大的惰性材料，卧式砂仓和立式砂仓则主要用于贮存尾砂、细粒级破碎砂、风砂等粒径较小的惰性材料。

7.1.2.1　立式砂仓

立式砂仓的几何形状为圆柱形仓体和半球底或圆锥底，如图 7-3 所示。立式砂仓一般由仓顶、溢流环槽、仓底及其仓内的造浆管件、仓座五部分组成。仓顶结构包括仓顶房、进砂管、水力旋流器（有的不设置）、料位测定仪和人行栈桥等。溢流环槽位于仓口内壁，槽底有朝向溢流管接口处汇集的坡度，溢流环槽的作用是降低溢流的速度，并减少尾砂的流失。仓身是贮砂的主要部分，目前以钢结构为主，也有矿山采用钢筋混凝土来构筑。仓底主要包括造浆管件及放砂口，是砂仓的关键部位。因为砂仓内的饱和尾砂再造浆是利用一系列喷嘴来完成的，仓底部位结构的合理性和操作的正确性对造浆的质量和料浆能否顺利放出至关重要。在仓底不同高度上安装的2~3圈风水喷管，其上布置的松动喷嘴均对着砂仓中心，并倾斜向上，相邻喷嘴的仰角分别取15°及45°间隔布置。圆锥底式砂仓则取消了造浆喷嘴和压力供水，使用锥形仓底和锥形帽，结构简单，放砂浓度高，稳定性好。仓座是砂仓的基础，也是仓底外部放砂设施的安装空间，用钢筋混凝土砌筑或用型钢作柱焊接而成。

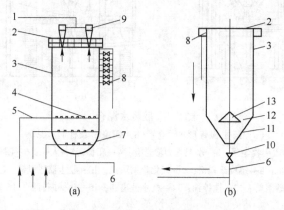

图 7-3　立式砂仓几何形状简图

（a）半球形底式；（b）圆锥形底式

1—进砂管；2—仓顶；3—仓身；4—松动喷嘴；5—气水喷管；6—出砂管；7—半球底；8—溢流管；
9—水力旋流器；10—放砂阀门；11—锥形底；12—环形放砂圈；13—锥形帽

7.1.2.2　卧式砂仓

卧式砂仓最初是贮存河砂、山砂、废石、戈壁集料等干物料。卧式砂仓供砂系统主要由卧式砂仓、胶带运输机、振动筛及监测供砂流量的仪表等组成，如图7-4所示。

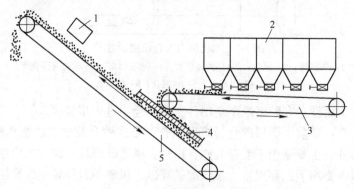

图 7-4　卧式砂仓供砂系统

1—电子皮带秤；2—卧式砂仓；3，5—胶带机；4—振动筛

卧式砂仓容积较大时多做成矩形。矩形砂仓具有卸车线长、出砂口多、相同容积比圆形砂仓浅等优点，但其有效容积较圆形砂仓小，约为圆形砂仓有效容积的 0.6~0.7 倍。卧式砂仓仓顶应设置格筛，起安全保护作用，防止人员和设备落入砂仓。砂仓的底部坡度要大于贮存材料的安息角，可取 50°~55°。出砂口设在底部，通过砂门启闭出砂口，控制放砂流量。根据所需供砂量，选择合适的胶带运输机。振动筛用来筛除石块和杂草等物，其筛网孔尺寸应小于充填管路内径的三分之一，以免过大块料堵塞料浆管路。

7.1.2.3 砂仓的造浆与放砂过程

放砂前，先要向砂仓底部压入高压水、高压风或者两者的混合体，这些介质通过砂仓内的环形管上的喷嘴喷出，将原先沉积在砂仓底部的砂体疏松，使最下面的过饱和尾砂体中的固体颗粒呈现悬浮状态。这一过程通称造浆，一般需要 5~10min 甚至更长的时间。另外，放砂之前，还要先通过顶砂水管送水进行顶砂，将堵在砂仓底到放砂总阀间这段管子中的尾砂顶松，否则打开放砂总阀是无法放出砂浆的。放砂时，放砂管上的浓度计随时检测砂浆浓度，据此调节高压水管上的水阀开度，使砂浆浓度保持在一定范围内。

正常放砂后，砂仓中尾砂呈现流动状态，在放砂口上部的尾砂逐渐形成"放砂漏斗"。以放砂口的轴线为中心，靠轴线的距离愈近，尾砂放出速度愈大。在放砂口的轴线上方，放砂量也是最大的，从而遵循放砂漏斗内各处的放砂量相等的原则。当砂仓中的砂面下降到一定高度后，将形成漏斗下部与放砂口连通的"通天漏斗"。此时，放砂浓度大大降低，无法人为控制，也就不能正常放砂了。放砂过程中，总是力图使正常放砂量尽量增大，即有效放砂率达到最大。利用设置在砂仓底部的喷嘴压入高压水，使砂仓中的尾砂保持沸腾状，随时破坏放砂漏斗，尾砂体表面在正常放砂阶段基本保持水平，从而提高砂仓有效放砂率。

7.1.3 全尾砂浓密脱水设备

基于脱水原理的不同，矿山中应用较为广泛的脱水设备有两种：重力脱水设备和过滤脱水设备。过滤脱水设备处理后的尾砂含水量低，呈滤饼状，脱水浓度满足膏体制备的要求，早期的充填系统多应用该类型的脱水工艺。重力脱水设备发展较快，经历了传统浓密机、高效浓密机、膏体浓密机的发展阶段，由于其浓度适中、成本较低，在膏体充填领域越来越受到青睐。本小节介绍尾砂浓密脱水的主要设备。重力脱水设备主要涉及高效浓密机、膏体浓密机、无动力浓密机；过滤脱水设备主要涉及真空过滤机与压滤机。

7.1.3.1 高效浓密机

图 7-5 为中心液压传动自动提耙高效浓密机结构原理图。工作过程中，浓密机给料与絮凝剂混合之后，通过中心混合井进入到浓密机，由混合井出口端的导流板使砂浆向四周扩散，进入预先形成的沉泥层。而液体透过沉泥层上升，沉泥层起了过滤作用，使细粒无法上升。砂浆在沉泥层中产生运动，使颗粒与絮凝剂接触，继续发生絮凝现象。耙架把浓密的砂浆推向中心泥渣引出罩，然后靠重力或泵排出。高效浓密机的单位处理能力为常规耙式浓密机的 4~9 倍，单位面积造价虽然较高，但相同单位处理能力的投资比常规耙式浓密机低约 30%。同时，因为在浓密过程中需要靠絮凝剂加速固液分离，高效浓密机在给料和混合方式上与一般浓密机不同[3]。

国内某系列高效浓密机的主要型号及其技术参数如表 7-1 所示。该系列浓密机内径在

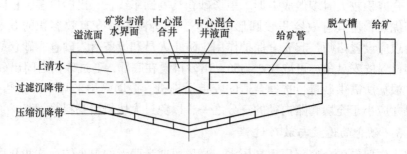

图 7-5　高效浓密机结构原理图

3.6~15.0m 之间，槽体高度在 1.7~4.0m 之间。耙子转速与槽体内径成反比，内径越大，转速越低。

表 7-1　某系列高效浓密机主要型号及技术参数

槽体内径 /mm	槽体高度 /mm	沉降面积 /m²	耙子转速 /r·min⁻¹	耙子提升高度 /mm	重量/kg
3600	1700	10.2	1.1	200	6650
5182	2134	21	0.8	300	10460
7500	2800	44.1	0.427	300	17320
9000	2800	63.6	0.427	300	23680
12000	3600	110	0.35	300	42756
15000	4000	177	0.15	300	59000

某系列高效浓密机在矿山应用中的技术指标如表 7-2 所示，给料浓度在 12%~25% 之间，底流浓度在 40%~65% 之间，溢流水浊度在 (200~275)×10⁻⁶ 之间。絮凝剂用量变化较大，在 13~41.3g/t 之间，处理能力在 8.14~21.75t/(m²·d) 之内。

表 7-2　某系列高效浓密机浓密指标

尾砂来源	给料浓度 /%	底流浓度 /%	溢流水悬浮物含量 /mg·L⁻¹	单位面积处理量 /t·(m²·d)⁻¹	絮凝剂用量 /g·t⁻¹
山东某金矿	22.00	53.76	211.00	9.56	13.0
安徽某铁矿	12.48	44.45	226.61	8.14	15.0
江苏某钼铁矿	25.50	63.96	275.10	21.75	15.0
新疆某金矿	17.00	45.00	230.00	20.80	30.0
河北某金矿	18.46	41.27	200.00	19.95	41.3

7.1.3.2　膏体浓密机

为了追求更高的底流浓度，在高效浓密机的基础上，人们研制了膏体浓密机。膏体浓密机加大了浓密机高度，扩大了设备的高径比，从而为增大浓密机底部浓密脱水压力提供了条件。为了提高絮凝效果，人们非常重视自稀释技术研究，开发了不同工作原理的自稀释系统。另外，为了解决底流浓度过高的问题，增设了浓密机体外循环系统，该系统兼具剪切变稀的功能。

膏体浓密机主要由浓密机壳体、给料稀释装置、絮凝剂给药装置、中心给料井装置、搅拌耙架装置、自循环装置和自动控制系统等组成。浓密机工作过程中，砂浆首先进入消气桶以消除砂浆中的空气，然后进入给料井；在给料井内与絮凝剂混合絮凝后，砂浆进入浓相沉积层；通过浓相沉积层的再絮凝、过滤、压缩作用，澄清的溢流水从上部溢流堰排出，下部锥底排出高浓度底流。当出现底流浓度流动性差的情况时，耙架系统的搅拌作用能够改善其流动性。

A 浓密机壳体

浓密机壳体是一个锥形筒。与普通浓密机相比，膏体浓密机不仅具有较大的垂直高度，且具有较大高径比，高径比一般介于 1~2 之间。这种特殊的结构是提高脱水效果、获得高浓度底流的基础。

B 稀释装置

稀释装置是将尾砂稀释到一定的浓度范围内以增强絮凝效果。根据稀释方法的不同，可以将进料稀释系统分为动力稀释和非动力稀释。动力稀释的主要代表是丹麦某公司生产的虹吸式稀释系统。该系统基于虹吸原理，利用浆体与清水的速度差，将上部澄清层中的水分吸入稀释管中，从而降低给料浓度。非动力稀释的原理是砂浆密度高于澄清水密度，因而砂浆液面低于澄清水液面，澄清水自高处自动流入砂浆中，从而降低给料浓度。动力稀释需要砂浆具有较高的流速，动力消耗较大；而非动力稀释对于稀释井结构尺寸的要求较为严格。

C 中心给料井

中心给料井的作用是使絮凝剂与砂浆充分混合，促进絮团的形成，其关键参数包括给料井的直径、给料井的深度等。中心给料井的给料一般是从切线方向进入，在给料井的井壁上有阻尼板，为砂浆、水和絮凝剂的混合创造了有利条件。进料管连接混合管，切向伸入给料井中。中心给料井的作用主要有：（1）往砂浆中加水，将进入浓密机的砂浆稀释到最佳浓度，使之具有较好的絮凝效果；（2）使砂浆、水和絮凝剂充分混合，以便获得较好的絮凝效果，加快絮团颗粒沉降速度，增大浓密机处理能力。

D 耙架装置

膏体浓密机一般都设计有耙动装置，其作用主要有三点：（1）将浓密底流向排放点搬运；（2）导水杆为锥体下部砂浆的水分向上溢流提供了导水通道；（3）耙架的搅拌作用，增加底流的流动性能。为了减小耙架阻力，减少搅拌作用对已经沉降颗粒的影响，耙架转速应尽量的低，一般情况下，耙架转速在 0.1~0.5r/min。

根据耙架装置的发展历程和功能，可将耙架分为三种类型：（1）刮泥耙；（2）旋转式导水刮泥耙；（3）旋转-固定式导水刮泥耙，如图 7-6 所示。鉴于传统旋转式搅拌刮泥耙的优缺点，发展出了新型的旋转-固定式导水刮泥耙，即在传统旋转式耙架的基础上，增加了固定式导水杆。固定式导水杆布置在浓密机上部，既与下部旋转导水杆组合贯穿了整个浓密机的高度，又与旋转导水杆形成交错布置形式，避免了浓密机内物料的整体运动，大大增加了浓密机耙架设计的灵活性，具有良好的导水效果。

导水杆在旋转过程中能够对浓相层物料形成剪切作用，从而将底流中封闭的水分连通，形成导水通道。在重力和剪切力的作用下，将下部的水分排出，提高底流浓度。导水

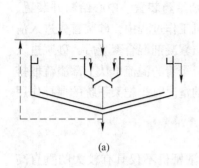 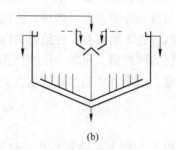 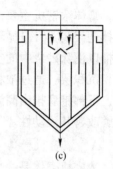

(a)   (b)   (c)

图 7-6   搅拌刮泥耙架分类

(a) 刮泥板式耙架；(b) 旋转式导水刮泥耙；(c) 旋转-固定式导水刮泥耙

杆的长度、间距和旋转速度对于浓密机脱水性能的影响较大。为了提高导水速度和搅拌效果，应尽量多地增设导水杆，且导水杆长度应从底部延伸至床层顶部。

E   自循环装置

在膏体浓密机底部，当颗粒浓度达到一定值之后，浆体的流变性能呈非牛顿流体特征，其屈服应力较大，难以实现顺利排料，为此需要设置自循环装置。自循环是指在浓密机底部将部分物料抽出，再泵入压缩床层的高位，利用高低浓度物料之间的流动混合等作用，对浓密机底部物料进行搅拌。自循环作用的目的在于增加浓密机内部物料的流动性，降低物料的耙动阻力和放料难度。

自循环的方式有多种，其中最普遍的方式有两种，即高低位循环方式和外部剪切方式。高低位循环方式是指将浓密机底部的高浓度料浆经底流泵泵送至压缩床层较高或较低部位，从而使压缩层底部的料浆呈流动状态，可有效地避免压耙事故的发生；外部剪切方式是指借助浓密机外部的搅拌，使底部浓度较高的料浆保持流动状态，以达到避免压耙的目的。

国外膏体浓密机的部分应用实例如表 7-3 所示。浓密机直径在 9~32m，大部分在 20m 以下；给料量处于 40~950t/h 之间，单位面积处理量在 0.31~1.18t/(m² · h) 之间，底流浓度集中在 72%~82%之间。

表 7-3   国外膏体浓密机部分应用实例

国　家	名　称	应　用	直径/m	给料量 /t · h⁻¹	单位面积处理量 /t · (m² · h)⁻¹	底流浓度 /%
秘鲁	Cerro Lindo	锌尾砂	18	225	0.88	75
澳大利亚	Kidston	金尾砂	32	950	1.18	72
西班牙	Aguabalanca	镍尾砂	16	213	1.06	74
墨西哥	EI Volcan	铁尾砂	27	180	0.31	72
澳大利亚	Angas Zinc	锌尾砂	9	40	0.63	72
秘鲁	Cerro Lindo	锌尾砂	22	291	0.77	82
加拿大	Musselwhite	金尾砂	16	205	1.02	74
智利	EI Toqui	金尾砂	14	130	0.84	74

国内已引进了尾砂膏体浓密技术，并进行了消化吸收，在一些方面进行改进与完善，但与国外相比，还存在较大的差距。国内某系列膏体浓密机规格型号如表7-4所示，直径在3~20m之间，深度从4.4m增至22.8m，高径比在1.14~1.4之间波动。单位处理能力为2~3.5$m^3/(m^2 \cdot h)$，最高可达5~8 $m^3/(m^2 \cdot h)$。

表7-4　国内某系列膏体浓密机规格型号

序号	内径/mm	沉降面积/m^2	深度/mm	生产能力/$m^3 \cdot h^{-1}$
1	3000	21	4404	60~70
2	5000	72	7500	180~250
3	6000	85	8810	210~260
4	9000	400	13500	567~700
5	10000	510	15000	700~900
6	11000	630	16500	780~1100
7	15000	1200	19080	1000~1500
8	18000	2000	22000	1400~2100
9	20000	2669	22800	2100~2600

7.1.3.3　无耙高效浓密机

无耙高效浓密机如图7-7所示，较普通浓密机最大区别在于没有耙架，物料通过自重自行卸料。与絮凝技术配合使用，对旋流器的溢流进行再次浓密。根据无耙高效浓缩机的结构特点，并结合尾矿沉降过程的特点，可将其内部分为初步混合区、初步絮凝沉降区、核心混合沉降区、环形沉降区、深度压缩区和强化分离区。

无耙高效浓缩机是在絮凝沉降理论的基础上，结合斜板沉降理论和深度浓缩理论，并根据尾矿浓缩工程实践经验研制的一种新型微细粒尾矿浓缩专用设备。该设备通过合理控制絮凝剂的投加和混合条件，使待处理的尾矿浆中微小颗粒脱稳并形成絮体，通过初步絮凝区、环形沉降区、深度浓缩区等反应阶段形成高浓度尾矿，完成尾矿高效絮凝沉降和浓缩过程[4]。

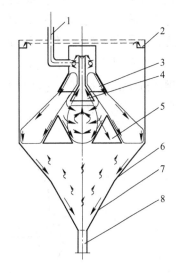

图7-7　无耙高效浓密机结构剖面图
1—进料管；2—环形溢流堰；3—进料竖井；
4—循环竖井；5—环形沉降锥板；6—大锥段；
7—小锥段；8—底流管

7.1.3.4　真空过滤机

真空过滤就是利用真空泵造成过滤介质两侧有一定的压力差，在此推动力作用下，悬浮液中的液体通过滤布，而固体颗粒呈饼层状沉积在滤布的上游一侧。该法一般适于处理质量浓度较高而固体颗粒较细的悬浮液。下面介绍几种常用的真空过滤机。

A 盘式真空过滤机

盘式真空过滤机由于占地面积小、处理能力大而成为金属矿山选矿厂精矿脱水最广泛使用的设备，如图7-8所示。

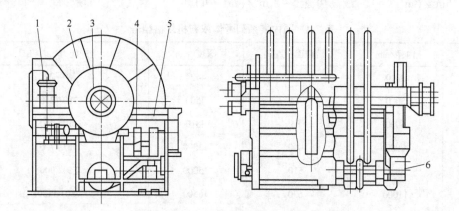

图7-8 盘式真空过滤机结构示意图

1—瞬时吹风系统；2—过滤盘；3—分配头；4—主传动；5—槽体；6—搅拌器

盘式过滤机的工作原理是利用在浆槽内缓慢旋转的圆盘，借助真空泵形成的压力差，使团体颗粒吸附在圆盘上的滤布表面形成滤饼，滤液通过滤饼由中心轴排出。滤饼在鼓风机产生的压力和刮刀的作用下从滤布卸下掉入卸饼槽。这种过滤机对某些物料有时卸料率较低；滤布因受刮刀的摩擦，寿命比鼓式过滤机短。

B 外滤式圆筒真空过滤机

常用的外滤式圆筒真空过滤机有两种类型，一种是普通圆筒真空过滤机，另一种是圆筒带式真空过滤机（图7-9）。

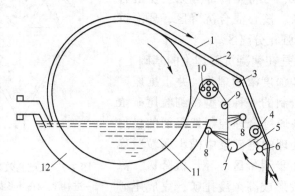

图7-9 圆筒带式真空过滤机原理

1—滤带；2—滤饼；3，9—支撑辊；4—剥离辊；5—刮板；6—刮辊；7—导向辊；8—洗涤喷嘴；
10—滤布跑偏修正装置；11—转筒；12—洗涤槽

普通圆筒真空过滤机又称鼓式过滤机。在相同占地面积下，其处理能力不及盘式真空过滤机。但操作维护简单，在物料很细的条件下，其卸料情况要比盘式真空过滤机好，适于在中小型矿山使用。

圆筒带式真空过滤机更换滤布更方便，卸料不用吹风，故无反水现象，可降低滤饼水分1%~2%，且卸料率高，有逐渐取代鼓式过滤机之趋势。

C 水平带式真空过滤机

水平带式真空过滤机是以循环移动环形滤带作为过滤介质，利用真空设备提供的负压和重力作用，使固液快速分离的一种连续式过滤机，适合处理颗粒较粗的料浆。

带式真空过滤机发展迅猛，到目前已形成4种型式，即固定室型（DU型）、移动室型（DI型）、滤带间歇运动型和连续移动盘型。矿业领域应用较为广泛的是DU型带式真空过滤机。DU型带滤机橡胶排水带有效宽度一般为0.25~3m，至今为止投入生产的最宽的单根胶带宽度为4m，有效工作长度0.28~25m，滤饼厚度3~120mm，操作温度为-20~110℃，带速最高可达30m/min，过滤面积最大可达185m²。

DU30/1800型固定室带式真空过滤机主要由过滤机主机、管路系统和电控系统组成。其中，过滤机主机又由橡胶滤带、真空箱、驱动辊、从动辊、进料装置、滤布调偏装置、驱动装置、洗涤装置、清洗装置、托辊、扩布装置和滤布等部件组成，如图7-10所示。

DU30/1800型固定室带式真空过滤机的过滤面积为30m²，滤带有效宽度1800mm，滤带速度0.5~5m/min，电动机功率11kW，气源压力0.4MPa，真空度0.053MPa。

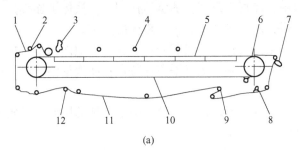

(a)

1—从运辊；2—扩布装置；3—进料箱；4—洗涤装置；5—真空泵；6—驱动辊；7—刮刀；
8—清洗装置；9—滤布张紧；10—橡胶滤带；11—滤布；12—滤布调偏

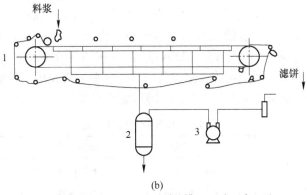

(b)

1—带式真空过滤机；2—自动排液罐；3—水环真空泵

图7-10 DU30/1800型固定室带式过滤机结构示意图

D 陶瓷过滤机

陶瓷过滤机是目前国际上公认的细粒级精矿过滤设备，是集机电、微孔滤板、自动化控制、超声波清洗等高新技术为一体的新型产品。设备主要由转子、分配头、搅拌器、刮刀、陶瓷板、料浆槽及反冲洗系统组成，如图7-11所示。

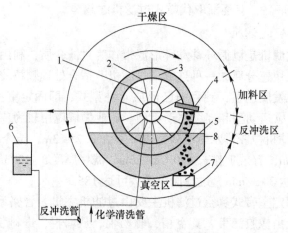

图 7-11   陶瓷过滤机工作原理

1—转子；2—滤室；3—陶瓷板；4—滤饼；5—料浆槽；6—真空桶；7—皮带输送机；8—超声装置

陶瓷过滤机的工作原理是利用陶瓷板上的微孔产生毛细作用，液体在无外力条件下自动进入陶瓷板的孔道中，在真空泵产生的负压作用下，液体被连续排出，而固体颗粒被阻挡在陶瓷表面成为滤饼，从而实现了固体与液体的分离。

与传统过滤设备相比，陶瓷过滤机配套设备少、占地面积小、规格多，具有节能、高效、生产成本低、自动化水平高、运行平衡等特点；滤液悬浮物低，符合排放标准，无须再处理。

陶瓷过滤机也可用于过滤尾矿，但对磨矿细度过细的尾矿效果较差。此外，其生产能力不高，为 $400 \sim 500 kg/(m^2 \cdot h)$。

E   压滤机

压滤机利用一种特殊的过滤介质，对物料施加一定的压力，使得液体渗析出来的设备。压滤机过滤面积大，过滤压力高，可以得到含水量很低的滤饼，一般适于处理细粒黏稠而难以过滤的物料。对于粒度较粗的矿产品来说，采用传统的过滤机（如内滤式过滤机、盘式过滤机、永磁筒式过滤机和陶瓷过滤机）进行过滤，就可以获得合格的滤饼水分，工艺流程也相对简单；但当颗粒粒度较细时，采用传统的过滤机很难获得较低的滤饼水分，为此很多贵金属矿山企业的过滤设备均改用新型的压滤机。压滤机的种类较多，如表 7-5 所示。下面以板框式压滤机为例，介绍压滤机原理。

表 7-5   压滤机分类及性能

按形状分类	加压方式	卸料方式	应用范围
带式压滤机	机械压滤	吹风卸料	
板框式压滤机	机械或液压	自重卸料	
板框式自动压滤机	液压	自重卸料	用于煤炭、矿山、冶金、化工、建材等部门
厢式自动压滤机	液压	排料阀排料	
旋转压滤机	机械加压	阀控或压力排料	
加压压滤机	压缩空气压滤		

板框式压滤机的基本结构有动板、滤板、液压油缸、机架梁、传动、拉开装置等部分，如图 7-12 所示。

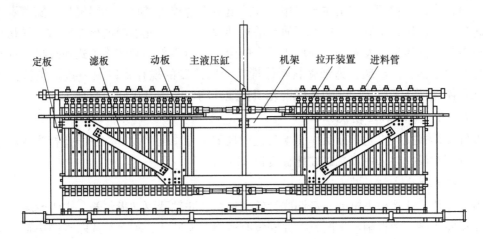

图 7-12 板框式压滤机结构图

各种板框式压滤机结构上略有不同。其工作原理为，喂料泵将悬浮液泵入滤腔预过滤，在较高的压力下，压榨和风干滤渣取得较低的过滤水分；滤板一次全拉开，快速卸料和洗布，以实现高速频繁作业，获得尽可能高的滤饼生产能力。其工作流程为：

（1）滤板闭合并压紧：压紧机构电机正转，闭合并压紧滤板，使滤板相互叠压形成密闭的滤室及压榨室。

（2）给料过滤：由砂泵将悬浮液抽入各滤室（滤布与隔膜间），同时在泵压的作用下开始过滤。液相透过滤布外排成滤液，颗粒被滤布截留，形成滤渣。当滤渣增至适当厚度时，停止给料。

（3）压榨脱水：将压榨介质（低压为空气，高压为水）导入各滤板的压榨室（隔膜与滤板隔板之间），推动隔膜压缩滤渣，迫使滤渣中的液相透过滤布外排，将滤渣压榨成密实的滤饼。

（4）洗涤：由洗涤泵将洗涤液引入各滤室，洗涤液均匀透过滤饼并透过滤布外排，以使滤饼得到有效洗涤。

（5）再压榨：将压缩介质再次导入各滤板的压榨室，将洗涤松软的滤饼压成密实的滤饼，并迫使滤饼中的洗涤液透过滤布外排。

（6）吹干脱水：将压缩空气引入各滤室，均匀透过滤饼滤布的高压强风会将滤饼中残余的液相物质带出，吹干滤饼。

（7）拉开滤板卸料：压紧机构电机停止工作后，将各滤板等间距拉开，此时滤饼因自重从滤板间隙中坠落。压榨机构电机停止工作后，启动振动架振动电机，将残余滤饼强制振动卸下。

（8）滤布再生：为防止滤布堵塞，在卸料工作完成后，启动洗布系统冲洗滤布，将残余的滤渣清除，以使滤布保持工作性能。

以上工序完成后，进行下一次工作循环。

7.1.4 膏体搅拌设备

充填技术发展初期，矿山主要采用间歇式混凝土搅拌机进行充填料搅拌。随着膏体充填工艺的广泛应用，也有为矿山专门研制的搅拌设备。矿山充填料的搅拌机械从最初直接应用的混凝土搅拌机，发展到现今应用最广的金属矿山粗骨料膏体连续式搅拌机。针对尾砂膏体充填工艺，又出现了为细骨料膏体搅拌专门研制的搅拌机以及一些新型膏体搅拌机。在膏体充填技术应用中，为了保证充填料搅拌均匀，多采用联合搅拌工艺。

7.1.4.1 双轴式连续搅拌机

双轴连续式搅拌机是矿山膏体充填工艺中柱塞泵专用配套设备。一段搅拌为双轴叶片式搅拌机，二段搅拌采用双螺旋搅拌输送机。

A 双轴叶片式搅拌机

双轴叶片式搅拌机由电动机经摆线针轮减速机、联轴器驱动齿轮箱，由齿轮箱带动双轴同步逆向运转。两根轴水平配置，并安装有多组交叉叶片，轴上叶片随着两根轴水平旋转。各种物料由端部给料口加入槽体内，经双轴叶片搅拌向前推进，最后从排料端排出。设计采用变频调速控制，运转中根据物料情况选择最佳运行条件。叶片形状和角度可根据不同物料性质优化选用。实验证明，适度增加转速，减小单位时间推进距离，适当增加搅拌时间，也就是强化了搅拌作用，可获得较好的搅拌效果。在最大处理能力时的功率消耗仅为安装功率的 50%，满足了生产中不可避免的负荷启动的要求。典型的双轴叶片式搅拌机 ADTⅢ-Φ700 型搅拌机，其结构图见图 7-13。

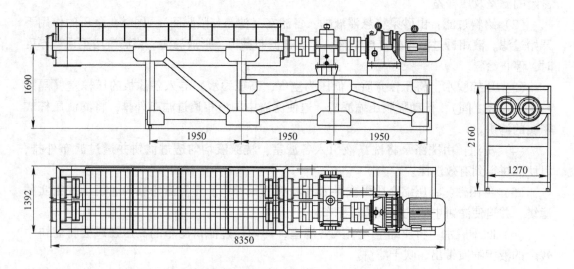

图 7-13　ATDⅢ-Φ700 双轴叶片式搅拌机结构图

为了提高 ATD 型双轴叶片式搅拌机的生产能力，逐渐增大叶片直径，搅拌机的体积也随之增加。搅拌机的转速也在逐步提高，从 30~50r/min 提到 30~80r/min，主要技术参数见表 7-6。应该说，第一段搅拌机的物料只是初步混合，搅拌扭矩波动幅度较高。为此，电机配置上应留有较大的余地。

表 7-6　ATD 系列双轴叶片式搅拌机主要技术参数对比表

序号	名　称	单位	参　数		
			ATD Ⅱ-Φ500	ATD Ⅲ-Φ600	ATD Ⅲ-Φ700
1	槽体尺寸（长×宽×高）	mm	4000×1052×726	4100×1060×900	4780×1236×850
2	槽体最大容积	m³	2	2.5	4.2
3	生产能力	m³/h	60~80	35~80	50~100
4	叶片直径	mm	500	600	700
5	轴转速	r/min	30~50	30~66	30~80
6	最大给料粒度	mm	30	30	—

B　双螺旋搅拌输送机

槽体中水平布置两个并列的螺旋轴，每根轴上装有1个外螺旋和1个内螺旋，两个螺旋叶片旋转方向相反。工作时，如外螺旋向前推进，内螺旋则反方向使内部物料向后运动，强化了槽中物料前后搅拌混合。两根螺旋轴分别由两台电机驱动，电机由变频器控制调速。左右螺旋可以同时同速向前推进搅拌混合物料，也可以不同速度推进物料，这样可以加强物料在槽中的搅拌混合，必要时，可使两根螺旋朝不同方向旋转。在此操作和不停止供料条件下，物料短时间内在槽内形成循环流动。如果发现混合物料过干或过稀，也可用此项操作做一些临时调节。总之，这种设计可在运转中十分灵活地变速、变向，并且实测功率消耗在安装功率的50%以下，可满足负荷启动的要求，使二段搅拌输送达到了更进一步混合搅拌、储存和输送喂料的目的。典型的 ATD Ⅲ-Φ800 型双螺旋搅拌输送机设备结构如图7-14所示。

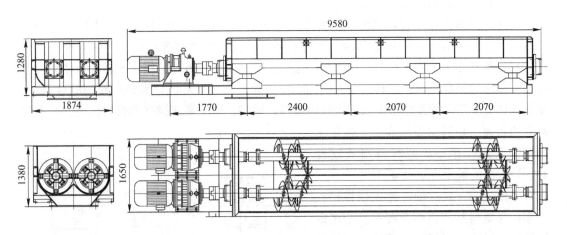

图 7-14　ATD Ⅲ-Φ800 双螺旋搅拌输送机结构图

主要技术参数见表7-7。从 ATD 型Ⅰ代到Ⅲ代，设备的规格逐渐增大，搅拌能力也随之提升。然而，轴转速仍然保持在20~50r/min之间不变，这是为了尽可能延长料浆的搅拌时间，降低设备的能耗所致。

表 7-7　ATD 系列双螺旋搅拌输送机主要技术参数对比表

序号	名　称		单位	参　数		
				ATDⅡ-Φ500	ATDⅢ-Φ700	ATDⅢ-Φ800
1	槽体尺寸（长×宽×高）		mm	400×1020×710	6020×1400×900	6840×1650×1120
2	槽体最大容积		m³	2.25	5	7.5
3	生产能力		m³/h	80	35~90	50~160
4	叶片直径		mm	520	700	800
5	轴转速		r/min	20~50	20~50	—
6	电机减速器	功率	kW	18.5	30×2	
		输出转速	r/min	57	—	
		速比		17	14.5	
		型号		XWY18.5-1/17	—	
		适用电机功率	kW	22	37	37
7	变频器	额定输出电流	A	71	60	
		允许电压变动	V/50f	342~418	342~418	
		外形尺寸	mm	480×745×250		
		型号		BBP-K-37K	—	
8	设备重量		kg	4000	11210	
9	最大给料粒度		mm	30	30	

7.1.4.2　高效活化搅拌机

高效（强力）活化搅拌机由半圆筒形的上下机壳、机座、转子盘、转子杆和传动电机等部件组成，结构如图 7-15 所示。经过双轴搅拌机或搅拌槽等初步搅拌的混合料，通过进料口落到旋转的转子杆上。由于内外圆周上的转子杆以不同的线速度转动，使与转子杆相互作用的混合料颗粒也具有不同的速度和运动方向，在对混合料机械作用的过程中，使得固体成分与水相互作用形成的聚凝体破坏。同时，由于高速搅拌的强力作用，水泥颗粒互相碰撞，暴露出新的表面，强化了水泥的水化作用，从而制备出流动性好、浓度高的均质充填料浆[5]。

实践证明，从双轴叶片式搅拌槽流出来的充填料浆，仍然存在一些全尾砂团块。经过高速搅拌机处理后，团块现象明显消失，浆体塌落度提高 4%~7.5%。由于高速搅拌使固体颗粒碰撞，破坏水泥絮团结构（理想的是水泥散开为 10μm 左右的微细颗粒）而露出水泥

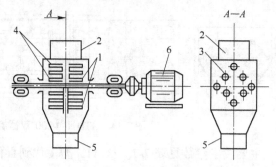

图 7-15　活化搅拌机
1—机壳；2—进料口；3—转子；4—转子杆；
5—出料口；6—电机

颗粒新的表面，加强了水泥的水化反应，使充填体的强度有较大提高。例如灰砂比为1∶5时，28d 抗压强度提高 10.56%；当灰砂比为 1∶10 时，强度平均提高 16.3%。在相同强度条件下，将料浆浓度由 70% 提高到 78%，并采用高速搅拌机处理水泥砂浆，则水泥用量可从 275kg/m³ 降低至 150kg/m³。

若将搅拌转子的转速由 1470r/min 降低到 735r/min，可大大减少转子的磨损，但也会影响塌落度和强度获得较大的增长。

7.1.5 膏体输送设备

泵压输送是膏体管道输送的主要方式，而输送泵是该工艺的关键设备，是泵送充填系统的核心。泵送设备的技术参数、性能选择、匹配使用及运行状况是否稳定，是至关重要的问题，直接关系到膏体泵送充填工艺的成败。根据活塞与输送介质的接触方式，目前国内外矿山膏体输送泵可分为活塞泵与隔膜泵两种。

7.1.5.1 活塞泵

矿用活塞泵由两大部分组成，即双缸活塞泵和液压站。双缸活塞泵由料斗、液压缸及活塞、输送缸（膏体缸）、换向阀（分配阀）、冷却槽以及搅拌器等组成。液压站主要由电动机、多组液压泵及液压管路系统（与缸体各动作部件用高压油管相连）、液压油箱及冷却系统、动力及电控操作系统等组成。

充填泵工作时，料斗内的膏体充填料在重力和液压活塞回拉吸力作用下进入第一个输送缸（图 7-16）；第二个输送缸的液压活塞推挤膏体使其流入充填管道；通过液压驱动换向阀换向后，第二个输送缸中的液压活塞开始后退并吸入膏体充填料；而第一个输送缸中的液压活塞推挤膏体使其流入充填管道。输送泵运转过程中，总有一个输送缸与换向阀相连通，阀的另一端则始终保持与泵送管道相连接。当一个活塞行程结束后，与输送缸连接的转向阀的一端迅速转接到另一输送缸上。因此，在两个输送缸往复工作的过程中，总有一个输送缸通过换向阀与输送管道相连通。

换向阀的位置和两个输送缸活塞动作的转换之间同步，通过电磁-液压机构来完成。输送缸的活塞在液压活塞的推动下向前推进，将缸内的膏体充填料通过换向阀向外排出。与此同时，另一个缸的活塞向后退回，吸入膏体料浆。如此反复动作，使膏体充填料源源不断地流入输送管道，并继续向前运动。

7.1.5.2 隔膜泵

隔膜泵是柱塞泵的更新换代产品，是在柱塞泵的基础上，利用隔膜将柱塞与料浆分离，柱塞在液压油中运行，从而保证了柱塞和缸套较长的寿命，保障设备的连续稳定运行。隔膜泵因其在耐磨性能等方面的优势，逐渐成为膏体输送有力的补充手段，具有广阔的发展前景。

隔膜泵工作原理如图 7-17 所示。往复式隔膜泵的动力端可抽象为一曲柄滑块机构，电动机通过减速机驱动曲轴、连杆、十字头，将曲轴的旋转运动转为往复直线运动，通过导杆带动活塞进行往复运动。当活塞向左运动时，活塞借助油介质将隔膜室中隔膜吸到左方，借助矿浆喂料压力打开进料阀，吸入矿浆充满隔膜室。当活塞向右运动时，关闭进料阀，活塞借助油介质将隔膜室中隔膜推向右方运动，并借助压力开启出料阀将矿浆输送到

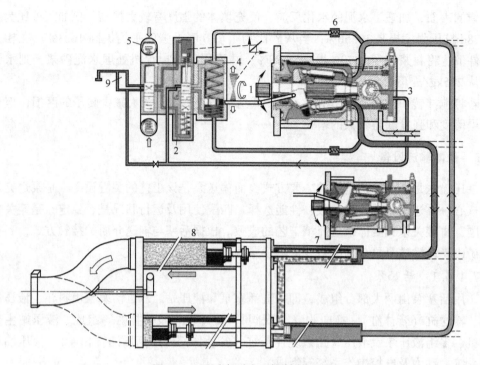

图 7-16　双活塞泵液压控制原理图

1—可反转液压泵；2—平稳流量调整器；3—吸油泵；4—伺服油缸；5—转换/关闭阀；
6—调节阀；7—驱动缸；8—输送缸；9—输送控制阀

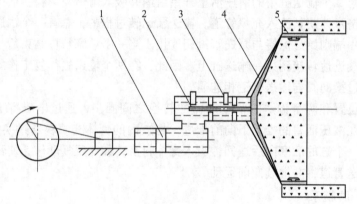

图 7-17　隔膜泵工作原理

1—活塞泵；2—导杆；3—探头；4—隔膜；5—进出料阀

管道。活塞借助油介质使橡胶隔膜凹凸运动，隔膜室腔内容积周期变化，完成料浆输送[6,7]。

由于隔膜将料浆与油介质分隔开来，活塞、缸套、活塞杆等运动部件不与料浆直接接触，避免了料浆中磨蚀性很高的固体颗粒对其的磨损，保证了这些运动部件的使用寿命。与矿浆直接接触的只有隔膜、进出料阀件，通过合理的结构设计，可使阀件、隔膜更换迅速方便。这样就可以保持隔膜泵较高的连续运转率和较低的运行成本。同时，通过设置灵敏、可靠的监测自动化系统，成为矿浆管道输送的理想设备。

7.2 全尾砂膏体充填自动控制系统

膏体充填工艺中，充填物料的种类繁多，物料参数的变化范围较窄。以充填浓度为例，当充填浓度较低时，会出现离析现象，引起堵塞事故的发生；当充填浓度较高时，会出现管道中压头不够的问题，膏体无法正常输送至采场。如果采用人工来控制各设备与仪表，一方面信息反馈速度严重滞后，另一方面充填物料配比参数波动较大，难以满足膏体充填生产的工艺要求。可见，膏体充填自动控制对充填效果起着至关重要的作用。

全尾砂膏体充填自动控制是指以膏体充填参数作为被控变量的自动控制。全尾砂膏体充填自动控制系统由硬件和软件组成，硬件包括物料控制设备、物料计量设备和执行器；软件则由组态软件构成，在过程控制平台上运行，通过一系列的自动控制回路来实现物料的精确配比。计量设备采集系统实时监测数据，传递到组态软件，组态软件将调节信息发送到执行器，通过控制设备来调整各工艺参数，使输送的物料在理想值附近上下波动。

7.2.1 物料控制设备

充填物料一般分为固体和液体两类。固体物料又分为粉状与块状两种。

7.2.1.1 粉状物料的流量控制

对于粉状物料，常采用叶轮给料机、螺旋输送机，或者两者配套使用，如图7-18所示。叶轮给料机俗称卸料器，又叫卸灰阀，主要用于发电厂、水泥厂、化工厂等行业，可将上部料仓中的干燥粉状物料或小颗粒物料连续、均匀地喂送至下一设备。其结构简单，性能稳定，操作维修方便，是输送、卸料、配料系统中理想的配套件。叶轮给料机由带格室旋转叶轮、机体及新型摆线针轮减速电动机等部分组成。体积小，工作可靠，密封及耐

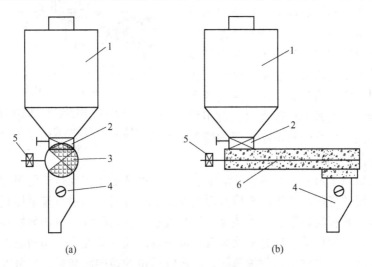

(a)   (b)

图 7-18 给料计量系统

（a）叶轮给料机给料；（b）螺旋输送机给料

1—料仓；2—单相螺旋阀门；3—叶轮给料机；4—冲量流量计；

5—电磁调速电动机；6—螺旋给料机

磨性能好。其工作原理为，当叶轮由传动机构驱动在机体内旋转时，上部分离器（或料斗）落下的粉粒物料便由进料口进入叶轮格室，并随着叶轮的转动而被送至卸料口排出，在整个工作过程中，能连续定量供料和卸料。

螺旋输送机是充填系统中一种常用设备，用于水泥等粉状物料的输送。螺旋输送机是利用转轴上的螺旋叶片沿料槽输送粉粒状物料的连续输送机械。物料因受自身重力和槽壁摩擦力的作用不随螺旋叶片一起旋转，在螺旋叶片推动下，沿料槽的轴向运动，达到输送的目的。螺旋输送机的特点是结构简单紧凑、横截面尺寸小、密封性能好、工作可靠、制造成本低，便于中间装料和卸料，输送方向可逆，也可同时向相反两个方向输送。输送过程中，还可对物料进行搅拌、混合等作业。通过装卸闸门可调节物料流量，但不宜输送易变质的、黏性大的、易结块的及大块的物料。输送过程中物料易破碎，螺旋及料槽易磨损，使用中要保持料槽的密封性及螺旋与料槽间有适当的间隙。

7.2.1.2　块状物料流量的控制

干的粗尾砂、-5mm 河砂或-3mm 棒磨砂的计量可采用由变速电机驱动的圆盘给料机或电振给料机。有时也采用皮带运输机，该设备已经发展为定量给料机。

圆盘给料机。圆盘给料机由于结构简单，维修调节方便而被广泛应用。充填设施采用的圆盘给料机直径为 1.25~2.0m，转速 2~10r/min，供料能力 20~150t/h。圆盘给料机是一种使用广泛的连续式容积加料设备，能均匀连续地输送粉状物料和小块状物料，在充填系统中主要用于粗骨料的流量控制。圆盘给料机结构如图 7-19 所示，它由传动机构、圆盘、套筒和调节给料量的闸门及刮刀组成。电动机通过联轴器和减速机来带动圆盘，圆盘转动时，料仓内的物料随圆盘一起运动并向出料口方向移动，经闸门或刮刀排出物料。排出量的大小可用闸门或刮刀装置来调节，当物料用量较大时，宜用带活动刮刀的套筒；而当物料量小且要求精确性高时，宜用闸门式套筒。

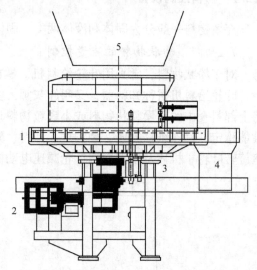

图 7-19　圆盘给料机结构示意图

1—圆盘；2—传动机构；3—给料量调节装置；
4—出料口；5—料仓

皮带运输机由于具有长距离连续运输、运行可靠及易于实现自动化等特点，在各行业得到了极其广泛的应用。在矿山充填方面主要用于粗骨料的运输与流量控制。皮带运输机主要由输送带、托辊与机架、传动装置、拉紧装置、制动装置、清扫装置及保护装置等部分组成。在电动机驱动下，通过主动滚筒与输送带之间的摩擦力带动输送带及输送带上的物料一同连续运行。当物料运到端部后，由于输送带的换向而卸载。它可以利用专门的卸载装置，也可以在中部任意位置卸载。

皮带定量给料机是对颗粒状物料进行连续输送、计量，并对物料流量进行定量控制的专用设备。定量给料机在正常运转过程中，皮带将物料从料仓底部放料口中拖出。物料通过定量给料机的带荷检测装置时，称重传感器将带荷信号、速度传感器将带速信号送至称重控制单元；称重控制单元将检测到的带荷信号和带速信号转换成物料流量，并与设定值相比较，得出实际物料流量和设定值之间的偏差值；控制单元根据此偏差值不断地调整变频器的输出频率，并通过变频器调整电机转速，从而实时地控制皮带速度，使实际物料流量与设定值相一致。

7.2.1.3　浆体流量控制

胶管阀（又称管夹阀）是一种具有独特结构形式的新型阀门，适用于低压管道的颗粒浆体或化学介质的输送控制系统。在充填系统中主要用于浆体流量的控制，是控制浆体流量的唯一设备。胶管阀结构如图 7-20 所示，由左右阀体、橡胶管套、大小阀杆、上下闸板、导柱等零件组成。

胶管阀为铝合金外壳，用夹紧装置夹扁耐磨橡胶软管来切断或调节料浆的流量。当顺转手轮时，大小阀杆同时带动上下闸板，压缩管套，进行关闭，反转即行开启。这样，闸板在导柱之间上下往复完成阀门开闭工作。另外，因橡胶管套承受较大的力，因此在开关时，操作人员旋转手轮时只要感到适量抵触，均已达到开闭极点，切勿尽力或多人辅助，禁用其他工具开闭。

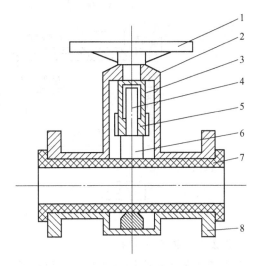

图 7-20　胶管阀结构示意图

1—手轮；2—上阀体；3—阀母；4—内阀体；
5—框架；6—压块；7—胶管；8—下阀体

在放砂口或排料口，一般先装一个球阀，其下再装管夹阀，球阀为常开，仅在检修或更换管夹阀时关闭。管夹阀的执行机构有手动、电动、气动和气-液动 4 种方式。

7.2.2　物料计量设备

物料计量系统依据物料类型而不同。粉状物料常采用冲板流量计，现在以粉微秤为主。块状物料常采用电子皮带秤，也有采用核子秤的。浆体以电磁流量计为主，并与浓度计配套使用。电磁流量计与浓度计在第 6 章已经叙述了，此处不再赘述。

7.2.2.1　微粉秤

微粉秤将重力称量与螺旋输送方式相结合，是粉体物料称重计量的理想设备。该设备的性能特点是技术先进、运行稳定可靠、控制精度高。螺旋输送能有效减少冲料现象，螺旋间隙小能避免管壁间隙中黏附物料，密封结构可减少粉尘外扬。稳流给料螺旋和计量输送螺旋之间为软连接，可根据现场要求任意调整水平安装角度，计量精度达到±1%。

微粉秤主要由微粉秤秤体、测速传感器、称重传感器、信号变送器、控制调节器、电机等几部分组成。微粉秤输送物料时，称重传感器将称量段上物料的重量转换成电压信号，测速传感器将测量出的螺旋叶片轴转速转换成脉冲信号。这两种信号同时送入信号变送器。信号变送器对这两种信号进行初步运算处理后变成数字信号，通过标准的 RS-485 通讯接口传送给控制调节器。控制调节器再进行处理及显示，得出当前通过微粉秤的物料的瞬时流量及累计流量。微粉秤的控制调节器输出电流给变频调速器以调节电机转速，从而达到定量给料的目的。通常采用螺旋输送机与微粉秤配套使用，达到流量调节的目的。也有的微粉秤采用变频电机，接受来自变频调速器的信号，单台设备达到定量给料的目的。微粉秤结构如图7-21所示。

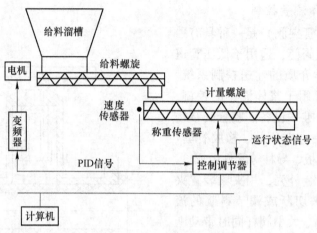

图 7-21　微粉秤工作控制原理图

7.2.2.2　电子皮带秤

砂石等骨料用皮带输送机输送，可选用电子皮带秤或核子皮带秤测量流量。对精度要求不太高的场合，可考虑选用无辐射、价格便宜的电子皮带秤。电子皮带秤是与皮带输送机配合使用、对物料进行连续自动称重的一种计量设备。其特点是称量过程是连续和自动地进行，通常不需要操作人员的干预就可以完成称重操作。

电子皮带秤通过称重秤架下的称重传感器检测经过皮带上的物料重量；装在尾部滚筒或旋转设备上的数字式测速传感器，连续测量给料速度，该速度传感器的脉冲输出正比于皮带速度；速度信号与重量信号一起送入皮带给料机控制器，产生并显示瞬时流量与累计量。目前实现了计量设备皮带秤和控制设备皮带机合二为一，可实现物料输送、计量与流量控制的多重目的，如图7-22所示。

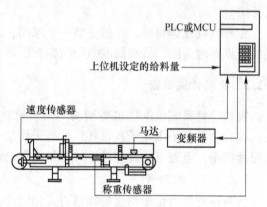

图 7-22　电子皮带秤工作控制原理图

7.2.2.3　核子秤

核子皮带秤与物料不接触，不受机械振动、皮带张力、皮带倾角、惯性冲击力和物料过载等因素影响，能在高粉尘、强腐蚀、高温度、振动剧烈等恶劣条件下使用，适用于充填生产中。核子秤使用原理如图7-23所示，仪表选用铯137为放射源，发射γ射线。射线透过物料时被物料吸收衰减，使用电离室为探测器。电离室受γ射线照射剂量的大小分离出不同的电子数，从而产生微弱电流。转换器对电流进行放大，并转换为标准模拟信号。该信号与测速机构输出的皮带速度信号的乘积，即为皮带上的物料流量。其实就是使用电离室记录 γ 射线通过物料后的强度计算出物料的多少。

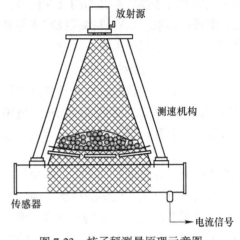

图 7-23 核子秤测量原理示意图

7.2.3 执行器

执行器是自动控制系统中执行机构和控制阀的组合体。它在自动控制系统中的作用是接受来自调节器发出的信号，以其在工艺管路的位置和特性，调节工艺介质的流量，从而将被控参数控制在生产过程所要求的范围内。执行器按所用驱动能源分为气动、电动和液压执行器三种。由于液压执行器结构复杂，造价高，在充填系统中应用较少，仅在高扭矩的换向阀门中得到应用。本节仅介绍电动执行器与气动执行器。

7.2.3.1 电动执行器

电动执行器指的是以电能为能量来源，用来驱动阀门的机械，应用于各种工业自动化过程的控制环节。电动执行器按运动形式可分为直行程、角行程、回转型（多转式）等几类。角行程和直行程执行器大部分是在多转式的基础之上改造而来的，配以蜗轮蜗杆二级减速器组成 0~90° 角行程电动执行机构，配以丝杆部件组成直行程电动执行机构。角行程的角度范围为 0~90°，用于控制球阀、旋塞阀、蝶阀和百叶阀之类的角行程阀门。直行程执行器输出的是力，产生的是位移，主要用于闸阀和滑板阀。

电动执行机构包括伺服放大器及执行机构，其中执行机构又分为电机、减速器及位置发送器三大部件，如图 7-24 所示。

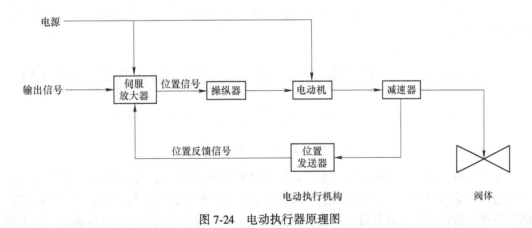

图 7-24 电动执行器原理图

来自调节器的电流信号（4~20mA）作为伺服放大器的输入，与阀的位置反馈信号进行比较。当输入信号和反馈信号比较差值不等于零时，其差值经伺服放大器放大后，控制两相伺服电机按相应的方向转动，再经减速器减速后使输出轴产生位移。同时，输出轴位移又经位置发送器转换成阀的反馈信号。当反馈信号与输入信号相等时，伺服放大器无输出，电机不转动，执行机构就稳定在与输入信号相应的位置上。电动执行机构的输出轴位移和输入信号呈线性关系。

7.2.3.2 气动执行器

气动执行器的执行机构和调节机构是统一的整体，其执行机构有薄膜式、活塞式、拨叉式和齿轮齿条式。活塞式行程长，适用于要求有较大推力的场合；薄膜式行程较小，只能直接带动阀杆；拨叉式具有扭矩大、空间小，扭矩曲线更符合阀门的扭矩曲线等特点，但是不美观，常用在大扭矩的阀门上；齿轮齿条式具有结构简单、动作平稳可靠并且安全防爆等优点，在发电厂、化工、炼油等对安全要求较高的生产过程中有广泛的应用。

气动执行器调节机构的种类和构造大致相同，主要是执行机构不同。气动执行器由执行机构和调节阀（调节机构）两部分组成，根据控制信号的大小，产生相应的推力，推动调节阀动作。调节阀是气动执行器的调节部分，在执行机构推力的作用下，调节阀产生一定的位移或转角，直接调节流体的流量。

气动装置主要由气缸、活塞、齿轮轴、端盖、密封件、螺丝等组成。成套气动装置还应包括开度指示、行程限位、电磁阀、定位器、气动元件、手动机构、信号反馈等部件。

7.2.4 自动控制回路

膏体充填自动控制的基本组成单元为单独的控制回路，将系统中多个单独控制回路集成在一起，则构成了充填系统整个闭路循环控制系统。通过对浓度、液位、砂量、灰量、粗骨料量、水量六个被控量的控制，可满足充填系统对料浆质量浓度、灰砂比及搅拌机液位等工艺参数的具体要求。各控制回路通过参数实时传递、相互协调，以保证最终输送至采区的膏体充填料浆符合工艺要求。下面着重叙述粗骨料量控制回路、灰量控制回路、尾砂量控制回路、液位控制回路以及充填浓度控制回路。

7.2.4.1 粗骨料控制回路

在充填制备过程中，控制粗骨料量是为了满足充填生产工艺中配比的要求，其控制回路如图 7-25 所示。

图 7-25   粗骨料控制回路示意图

在粗骨料量控制系统中，用皮带秤对粗骨料量进行检测。检测到的粗骨料量信号经处理后送到可编程序调节器，粗骨料量给定值可通过可编程序调节器的面板操作。可编程序调节器将粗骨料量给定值与粗骨料量检测值进行比较，当检测值大于其给定值时，可编程序调节器输出信号使变频调速器频率降低，控制电动机转速降低圆盘给料机给料量，从而使粗骨料量减小；当检测信号小于给定值时，调节器的运算输出增加，控制变频调速器的频率提高，引起电动机转速上升，从而增大圆盘给料机下料量。

7.2.4.2　灰量控制回路

控制供灰量是为了满足充填生产工艺中灰砂配比的要求。灰量控制回路如图 7-26 所示。

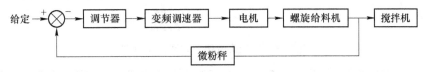

图 7-26　灰量控制回路示意图

在灰量控制系统中，用微粉秤对灰量进行检测，检测到的信号经处理后送入可编程序调节器。灰量给定值可通过可编程序调节器的面板操作设定，可编程序调节器将灰量给定值与灰量检测值进行比较，当检测到的灰量大于给定值时，调节器经运算后输出信号变小，控制变频调速器的频率降低，电动机转速下降，使螺旋给料机供灰量减小；当灰量检测值小于灰量给定值时，调节器的运算输出增加，控制变频调速器的频率提高，电机转速升高，使供灰量增加。当灰量检测值等于灰量给定值时，调节器运算输出保持不变，从而使灰量保持不变。

7.2.4.3　尾砂量控制回路

充填搅拌过程中，控制尾砂量是为了满足充填生产工艺中灰砂配比的要求。尾砂量控制回路如图 7-27 所示。

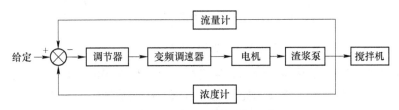

图 7-27　尾砂量控制回路示意图

在尾砂量控制系统中，用浓度计和流量计对供砂量进行检测，检测到的砂量信号经处理后送到可编程序调节器，尾砂量给定值通过可编程序调节器的面板操作。可编程序调节器将砂量给定值与砂量检测值进行比较，当检测到的尾砂量大于其给定值时，可编程序调节器输出信号控制变频调速器使其频率降低，电机转速降低，给料泵泵送量减小，从而使尾砂量减小；当尾砂量检测信号小于砂量给定值时，调节器的运算输出增加，控制变频调速器的频率提高，电机转速增加，给料泵泵送量增加，从而使供砂量增加。

7.2.4.4　液位控制回路

在充填系统中，控制搅拌机液位的目的，一是保证各种充填物料在搅拌机内有足够的搅拌时间进而使搅拌均匀；二是保证料浆输送管道有一个固定压头，使料浆在管道输送中平稳，防止堵管。如果搅拌机的液位变化很大，可能会导致料浆输送过程中流量变化大，输送管道就会剧烈摆动，极易发生爆管。为保证生产正常进行，系统在设计时采用液位、流量串级控制方式。控制回路如图 7-28 所示。

在这个控制系统中，液位作为主控参数，流量作为副控参数，构成了一个串级控制系统。液位为恒值控制，流量为随动控制。液位控制回路用电容液位变送器对搅拌机的液位

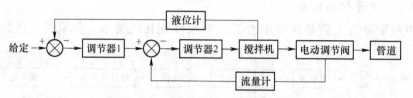

图 7-28　搅拌机液位控制回路示意图

进行检测，检测到的液位信号经处理后送入可编程序调节器，液位给定值可通过可编程序调节器的面板进行设定。在流量控制回路中，用电磁流量计对料浆流量进行检测，检测到的料浆流量信号送入可编程序调节器。调节器 1 的输出作为流量控制回路的给定值，当流量检测值大于其给定值时，调节器 2 的运算输出减少，使电动调节阀关小；当流量检测值小于流量给定值时，调节器 2 的输出增大，使电动调节阀开大。

7.2.4.5　充填浓度控制回路

在充填搅拌过程中，对料浆浓度的控制是为了确保充填质量并能使充填作业顺利进行。从充填机理来看，料浆浓度高，充填体质量也高；料浆浓度低，充填体质量就难以保证。而过高的料浆浓度又极易造成输送困难。浓度控制回路构成如图 7-29 所示。

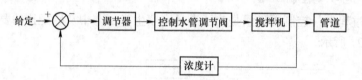

图 7-29　浓度控制回路示意图

在浓度控制系统中，选用浓度计对料浆进行检测，检测到的料浆浓度经过处理变成标准信号送入可编程序调节器。浓度给定值通过可编程序调节器的面板操作设定。在浓度检测及给定值设定的基础上，可编程序调节器对料浆浓度按 PID 调节值进行自动调节，使浓度误差达到最小。可编程序调节器将料浆浓度给定值与料浆浓度检测值进行比较，如果浓度给定值大于浓度检测值，经 PID 运算后使可编程序调节器的输出减少，从而使控制水量的电动调节阀关小，水量随之减少，使浓度增高；反之，当料浆浓度给定值小于浓度检测值时，经 PID 运算后使可编程序调节器的输出增大，控制水量的电动调节阀开大，水量增加，使浓度降低。

7.2.5　膏体充填自动控制平台

目前在工业过程控制中有三大控制系统，分别为可编程逻辑控制器（Program Logic Control，简称 PLC）、分布式控制系统（Distributed Control System，简称 DCS）、现场总线控制系统（FieldBus Control System，简称 FCS）。PLC 从传统的继电器回路发展而来，从开始就特别强调逻辑运算能力。DCS 是从传统的仪表盘监控系统发展而来，从先天性来说较为侧重仪表的控制。FCS 是由 DCS 与 PLC 发展而来的，更加注重通讯功能，是一个开放的、完全分布式的智能控制系统。随着它们各自的发展，都有向对方靠拢的趋势。目前在膏体充填系统控制中仍以 PLC、DCS 系统为主。这里以 PLC 控制系统为例来介绍膏体充填自动控制平台。

膏体充填 PLC 自动控制系统由上位机、下位机、现场检测仪器及执行机构组成，这些组成了充填控制系统的硬件环境[8]。如图 7-30 所示。

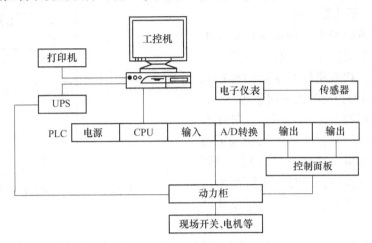

图 7-30　充填站 PLC 自动控制系统硬件结构示意图

上位机发出的命令首先给下位机，下位机再根据此命令解释成相应时序信号直接控制相应设备。下位机不时读取设备状态数据（一般是模拟量），转化成数字信号反馈给上位机。上位机可选用稳定可靠的工控机，在主界面上显示各监测对象的实时数据及设备运行情况，并可以控制设备启停。下位机为整个控制系统的核心。PLC 因价格便宜而受到人们的青睐。其主要作用是循环执行根据工艺要求编制的控制程序，与上位机通讯并接受上位机控制指令，接收并处理现场检测仪器采集到的实时数据，以及发出执行机构的动作命令等。

自动控制系统设备分散、传输距离远、数据实时性要求高，为保证通讯速度、可靠性、安全性，上位机与下位机之间以及视频数据通过工业以太网进行通讯，甚至接入矿山中央集控室，可实现现场工作画面的远程监控。下位机控制站配有以太网通讯模块、模拟量 I/O 模块、数字量 I/O 模块等。

另外，由于系统在满足全自动生产的同时，还必须有手动操作功能，所以还需配置电子仪表和动力柜。现场监测仪表反馈的 4~20mA 模拟信号通过保险端子接入信号隔离器，再转接至模拟量输入模块，避免人为接线错误或现场环境潮湿等因素导致模拟量模块发生损坏。经过程序计算，系统发送的输出信号控制执行机构。

现场监测仪器主要包括料位计、流量计、浓度计及变送器。砂仓和水泥仓的料位选用雷达料位计检测；浓密机泥床高度和搅拌机料位选用超声波料位计检测；尾砂浆、充填料浆和补加水的流量选用电磁流量计测量；水泥的流量采用微粉秤或者冲板流量计检测；尾砂和充填料浆的浓度选用核浓度计进行检测；变送器主要用于检测浓密机、螺旋输送机、搅拌机等设备的运行状态。

执行机构主要实现对各种物料流量的调节。尾砂和充填料浆的流量选用电动夹管阀调节，补加水的流量选用电动调节阀调节，水泥的流量调节设备则采用双管螺旋输送机的变频电机。

充填站上位机的组态软件是一个软件包，可以从可编程控制器、各种数据采集卡等设

备中实时采集数据、发出控制命令并监控
系统运行是否正常。软件结构见图7-31[9]。
组态软件由3个子功能组成：

（1）控制策略组态。利用系统提供的
功能模块，结合控制任务和控制要求，组
态工程师可以任意组建控制系统的控制策
略，从而实现对被控对象的实时监控。

（2）监控画面组态。利用系统显示模
块中提供的显示组件，可以组态控制策略
运行后的监控画面，通过监控画面，能够
对控制系统实时监控，同时，当控制系统
运行状况发生异常时，监控画面可以实时
报警。

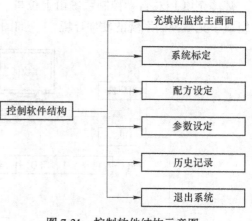

图 7-31　控制软件结构示意图

（3）监控系统运行。这一功能由运行模块实现。运行模块利用组态过程中生成的组
态数据库，分析控制策略的控制回路，确定功能模块的运行次序。同时，利用各功能模块
对应的控制子程序，运行组态出的监控系统。

组态软件能充分利用 Windows 强大的图形编辑功能，以充填工艺流程图作为软件系统
的主界面，在流程图上实时显示各工艺硬件的工作状态，方便地构成监控画面和实现控制
功能。还可以生成报表、历史数据库等，为工业监控软件开发提供了便利的软件开发平
台，从整体上提高了工控软件的质量。取得权限的操作人员能在控制室实现对充填参数的
修改，所有的自动与半自动之间的切换都是无扰切换。每个控制按钮和每个自动与半自动
切换按钮都有进一步的确认或取消功能，防止误操作。

7.3　膏体充填系统的可靠性研究

膏体充填系统是一个设备繁多、管理复杂的工业大系统，其可靠性对矿山的充填作业
和经济效益将产生重要影响。下面以金川公司二矿区的膏体充填系统为例，研究膏体充填
系统的可靠性。

7.3.1　金川膏体充填系统的组成

金川公司二矿区膏体泵送充填系统如图 7-32 所示。该充填系统为进行工程可靠性方
面的分析、研究与评价，探讨关于膏体泵送充填系统的工程可靠性数学模型，并就系统的
可靠运行和维护提出切合实际的优化建议，曾进行了为期 3 个月的生产运行测试工作，取
得了一系列数据[10]。

按照金川公司二矿区膏体泵送充填系统的功能，该系统可以划分为以下 10 个子系统。

（1）尾砂滤饼制备及输送子系统。该系统的主要设备包括尾砂仓、搅拌筒、尾砂泵、
DZG30/1800 型水平带式真空过滤机（以上设备为两套完全相同部分的并联，且相互独立
运行）及皮带运输机等。其中水平带式真空过滤机的给料浓度为 30%～37% 时，效率为
$0.62～0.75t/(m^2 \cdot h)$；如果给料浓度提高到 50%，其效率还将提高。该子系统的主要功

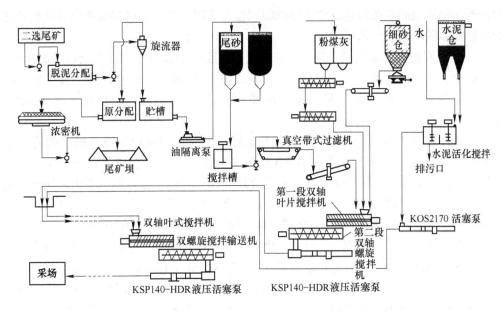

图 7-32　金川公司二矿区膏体泵送充填系统工艺流程图[8]

效是利用尾砂浆作为原料，制备出浓度为 75% 左右的滤饼，并通过皮带输送至搅拌系统。

（2）粉煤灰子系统。粉煤灰子系统的主要设备有粉煤灰仓、双螺旋给料机、螺旋输送机等，其主要功效是把粉煤灰仓内的粉煤灰按照膏体的配比要求保质保量地输送至搅拌系统。

（3）棒磨砂子系统。棒磨砂子系统包括细砂仓、圆盘给料机和核子秤等设备，主要任务是按照膏体的规定配比，将棒磨砂通过皮带输送到搅拌系统。

（4）地面搅拌子系统。搅拌子系统分为一段搅拌和二段搅拌，其中一段搅拌采用的是双轴叶片搅拌机，二段搅拌则选用了双轴螺旋搅拌机。双轴叶片搅拌机配备 37kW 电动机。电动机通过调频器、减速器、1:1 转向器和双轴叶片相连；该搅拌机的叶片转速为 30~60r/min，处理能力为 35~80m³/h。与双轴叶片搅拌机相比，双轴螺旋搅拌机采用了两螺旋单独控制，各由 30kW 电动机驱动，每个螺旋的转速和转向可以根据需要任意调节；该搅拌机的螺旋转速为 20~50r/min，处理能力为 30~90m³/h。为了解决搅拌过程中的"死角"问题，在双轴螺旋搅拌机的下料口处添加了一个立式搅拌机。搅拌子系统的主要功能就是将尾砂滤饼、粉煤灰和棒磨砂进行充分、均匀地搅拌，从而形成初步的非胶结尾砂膏体。

（5）除尘子系统。除尘子系统拥有型号为 4-72-11 No5A 的风机、7.5kW 电动机及相关设备。

（6）地面泵送子系统。地面泵送子系统特指位于地面的 KSP 双缸液压活塞泵。该泵由双缸驱动，双缸活塞以相反方向工作，其中的一个活塞将介质取入泵内，另一个将介质输入输送管。此外，KSP 附有 G-Dos 系统、VIP 系统（用以计量和监视）以及独立的操作程序控制系统；其功能是将搅拌系统输出的尾砂膏体泵送至井下 1250 搅拌站。

（7）管道输送子系统。膏体泵送充填系统的管道输送子系统，包括由地面泵送子系统到井下搅拌站的输送管道以及由井下泵送子系统到采场之间的管道。管道输送子系统的目的在于确保地表的全尾砂非胶结膏体顺利到达井下搅拌站，同时保证将由井下搅拌站输出的胶结膏体顺利输送至采场。

（8）水泥浆制备与输送子系统。水泥浆制备与输送子系统包括水泥仓、星型给料机、冲板流量计、水泥活化搅拌机、活塞泵（KOS2170）、流量计、密度计等；其功效是将水泥活化制备成一定浓度的水泥浆（要求浓度 68%），然后通过管道输送至井下 1250 搅拌站。

（9）地下搅拌与泵送子系统。地下搅拌及输送子系统包括地下搅拌机（拥有与地面搅拌系统完全相同的双轴叶片搅拌机和双轴螺旋搅拌机）和柱塞泵，它的主要功能是将地面输送的尾砂膏体与水泥浆进一步搅拌成充填膏体，并经由柱塞泵、管道输送至采场。

（10）集散控制子系统。集散控制子系统采用的是美国霍尼韦尔公司（HONEYWELL）的 MICRO TDC 3000 工业自动化控制系统。该系统集中综合了数据采集的常规过程控制、先进过程控制、过程和商业信息一体化等各个层次的技术；该系统主要由以下三种通讯网络连接：局部控制网络（Local Control NetWork），将高级控制模件、广泛的数据采集及分析能力、唯一与过程联系的单一窗口等相互连接到通用控制网络和/或数据高速公路上；通用控制网络（Universal Control NetWork），是一个高性能的过程控制网络，它连接有霍尼韦尔最先进的过程控制装置；数据高速公路（Data HighWay），是连接霍尼韦尔旧的过程数据采集和控制的网络。根据"渐进发展"的原则，霍尼韦尔通过一个接口与新的 TDC3000 系统连接，继续完善数据高速公路上相关系统的功能。

TDC3000 的模块化设计可以最大限度地满足工业生产过程中连续量、离散量及各种批量控制的要求，其主要任务是监控整个膏体泵送充填系统自始至终的整个流程，尤其是各主要子系统的运行状况以及各种原料的浓度、流量等数据指标，以确保整个充填系统的顺利运行。

根据以上金川公司二矿区膏体泵送充填系统各个子系统的功能及逻辑关系分析，依据系统联结的关系原则，同时兼顾整个充填系统中各子系统间的相互关系，该膏体泵送充填系统的结构框图可简化为图 7-33。

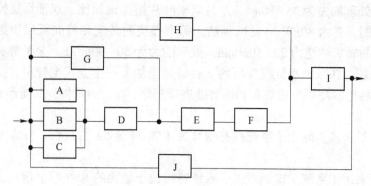

图 7-33　金川二矿区膏体泵送充填系统结构框图

（A~J 分别为 10 个子系统）

7.3.2　金川膏体充填系统的逻辑分析

根据前述的系统简化结果，考虑到整个系统的功能输出和各个子系统之间的逻辑关系，金川公司二矿区膏体泵送充填系统的逻辑框图可进一步简化为图7-34。

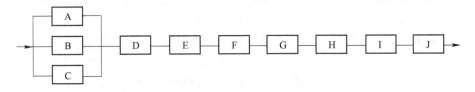

图 7-34　金川二矿区膏体泵送充填系统的逻辑框图

需要说明的是，在逻辑框图中，将尾砂滤饼制备与输送子系统 A、粉煤灰子系统 B 和棒磨砂子系统 C 的联结关系进行简单的并联处理是有条件限制的，即：这种处理方式只能在一定时间域内成立。至于具体的分析，可以参见后面的"可靠性条件的系统分析"部分。

依据系统的串、并联关系，图 7-34 所示系统的可靠性函数为：

$$R'_S = [1 - (1 - R_A)(1 - R_B)(1 - R_C)] \cdot R_D \cdot R_E \cdot R_F \cdot R_G \cdot R_H \cdot R_I \cdot R_J \quad (7-1)$$

或写做：

$$R'_S = \left[1 - \prod_{i=1}^{3}(1 - R_i)\right] \cdot \prod_{j=1}^{7} R_j \quad (7-2)$$

式中　R'_S——整个膏体泵送充填系统硬件部分的可靠性；

R_i——A、B、C 三个并联分支的可靠性，$i = 1$，2，3；

R_j——D、E、F、G、H、I、J 各子系统的可靠性，$j = 1 \sim 7$。

7.3.3　金川膏体充填系统基于可靠性条件的系统分析

通常地，要计算一个系统的工程可靠性，首先应该界定衡量该系统可靠性的最终指标[11]。由于该充填系统的目的是为了制备并输送符合要求的膏体充填料，所以膏体最终的浓度与质量就成为衡量系统可靠度的唯一标准。考察膏体泵送充填系统的整个流程，不难发现，影响膏体最终浓度的因素有两个：一是膏体的制备、输送及监控等设备系统的可靠性，二是膏体的原料配比及其稳定性。具体来说，膏体泵送充填系统的可靠性是由各个子系统的元件可靠性直接决定的；而膏体的原料配比在系统运行之前就已通过监控子系统予以设置，因此基本不可能发生变化。这样一来，影响膏体最终浓度的就是构成膏体的各种原料的稳定性，包括原料的粒级组成和成分含量。

进一步考察膏体的组成原料（主要有尾砂浆、棒磨砂、粉煤灰和水泥浆）可以发现，棒磨砂与粉煤灰的成分含量及粒级构成具有较好的稳定性，基本上可以视为不变；因此，需要特别考虑的膏体组成原料主要是尾砂浆与水泥浆。现场统计表明，尾砂浆与水泥浆的浓度的确是影响膏体最终浓度的重要因素。在系统运行初期，系统的介质元件（这里主要是尾砂浆与水泥浆）对于系统可靠性的影响，甚至超过了膏体泵送充填系统的硬件元素。

事实上，由于对该系统输出的膏体的评价指标是在一个特定范围内，也就是膏体浓度只要在 78%～81% 之间即视为合格；因此也就相应地允许作为介质元件的尾砂浆、棒磨砂、粉煤灰和水泥浆的浓度有一个合理的变化范围，例如水泥浆浓度的允许范围为 67%～

68%；甚至允许系统个别介质元件的短时间失效。也就是说，在系统运行过程中，虽然尾砂浆、水泥浆的浓度发生了变化，甚至是某个介质元件发生了失效，但只要没有超出特定的时间界限，仍然可以不计其影响，这就是关联系统的独有特性。

　　基于这种分析，金川公司二矿区膏体泵送充填系统的可靠性定义应为"在硬件系统可靠的基础上，软件系统（介质元件）在特定的条件下和规定的时间内生产出符合要求（主要由膏体浓度来衡量）的充填膏体的概率"。其逻辑框图如图 7-35 所示。

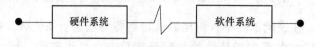

图 7-35　关联系统的逻辑关系图

　　在图 7-35 中，硬件系统是指如图 7-32 所示的充填系统；软件系统是指由尾砂浆、棒磨砂、粉煤灰和水泥浆构成的介质元件系统。

　　设硬件系统为事件 Φ，其可靠度为 $P(\Phi)$；软件系统为事件 ξ，其可靠度为 $P(\xi)$，则整个系统的可靠性函数为：

$$R_S = P(\Phi\xi) = P(\xi|\Phi)P(\Phi) \tag{7-3}$$

式中　R_S——整个充填系统的可靠度；

　　$P(\Phi)$——硬件系统的可靠度，即式（7-2）中的 R'_S；

　$P(\xi|\Phi)$——在硬件系统可靠的前提下，软件系统的可靠度。

　　将式（7-2）代入式（7-3），有：

$$R_S = P(\xi|\Phi) \cdot R'_S = P(\xi|\Phi) \cdot \left(1 - \prod_{i=1}^{3} R_i\right) \cdot \prod_{j=1}^{7} R_j \tag{7-4}$$

7.3.4　金川膏体充填系统可靠度分析

7.3.4.1　基本数据

　　根据膏体充填系统现场 3 个月的试运行，记录各设备出现的故障情况，分析相关设备的使用性能，得到的基本数据如表 7-8 和表 7-9 所示。

表 7-8　膏体充填系统生产试运行故障概况

系统名称	运行时间/min	故障次数/次	占总故障比率/%	故障概率/$\times10^{-2}$次·min^{-1}
过滤机系统	685	5	25	0.730
棒磨砂系统	550	1	5	0.182
粉煤灰系统	545	4	20	0.734
地表搅拌系统	1040	3	15	0.288
地表柱塞泵系统	795	2	10	0.252
水泥制浆系统	827	1	5	0.121
地下搅拌机系统	650	1	5	0.154
地下柱塞泵系统	625	1	5	0.160
管道系统	—	2	10	—
总　计	—	20		2.621

表 7-9　膏体充填系统试运行故障原因分析

系统名称	故障次数/次	故　障　原　因
过滤系统	1	1 号过滤机的滤带调节阀损坏
	2	过滤机不稳定，滤饼浓度太低
	3	1 号过滤机下料口堵塞
	4	2 号过滤机滤布严重跑偏
	5	1 号过滤机的滤带被卡
棒磨砂系统	1	皮带严重跑偏
粉煤灰系统	1	除尘风机的电源保险丝被烧
	2	粉煤灰下料口堵死造成密封泄漏
	3	粉煤灰因下料口被堵而大量外流
	4	粉煤灰给料机的皮带损坏
地表搅拌系统	1	第二段搅拌机的一个螺旋被卡
	2	第一段搅拌机因控制系统紊乱无法启动
	3	一段螺旋的一个叶片折断，第一、二段螺旋被卡
地表柱塞泵系统	1	柱塞泵控制系统出现故障而无法启动
	2	由于人为将调节器的线头并在一起，而造成短路
水泥制浆系统	1	供电系统出现故障
地下搅拌系统	1	搅拌桶内发现两根铁条而停机
地下柱塞泵系统	1	井下潮湿造成控制系统失效
管道系统	1	井下管道对错而停机
	2	由于紧急停机而造成膏体管道堵塞

7.3.4.2　膏体充填系统的可靠度分析计算

根据表 7-8 和 7-9 的基本数据，据式（7-2）和式（7-4）则可分析、计算出金川公司二矿区膏体充填系统的可靠度，计算结果见表 7-10。从表中数据可见，金川公司二矿区膏体泵送充填系统整个系统的可靠度为 75% 以上[12]。

表 7-10　金川公司膏体充填系统可靠度分析计算

类　　别		子系统可靠度	联　结　关　系	可靠度
硬件元素	1. 尾砂制备与输送子系统	0.9576	三者关联	0.9999
	2. 棒磨砂子系统	0.9400		
	3. 粉煤灰子系统	0.9560		
	4. 水泥浆制备与输送子系统	0.9586	子系统 1，2，3 关联后，再与子系统 4~10 串联	0.8360
	5. 地表搅拌子系统	0.9748		
	6. 除尘子系统	0.9853		
	7. 地表泵送子系统	1		
	8. 管道输送子系统	0.9715		
	9. 地下搅拌及泵送子系统	0.9347		
	10. 集散控制子系统	0.9999		

续表7-10

类　　别		子系统可靠度	联 结 关 系	可靠度
介质元件	1. 尾砂浆介质元件	0.9523	尾砂浆元件可能失效时①	0.9998
	2. 棒磨砂介质元件	0.9987	棒磨砂元件可能失效时①	0.9999
	3. 粉煤灰介质元件	0.9963	粉煤灰元件可能失效时①	0.9998
	4. 水泥浆介质元件	0.9500	4 个元件均未失效时	0.9002
系统可靠度	1. 尾砂浆元件可能失效时，系统可靠度 $R_S = 0.8357$			
	2. 棒磨砂元件可能失效时，系统可靠度 $R_S = 0.8358$			
	3. 粉煤灰元件可能失效时，系统可靠度 $R_S = 0.8357$			
	4. 4 个元件均未失效时，系统可靠度 $R_S = 0.7525$			

①指尾砂浆等介质元件短时间失效（几分钟内）的情况；此时，系统少了一个介质元件，可靠度反而增加。

　　本章学习小结：通过本章的学习，使我们了解到全尾砂膏体充填料制备站的布置方式；了解全尾砂膏体充填料在线浓度、流量、压力检测的仪器设备；了解膏体充填系统可靠性的基本概念及计算方法。

复习思考题

7-1　阐述充填站各部分的组成、主要设备及作用。

7-2　膏体充填系统与其他充填系统的比较。

7-3　比较全尾砂浓密脱水设备的异同点，以及各自的适用条件。

7-4　简述全尾砂膏体自动控制系统的必要性，及主要组成部分。

7-5　阐述膏体充填系统可靠性分析的相关步骤。

参 考 文 献

[1] 王新民，肖卫国，张钦礼. 深井矿山充填理论与技术 [M]. 长沙：中南大学出版社，2005.

[2] 刘同有，周成浦. 金川镍矿充填采矿技术的发展 [J]. 中国矿业，1999，8（4）：1~4.

[3] 吴爱祥，王洪江. 金属矿膏体充填理论与技术 [M]. 北京：科学出版社，2015.

[4] 刘磊. 全尾矿浓缩系统工艺优化及自动控制的研究 [D]. 山东科技大学，2009.

[5] 陈长杰. 关联系统的可靠性理论模型及其应用研究 [D]. 北京科技大学，2002.

[6] 王寿云. 开放的复杂巨系统 [M]. 杭州：浙江科学技术出版社，1996.

[7] 蔡嗣经，陈长杰. Reliability of paste fill system of the Jinchun No.2 mine [J]. 北京科技大学学报（英文版），2002（1）：166~169.

[8] 王金，姚占勇，宋玉，等. 矿山充填自动控制系统的研究与应用 [J]. 现代矿业，2015，56（8）：221~223.

[9] 刘士阳. 基于 PLC 和组态软件的搅拌站控制系统 [J]. 建筑机械，2005（5）：96~97.

冶金工业出版社部分图书推荐

书　名	作　者	定价(元)
中国冶金百科全书·采矿卷	本书编委会　编	180.00
现代金属矿床开采科学技术	古德生　等著	260.00
采矿工程师手册（上、下册）	于润沧　主编	395.00
地质灾害工程治理设计	门玉明　等著	65.00
地质学（第5版）（国规教材）	徐九华　等编	48.00
工程地质学（本科教材）	张　萌　等编	32.00
数学地质（本科教材）	李克庆　等编	40.00
矿产资源开发利用与规划（本科教材）	邢立亭　等编	40.00
采矿学（第2版）（国规教材）	王　青　等编	58.00
矿山安全工程（国规教材）	陈宝智　主编	30.00
高等硬岩采矿学（第2版）（本科教材）	杨　鹏　主编	32.00
矿山岩石力学（第2版）（本科教材）	李俊平　主编	58.00
采矿系统工程（本科教材）	顾清华　主编	29.00
矿山企业管理（本科教材）	李国清　主编	49.00
地下矿围岩压力分析与控制（本科教材）	杨宇江　等编	30.00
露天矿边坡稳定分析与控制（本科教材）	常来山　等编	30.00
矿井通风与除尘（本科教材）	浑宝炬　等编	25.00
矿山运输与提升（本科教材）	王进强　主编	39.00
采矿工程概论（本科教材）	黄志安　等编	39.00
采矿工程CAD绘图基础教程	徐　帅　主编	42.00
固体物料分选学（第3版）	魏德洲　主编	60.00
选矿厂设计（本科教材）	魏德洲　主编	40.00
选矿试验与生产检测（高校教材）	李志章　主编	28.00
矿产资源综合利用（高校教材）	张　佶　主编	30.00